算法人文主义

公众智能价值观与科技向善

陈昌凤　李　凌◎主编

SUANFA RENWEN ZHUYI

GONGZHONG ZHINENG JIAZHIGUAN YU KEJI XIANGSHAN

新 华 出 版 社

图书在版编目（CIP）数据

算法人文主义：公众智能价值观与科技向善 / 陈昌凤, 李凌主编.
-- 北京：新华出版社, 2021.5
ISBN 978-7-5166-5829-1

Ⅰ. ①算… Ⅱ. ①陈… ②李… Ⅲ. ①人工智能－研究报告
Ⅳ. ①TP18

中国版本图书馆CIP数据核字（2021）第081306号

算法人文主义：公众智能价值观与科技向善
主　　编：陈昌凤　李　凌

责任编辑：曾　曦　　**封面设计：**刘宝龙

出版发行：新华出版社
地　　址：北京石景山区京原路8号　　**邮　　编：**100040
网　　址：http://www.xinhuapub.com
经　　销：新华书店、新华出版社天猫旗舰店、京东旗舰店及各大网店
购书热线：010－63077122　　**中国新闻书店购书热线：**010－63072012

照　　排：六合方圆
印　　刷：天津文林印务有限公司

成品尺寸：170mm×240mm
印　　张：22.5　　**字　　数：**320千字
版　　次：2021年6月第一版　　**印　　次：**2021年6月第一次印刷

书　　号：ISBN 978-7-5166-5829-1
定　　价：60.00元

序

智能技术正在极大提升社会生产力的水平，又一次极大助益了人类生活。它既是人类智力进步取得的重要成果，也在催生人类从认知到行为的多种变革、酝酿和塑造新的世界观和价值观。在传播领域，以算法为核心的智能技术应用正在主导从信息生产、传输到使用和互动的各个环节，彰显了科学技术与社会的深层互动，也在暴露技术与人类、科技与人文之间的深层价值观矛盾和伦理困境。本书作为国家社科重大课题“智能时代的信息价值观引领研究”（项目号：18ZDA307）的一项阶段性成果，将从跨学科的视角，以算法人文主义为切入点，课题组探讨智能时代信息价值观以及现实应用中的问题。全书分上、下两编：上编是理论篇，下编是报告和实务篇。

上编是从算法人文主义角度探讨智能时代信息价值观的哲学论纲。论纲从对智能信息时代人类生存的工具化、人文主义危机的忧思入手，研究和讨论算法时代以人为本的主张，呼唤算法人文主义的价值观。信息技术特别是智能技术催生了新的哲学思潮，赫拉利的《未来简史》、舍恩伯格的《大数据革命》等普及性读物，使得数据主义（或计算主义）的观念和思维成为一种流行的意识形态。数据主义将世界、包括人的生命，视为算法运算的结果。在这种观念里，不仅自然界是用算法语言写就的、宇宙是一个巨大的计算系统，而且数据化成为一种普遍认知范式。数据主义成为企业创造价值的一种观念，“数据最大化”、“信息创造价值”对于企业而言符合其工具理性，但它也正在成为人们最底层的认识论和世界观，公众也对数据化自我、量化自我的社会新风尚趋之若鹜。赫拉利提出的“数据最大化”原则之一，是让数据主义者连接越来越多的媒介，产生和使用越来越多的信息，让数据流量最大化；之二则是把一切接到系统，就连不想连入的异端也不能例外。数据最大化成了人生的价值，数据主义的生存主要是为了“记录—上传—分享”，人类的存在进一步工具化，可能的结果是人性的丧失和主体性的凋零，引发人文主义的危机。人文主义是对人的独特性、即人的尊严的凸显，是从人出发或者以人为本的视角，是将人和人性视为丰富性、复杂性的存在。算法人文主义从底线伦理、协商伦理的角度，主张将人的行动限定在信仰、法律和道德伦理的价值体系之内，以保护人之为人最为宝贵的尊严和自由。人和世界都非数据、算法所以计算，都充满了数据所不能表征和衡量的各种可能性和不确定性；人和世界，与技术存在物的关系并不是简单的主客体关系、目的和手段的关系，而是物我两忘、融为一体的共同存在。算法作为人的存在的重要维度，是对人之主体性的重要呈现；人的存在是丰富的、多样的，算法对人的主体性的共有，并不能优先甚至取代人的存在，而应该在与人的共存之中，维护人之为人的尊严和主体性。在算法的研发设计和应用过程中，要有人的视角和人的在场（把关、引导），要对算法的研发和应用划定“有所不为”的禁区、保护人的消极自由领域，要通过制度化的设计对算法的有效性、必要性和正当性进行衡量和评估，要将人类视为一个整体、从促进人类整体的自由和福祉出发规制算法的研发和应用。

下编包括三个不同面向的研究报告：

一是智能技术舆情热点及其价值观指向报告：2020 年关于智能技术的舆情热点报告及案例解析；基于对智能舆情的大数据挖掘，分析公众的智能价值观问题。报告聚焦 2020 年度与智能技术密切相关的十个热点舆情事件，以微博数据为分析对象，借助词频分析、社会网络分析、内容分析方法等多元分析方法，呈现并解读当下中国智能技术的舆情生态。报告分析了 2020 年智能技术的舆情特点及其价值观指向，并从应然与实然的角度，分析微博用户关切的智能技术价值维度有哪些、存在何种偏向、智能技术价值观理论框架和微博用户关切的智能技术价值维度及内容存在怎样的差距。报告还专门聚焦于五类不同价值观类型的典型智能舆情案例，分析了新闻媒体、意见领袖、普通公众三类不同主体对事件的认知及价值观的考察，探讨智能时代中国公众对于智能技术应用的认知和态度及其影响因素，研究中国公众的智能价值观及其引领问题。希望报告能为技术向善、建构新技术环境下人类价值观提供经验依据。

二是算法治理与发展报告：以人为本，算法共治。内容是关于智能算法运用的现状、算法如何影响公众生活。报告聚焦科技企业的人工智能技术应用，通过对国内外企业算法技术运用现状及其对公众生活影响的案例分析，对公众所密切关心的智能技术所带来的现实问题进行了回应。报告对科技企业在技术应用中所产生的“信息茧房”、隐私侵犯、算法偏见、算法“黑箱”等实际问题进行了解读与剖析，并提出以算法向善的理念引领企业技术研发与产品开发，应该通过理念引导、制度引导、行业自治的方式，鼓励全行业共同参与算法治理，在不断推进企业发展的同时，也不断对算法进行优化，以求使算法技术发挥其巨大“向善”潜力，塑造健康包容可持续的智慧社会，在经济、社会和环境领域持续创造共享价值。希望报告能为以人为本的算法善治提供思路借鉴。

三是信息科技企业责任伦理报告：人本主义，科技向善。报告认为，在技术责任伦理方面，信息科技企业应遵守的核心价值理念为“人本主义”，基本伦理价值包括：落实人的自由全面发展，促进社会充满活力和谐发展，以及协调自然生态平衡；中层伦理原则包含：尊重人类尊严，维护人类自主，保护个人权利，保障安全，坚持公平，落实透明，对话协商，保证真实，以及可持续发展。报告通过对企业相关案例的分析和归纳，发现信息科技企业可能面临信息茧房、个人信息保护、网络安全、算法偏见、透明度、真实性和可持续发展 7 个层面的相关伦理争议，且部分信息科技企业已经采取了相应的应对措施，尽管这些措施有效程度不一。报告并总结了信息科技企业应采取的行动规范，以便为信息科技企业的技术实践提供伦理方面的借鉴，从而真正做到“科技向善，以人为本”。报告希望建构信息科技企业的责任伦理框架，分析信息科技企业遭遇的伦理争议以及相关的应对措施，同时为信息科技企业避免陷入伦理争议提出建议。

智能技术是新近出现并开始运用的，关于其价值观的思考和探索，也同样处于发轫阶段。本书上编从算法人文主义角度探讨智能时代信息价值观的哲学论纲，是从批判的角度、抽象层面讨论智能技术对人的控制问题，未及从技术赋权、智能算法对人的信息使用与满足的视角，从另外的角度探析智能技术运用的众多积极功能和社会效果；研究聚焦于技术与人的二元互动，如果能转向对社会、传播（技术）与人三者之间的多元结构的互动关系的探究，会有更加辩证、全面的发现，比如智能技术的先进性及其对社会福祉的裨益。当然，带着深刻的问题意识对智能价值观作哲学视角的研究，相信仍是非常有意义的。技术与人的身体具有同构性，智能算法成为内置于人的主体性之中的存在方式，智能运用在拓展人类的认知和能力方面必然有其非常积极的意义，文中也论及智能算法不是一种“我为”而是“为我”的存在，共有了人的主体性、展现了人的存在维度的智能算法技术，仍然只是人存在的一个维度，理性的、数字化的维度；内在于人的主体性之中的智能算法，由于分享了人的主体性，而必然是要向人之善，并且以善的价值理念和伦理原则，来指导人对技术的利用。在马克思主义的人文主义视野中，由于人的劳动实践特性，技术则是人类劳动所必不可少的重要组成部分，因此人与技术并不是对立的关系，而是相互依存、相互塑造的关系。

所有与智能技术运用相关的反映和调节人们之间利益关系的价值观念（包括传播观念），我们仍然是基于文化传统的社会正当精神权利、责任和行为模式去探讨的，这一方面是我们坚信无论何种新技术出现，都必须基于人类固有的传统精神和价值观念；另一方面我们又惴惴于视野之所囿、传统之窠臼、思想之浅陋。惟愿抛砖引玉，获得众贤先进的指导。在如今的智能时代、深度算法化的世界，到底算法遵循怎样的价值观、人与技术谁为主导，是人为算法、还是算法为人，这些仍取决于人类自身。人类需要体验、观察、反思、研究和行动。

陈昌凤

2021 年 1 月于北京

目　录
CONTENTS

下编 报告篇

上编

理论篇

★ ★ ★ ★ ★

算法人文主义：智能时代信息价值观的哲学论纲

李　凌

人文主义是一种开放、发展和具有批判和思辨性的传统，其对“为什么要以人为本”、“人是什么”、“人与世界的关系是什么”的理解，对于我们在算法时代批判和抵抗数据主义、防止人文主义终结和堕落提供了强有力的思想资源。人文主义的核心精神包括：一是对人的独特性，也就是人的尊严的凸显；二是从人出发或者以人为本的视角；三是将人和人性视为丰富性、复杂性的存在，因而体现了多样化和诸多可能性。

算法人文主义将作为智能时代替代数据主义的价值哲学，以凸显人不可替代的独特性和尊严。数据主义思潮将人数据化、计算化，最终结果是让数据取代人、控制人，必然会导致人性的丧失和主体性的凋零，引发人文主义的危机。算法人文主义则从最底线的“以人为本”出发，提出了尊重人的尊严、保护个体自由、维系社会公平正义、增进人类整体福祉和促进可持续发展等基本价值理念。算法人文主义并不是一种严密的哲学体系，而是一种基于人的价值和视角的思维方式和社会运动，我们期待通过人文主义教育、科技与人文的对话合作以及伦理委员会等制度建设，动员更多人，将人文主义而不是数据主义作为思考和行动的指导原则。

引　言

人类进入信息时代，尤其是智能时代以来，信息技术所体现的巨大优势，正在酝酿和塑造新的世界观和价值观，人们期待或者正在以新的哲学视角认识、重构我们当下所处的世界。随着赫拉利的《未来简史》、舍恩伯格的《大数据革命》等普及性读物的推广，这种新的哲学思潮被越来越多的人所认可、鼓励和发扬，将世界包括人的生命视为算法运算的结果，“自然界这本大书是用算法语言写的”、“宇宙是一个巨大的计算系统”[1]，数据主义或者说计算主义的观念和思维占据了当代社会更为主导的意识形态，不仅那些负责算法研发和开发的算法工程师、科学家们持有这样的观念，坚定不移地投身和致力于以算法求解、优化人类世界运行的实践行动之中，而且普罗大众也越来越多地持有这样的观念，数据主义或计算主义正在从学者书斋、专家论文转变为大众的行动哲学。一个典型的论据是，数据化自我、量化自我正在成为社会新风尚，将自我的健康、行动等状况数据化、算法化，并依此进行健康管理和行动决策。这种自我量化的风尚，不仅意味着人们对数据的客观性、准确性的深信不疑，而且积极地将自我数据化，将自我的改变和成长视为数据和算法的优化，“数据化就成为一种普遍认知范式”[2]，数据主义也因此成为人们最底层的认识论和世界观，以数据的思维衡量和看待一切，人类彻底进入了数据世界。

数据主义大行其道，引发了很多人文学者和普罗大众的担忧，人们害怕智能算法所支撑的数据主义，会彻底消解人类的独特性和价值感。一方面，掌握在少数精英手中的智能算法，可能会被用来奴役大多数“无用阶级”；另一方面，算法最终进化出来的高级智能，会像弗兰肯斯坦那样反噬它的创造者。正如赫拉利在《未来简史》里一方面肯定数据主义的趋势，另一方面也不无担忧地指出：“一旦万物互联网开始运作，人类就有可能从设计者降级成芯片，再降成数据，最后在数据的洪流中溶解分散，如同滚滚洪

[1] 李建会 . 走向计算主义 [J]. 自然辩证法通讯，2003(03):31-36.
[2] 高兆明 . “数据主义”的人文批判 [J]. 江苏社会科学 , 2018(04):162-170.

流中的一块泥土”……“人类也只会成为宇宙数据流里的一片小小涟漪”[1]。与那些企图将宇宙万物、世道人心都数据化、算法化的计算主义思想，崇尚数据和算法客观、准确、公正的数字拜物教，以及主张“算法没有价值观”的技术中立主义相对立，主张算法应当要尊重人的尊严，致力于保护人的自由和人类整体福祉的人文主义思潮正在兴起。算法人文主义，成为抵制计算主义和数据主义的旗帜。这种智能时代的人文主义思潮，从底线伦理和商谈伦理的角度出发，主张不能只强调算法的工具理性，更要关注它的价值理性；不能只注重算法在提高效率、人类增强等方面的工具价值选择，更要关注算法在保障人的尊严和消极自由、维护社会公平正义等方面的价值取舍；更为关键的是，我们应当树立一种底线思维，对于那些侵犯人的独特价值，侵犯了人的尊严的算法，必须套上法治的缰绳、令行禁止。

1. 数据主义的问题及危险

从历史维度看，数据主义与更早的机械唯物主义、物理主义的客观主义，以及 20 世纪中叶兴起的计算主义是一脉相承的，只不过作为意识形态的数据主义，不仅是一种哲学思想，更是成为大众化的思维方式，与新自由主义一起，共同构成了数字资本主义的数字拜物教。

1.1 从计算主义到数据主义

当新兴的科学范式占据了历史舞台的中心位置，与之相适应的那种哲学思潮，就会成为主流的话语。牛顿经典力学理论带动了自然科学的第一次大发展，也催生了与之相适应的机械主义，这种形而上学的唯物主义，不仅将整个宇宙视为机械运动的结果，而且将生命乃至人也看作一台机器，以机械运动来解释生命运动。数据主义或者说计算主义的兴起，与机械主义思潮的出现有相似之处，他们都是人类理性高度抽象化发展的结果，都是一

---

[1] 尤瓦尔・赫拉利．未来简史——从智人到智神 [M]. 林俊宏译．北京：中信出版集团，2017：356-357.

种以片面、孤立的视角和思维认识世界的方式，用贝尔纳·斯蒂格勒的话说，都是“形而上学的完结和实现”[1]。

1.1.1 计算主义

抽象是人类以理性把握世界的重要方式，而数学、计算和逻辑则是抽象思维的最高境界。计算主义是人类以抽象思维把握世界的哲学纲领。从20世纪中期开始，伴随着生物学和计算机科学的发展，人们就尝试着以计算的抽象思维去认识和把握世界。人工智能的奠基者图灵把人的大脑看作一台离散态的机器，并且论证了心灵实质上是信息处理过程。计算机的奠基人冯·诺伊曼则提出细胞自动机的理论，认为生命的本质也是计算的过程，此后的康韦、兰顿等进一步发展了他的理论，用计算思维来认识和理解生命，将生命的过程还原为计算的过程。到20世纪90年代，围绕计算主义的讨论成为哲学、认知科学的重要议题，哲学家乐此不疲地探讨和论证，物理世界、生命以及人的智能、意识是不是可以计算的。进入21世纪以后，“人工智能的成果更激发了一些认知科学家、人工智能专家和哲学家的乐观主义立场，致使有人主张一种建立在还原论基础上的计算主义，或者更确切地说是算法主义的强纲领，认为从物理世界、生命过程直到人类心智都是算法可计算的，甚至整个宇宙也完全是由算法支配的。”[2]

物理世界，乃至整个宇宙都是可计算的。这个断言包括两个层面的含义：第一个层面，指的是物理世界可以被计算模拟出来。早在上世纪80年代，多伊奇就提出著名的“物理版本的丘奇—图灵论题：任何有限可实现的物理系统，总能为一台通用模拟机器以有限方式的操作完美地模拟”[3]。如今看来，这个信念似乎是不成问题的，随着计算技术突飞猛进的发展，尤其是超级计算机的出现，诸如气候这样千变万化、包含着诸多测不准因素的

---

[1] 贝尔纳·斯蒂格勒．技术与时间——爱比米修斯的过失[M]. 裴程译，上海：译林出版社，2019

[2] 刘晓力．计算主义质疑[J]. 哲学研究，2003(04):88-94.

[3] 刘晓力．计算主义质疑[J]. 哲学研究，2003(04):88-94.

自然现象，都可以通过计算模拟出来。人们有理由相信，只要算力足够大，宇宙万物都是可以计算的。第二个层面，则指的是物理世界不仅是可计算的，而且就其本身而言就是计算过程。更进一步，宇宙之所以是可计算的，就是因为其本身是计算过程，宇宙所有的活动都是计算过程，宇宙万事万物都是计算的结果。“我们完全有理由相信，整个世界都是由算法控制，并按算法所规定的规则演化的。宇宙是一部巨型的计算装置，任何自然事件都是在自然规律作用下的计算过程。现实世界事物的多样性只不过是算法的复杂程度的不同的外部表现。”[1]

生命过程，包括人也是可计算的。一方面，在计算机领域，沿着冯·诺伊曼关于细胞自动机的理论，计算主义发展了一整套关于人工生命的理论，以计算视角理解、模拟生命过程。另一方面，在生物科学领域，通过将生物细胞内的 DNA 复制机制，与图灵机的计算相类比，美国科学家阿德勒曼提出了 DNA 计算机理论，认为 DNA 的复制、重组过程，实际上是以碱基为数据，以 DNA 聚合酶为算法的计算过程，“生命系统事实上就是一台以分子算法为组织法则的多层次的计算网络”。[2] 无论是数字化的人工生命，还是自然生命，其本质都是计算，这就是计算主义的生命观。

人类的心智，特别是认知智能，是算法计算的结果。事实上，计算主义首先表现为认知计算主义，人工智能技术所有工作的出发点，无论是最初的符号主义，还是后来的联结主义和行为主义，其基础都是人类智能的可计算性。认知计算主义认为，人类大脑和计算机都被看作一套处理符号的形式系统，人类的计算、感知和认知等智能行为，都可以被数据化、符号化，成为计算机模拟、处理的对象。认知计算主义作为人工智能技术的哲学基础，尽管存在着难以克服的局限性，例如人类大脑和意识的复杂性、意向性和涌现性远远超出了计算机系统的能力范围，这种过度抽象的符号

---

[1] 李建会 . 走向计算主义 [J]. 自然辩证法通讯，2003(03):31-36+109.

[2] 李建会 . 走向计算主义 [J]. 自然辩证法通讯，2003(03):31-36+109.

逻辑系统，根本无法完全模拟人类的心智活动和真实的生活世界，因而面临着“哥德尔不完备原理”、“中文屋”思想实验、超验现象学等理论的批驳和责难，[1] 但是不容置疑的是，认知计算主义在理论和实践领域都取得了极大成功。我们现在所生活的智能社会，正在被一系列智能算法所规制。人类的思维和行动，越来越按照计算思维、算法逻辑进行运转。脱离了手机、智能设备，很多人都将寸步难行，认知计算主义的理论和实践，将万事万物、世道人心结构化、标准化、数据化和算法化之后，人类就只能按照算法的逻辑和要求来言语和行动，除此之外，别无他法。换而言之，算法为人立法，人被困在算法世界之中。

1.1.2 数据主义

如果说计算主义仍然只是哲学家、人工智能专家在书斋里或实验室里的思考，那么随着人工智能技术的突破发展，数据的井喷、算法的优化以及算力的大幅度提升，将万事万物、世道人心皆可计算的假想逐步变成现实，数据主义就成为一种可在现实生活中观照、可被大众理解的意识形态。计算主义只是哲学家、人工智能专家的思想纲领，但数据主义却成为普罗大众的行动指南。正如《大数据主义》一书所言：“不管你自觉还是不自觉，乐意还是不乐意，大数据正以空前的速度和规模渗透到人类社会生活的方方面面，它在一定程度上已经和正在改变人们观察、认识、思考乃至生存与发展的方式。特别是这后一方面的变化，或许就是“大数据”之所以成为“主义”的原因。”[2]

数据主义的概念出现于大数据、人工智能技术对社会的改造随处可见之后，大卫·布鲁克斯2013年2月4日在《纽约时报》上发表的文章《数据哲学》，第一次提出数据主义的概念：“如果让我来描述这种冉冉上升的哲学思潮，我会称之为数据主义。”“数据就像一个透明的滤镜，帮助我们过滤掉情感

[1] 赵小军 . 走向综合的计算主义 [J]. 哲学动态，2014(05):85-94.

[2] 史蒂夫·洛尔 . 大数据主义 [M]. 胡小锐，朱胜超译 . 北京：中信出版社集团，2015.

主义和意识形态”[1]，帮助我们更好地进行直觉判断和预测。而随着赫拉利在他的畅销书《未来简史》之中，对数据主义浓墨重彩的推崇和推介，数据主义取代计算主义，成为更为大众熟识的概念。不过相较于计算主义作为一种哲学反思，数据主义更有行动纲领的意味。“数据主义主张数据至上，一切都应成为数据，一切都要交由算法来处理”，“数据主义对数据和算法的推崇，意味着数据的资源化、权力化和意识形态化。在这种观念下，只见数据不见其他，数据主义将政治、经济、历史和个体生活等都视为数据的收集和处理。”[2] 数据化是最高的善，具有最大的价值，这正是透明化的数字监控社会正在生动发生的现实，不只是人们在互联网上的行动轨迹被 web2.0 技术全盘记录下来，人们在线下生活的各种行为，也被无处不在的摄像头、便携设备和智能可穿戴设备所捕捉，数据主义正在按照他们的纲领和逻辑改造我们的社会和世界。

赫拉利归纳了数据主义的诸条纲领。首先是数据主义的价值观，这是他们的思想基础，赫拉利指出，数据主义信奉“信息自由是最高的善”[3]……“相信一切的善（包括经济增长）都来自信息自由……如果想要创造一个更美好的世界，关键就是要释放数据，给它们自由。”[4] 在智能时代，数据化体现了巨大的便利和极高的效率，计算主义在人工智能领域的成功应用，进一步放大了这一优势，信息和数据成了财富增值、幸福提升的价值源泉，信息自由因此也跃升为信息时代的唯一原理和第一原理。

正因为信息自由是最高的善，致力于创造美好、达到至善的数据主义的行动原则，也就是创造更多的数据，将一切都数据化。赫拉利提出“数

---

[1] Brooks David. The Philosophy of Data [N]. The New York Times，2013-02-04.
[2] 李伦，黄关 . 数据主义与人本主义数据伦理 [J]. 伦理学研究，2019(02)：102-107.
[3] 尤瓦尔・赫拉利 . 未来简史——从智人到智神 [M]. 林俊宏译. 北京：中信出版集团，2017. 347-348.
[4] 尤瓦尔・赫拉利 . 未来简史——从智人到智神 [M]. 林俊宏译. 北京：中信出版集团，2017. 349.

据最大化”的两条原则，第一条便是：“数据主义者连接越来越多的媒介，产生和使用越来越多的信息，让数据流量最大化。”第二条是：“把一切接到系统，就连不想连入的异端也不能例外。”[1] 这两条原则同时也构成了数据主义的行动目标，数据主义就是要将宇宙万物和人类一切行为都接入互联网，实现数据化、算法化，以保证数据流的最大化。与之相适应的是信息时代人类生存方式的转变，为了让数据最大化，人类的存在进一步工具化，数据主义的生存主要是为了“记录—上传—分享”，人生的价值并不来自于世俗的财富、地位等成功，也不来自于古典哲学提倡的内心安宁，更不来自于现代社会所提倡的独一无二的自我个性等，而是来自于数据的最大化。若无助力于“数据最大化”，家藏万贯、学富五车、颜值爆表皆枉然。赫拉利指出：“我们该做的，就是要记录自己的体验，再连接到整个大数据流中，接着算法就会找出这些体验的意义。[2]”“如果说在苏格拉底看来，未经反思的生活不值得过，那么在数据主义看来，未经数据化的生活不值得过。[3]”

正如我们所发现的，数据主义正在导向一种“自我量化”的生活方式。普通人利用手机、手环等便携设备主动监控自己的心率、血氧等身体指标，记录每天的运动量和卡路里消耗，以此衡量自我锻炼的进展和成效，那些在心理或身体上存在隐患或疾病的人，则将主动或被动的自我量化当成了救赎的灵丹妙药，医生凭借这些量化指标进行诊断，心理咨询师利用量化结果开展心理抚慰，甚至连教师也开始利用心理学、脑科学和人工智能的最新成果，以量化的方式来监测学生学习的进展和效果。“身体被装上传感器，自动接受数据。体温、血压、卡路里摄入、卡路里消耗、运动情况或者身体脂肪含量都可以被测量”，“这种自我测量和自我监控可以提升机体及

---

[1] 尤瓦尔·赫拉利 . 未来简史——从智人到智神 [M]. 林俊宏译. 北京：中信出版集团，2017. 345.

[2] 尤瓦尔·赫拉利 . 未来简史——从智人到智神 [M]. 林俊宏译. 北京：中信出版集团，2017. 351.

[3] 李伦，黄关 . 数据主义与人本主义数据伦理 [J]. 伦理学研究，2019(02):104

精神的功能。”[1]在尼采宣告“上帝死了”的祛魅时代，自我量化成为新的数字拜物教。

1.2 数据主义的实质、成因及问题

数据主义是数字资本主义时代的数字拜物教。“在今天的拜物教中，我们看到的不纯粹是商品拜物教和货币拜物教，我们可以透过这两种拜物教，看到与资本拜物教联系更为密切的是一种全新的拜物教形式：数字拜物教。[2]”韩炳哲也提出，数据主义是资本主义的新形态，是新自由主义发展到信息时代的重要体现。数据主义是新的生命政治，数据主义的意识形态，只不过是改头换面的资本主义意识形态。从表象上看，企图最大化的是数据，但实质上是资本；数据主义将信息自由视为最大的善，也只不过是资本寻找的新借口。正如资本主义必然导致劳动异化和人的异化，数据主义也不可避免将数据、信息摆置于人之上，造成算法对人的控制和奴役。

1.2.1 数据主义的实质

“信息创造价值”，“数据是信息时代的石油”，道出了数据所蕴含的生产潜能，从企业的角度而言，挖掘这些潜能符合工具理性观。在数字资本主义时代，数据不仅越来越成为重要的生产资料，甚至取代一般的物质实体，成为唯一具有创新力的生产力来源。当资本家和算法科学家、工程师们按照“信息自由是最大的善”的价值观和“数据最大化”的行动原则谋划、设计他们的数据产品，用“互联网 +”的产业融合策略以及互联网这种高维技术对传统行业进行“降维打击式”的改造时，我们的现实世界和真实生活也正在被算法的逻辑和互联网的法则所规训、所架构。健康码不仅是疫情时代社会治理和个人通行的重要工具，同时也成为数据主义的重要象征。政府和算法工程师根据用户的行为轨迹数据，即个体所到之处的疫情防控级别，来判定用户的健康状况，进而决定用户的通行自由。脱离了健康码，

[1] 韩炳哲 . 精神政治学 [M]. 关玉红译. 北京：中信出版集团，2019：81-82.

[2] 蓝江 . 数字异化与一般数据：数字资本主义批判序曲 [J]. 山东社会科学，2017(08):10.

人们将寸步难行。健康码不再是边沁所言的全景监狱，但是却发挥着数字化全景监狱的功能，他时时刻刻地规训着人们的行动自由，为人们划定行动的边界。“只有经过数字化的界面，存在物（个体）才能在既定的区域中找到自己对应的位置，才能有序地依照机器母体的节奏依次前进，而他们的每一次运动，每一次行为，甚至生老病死的环节，都被还原为计数和计算问题，而数据计算本身架构了对当代资本主义的理解。”[1]

算法即规则，算法即生产力。“数字资本主义已经成为了一个以数字平台和一般数据为基础的新型资本主义，它正在成为我们时代新的支配性力量，而我们所有的存在的意义，只能在这个数字化的平台上被重塑。”[2]数据主义以“记录、上传、分享”为口号，正在创造一种独特的数字景观——互联网上的免费劳动。芸芸大众成为了资本主义生产的免费劳动力却不自知，我们在互联网上指点江山，为了获取关注主动曝光、自我展示，忙于生产内容乐此不疲，这些免费的劳动都被互联网和算法平台转化为数字时代的生产资料和生产力，投入到算法平台的优化和服务当中。互联网的免费数字劳工付出了大量时间和劳动，却并没有因此获得相应的回报。尽管有人深信，而且事实上是毋庸置疑的，这些劳动创造了价值，因为UGC的付出、用户的参与，带来了算法平台的优化，算法平台通过提供更加快捷、方便、高效的服务产品，给免费参与的数字劳工提供了报酬和嘉奖，但是“天底下并没有免费的午餐”，且不说有些互联网巨头前期免费、后期收费的行为已经表明，用户终究要为这些已经形成依赖甚至沉溺的产品或者服务买单，单单说很多算法平台通过用户所贡献的数据、流量形成精准广告、数据服务等商业模式赚得盆满钵满，就可以发现，用户在参与、分享的过程中成为免费劳动力，他们所创造的价值，包括剩余价值可能被平台占有了。贾勒特非常敏锐地洞察到用户免费生产内容的行为与家庭主妇劳作之间的

[1] 蓝江．数字异化与一般数据：数字资本主义批判序曲 [J]. 山东社会科学，2017(08):7.
[2] 蓝江．数字异化与一般数据：数字资本主义批判序曲 [J]. 山东社会科学，2017(08):13.

相似性："数字媒体用户和家庭主妇与资本主义的关系非常相近，他们自愿参与到非常有价值的社会劳动当中，发挥着相似的经济功能，即为资本主义降低劳动成本。"[1]在男权社会里，社会通过构建"男女有别"、"男尊女卑"的意识形态和道德规范，让妇女安心于家庭劳动这种剥削之中，而在信息社会，资本主义通过数据主义的意识形态，将这种对用户价值的占有，巧妙包裹在了"参与"、"分享"的口号之中。

数据主义这种形态，通过韩炳哲所言的新的生命政治，也就是"新自由主义精神政治"，进一步转化为资本主义生产的动力和新自由主义的合法性来源。"参与"、"分享"等概念和口号，让用户产生了一种解放和实现自我的错觉：我并没有被剥削，而是通过主动积极地参与，来获得更好的体验，实现更好的自我。数据主义打造了一套自我控制的技术。"它并不直接掌控个体。确切地说，它要做的是让个体从自身出发，自己去影响自己，让环境威力自发形成，同时，还会把这种法则诠释为自由。自我优化和征服、自由和剥削都合二为一"，[2]"今天的主体，是自己剥削自己的企业主，也是自己监控自己的监视器。"我以"自我"的名义在主动参与，因此并不是被剥削，而是在自我完善、自我优化。就这样，数据主义在自我的概念之上，对信息资本主义和新自由主义的合法性进行了强有力的辩护和论证。韩炳哲认为，这是新的生命政治，也就是"新自由主义精神政治"的高明之处，也是福柯所未发现的生命政治的高级形态。[3]"作为新自由主义自我技术的

---

[1] Jarrett Kylie. Feminism, Labour and Digital Media: The Digital Housewife. Routledge Studies in New Media and Cyberculture. 2015: 87.

[2] 韩炳哲 . 精神政治学 [M]. 关玉红译. 北京：中信出版集团，2019:37-38.

[3] 福柯提出生命政治的概念，并将之作为纾解资本主义合法化危机的灵丹妙药。为了缓解资本主义榨取剩余价值对无产者所造成的戕害，资本主义的国家和社会放弃以往以惩戒、规训的权力技术，转而采用更加缓和的生命权力，从关注死的人转向关注活着的人，并且以资本主义特有的数字化管理的方式，通过对出生率、死亡率、寿命等数字的管理和调节，来实现改善福利、关照生命的目标。生命政治将医学、性、环境等视为社会治理的重点，将数字化管理作为治理工具，大大缓和资本主义面临的矛盾，也进一步增强了自由主义的合法性。

永恒自我优化，不过是一种有效的统治和剥削方式”，“作为艺术品的自我，是新自由主义政权为了实现对它的完全利用而去倍加呵护的一种美丽的、骗人的表象”。[1]

当信息自由成为最高的善，数据最大化成为最大的行动原则时，数据主义带来的不只是数据和算法作为芒德福所言的“巨型机器”对整个社会的重构和规训，还有人类以及个体主体性的根本丧失。正如脱离了健康码，我们都将寸步难行，我们只有依附在互联网这个庞大的“巨型机器”之上，才能行动，才能获得意义。我们并不是更自由了，也不是更加强大了，而是可能被绑架了、成了数据的奴隶。“在数字化生产条件占统治地位的社会中，整个社会生活表现为数据的巨大积聚。有生命的物质性的一切都离我们远去，变成了一种数字化。”[2]

1.2.2 数据主义的成因

资本主义是西方特有文化发展形成的社会形态。马克斯·韦伯在《新教伦理与资本主义精神》之中，在对比了诸多文明和文化形态基础上，揭示了资本主义与理性主义之间的特别亲缘性。资本主义在西方的兴起，核心要素在于西方文化所固有的“理性主义”，这种理性主义，包括技术的理性、法律和行政的理性以及人们生活样式的理性，推动了经营组织形式的资本主义在西方的发展。韦伯认为，技术的理性，取决于“技术上的决定性因素的可计算性,这些关键性的技术要因乃精确计算的基础”,[3]而生活样式的理性，又取决于禁欲主义的基督新教所形成的理性化的新教伦理。综合韦伯在该书中的论述，对精确计算和数字化管理的推崇，是资本主义精神的核心要素。从一开始，脱胎于理性主义的资本主义，就对精确计算和数字化管理有着根植于内心信仰的认识和理解。早期资本主义尽管不表现为数据主义，

---

[1] 韩炳哲 . 精神政治学 [M]. 关玉红译. 北京：中信出版集团，2019，37.
[2] 蓝江 . 数字异化与一般数据：数字资本主义批判序曲 [J]. 山东社会科学，2017(08):13.
[3] 马克斯·韦伯 . 新教伦理与资本主义精神 [M]. 于晓、陈维钢等译，北京：生活·读书·新知三联书店 . 1987.

但是在经济和劳动组织过程中，资本主义对数字、数字化管理以及精确计算的重视和应用，却是一如既往、贯穿始终的。甚至可以说，资本主义，就是从理性主义的数据传统孕育而生的，数字化管理和科学技术的精确计算是它的初级形态，而数据主义则是它的高级形态。

在一定意义上，近现代科学技术的伟大成就，都是建立在精确计算的基础之上的。正是将抽象的数学计算引入自然科学的实验研究，以天文学、力学、机械工程学为代表的近代自然科学才取得了突飞猛进的发展。胡塞尔在《欧洲科学危机和超验现象学》深刻地揭示了这个现象：近代以前的理性主义对世界和事物的复杂性所追求的整全理解，被以代数、微积分、解析几何为代表的形式数学所中断，抽象思维剔除了世界和事物的质料、物质或空间维度，只保留了形式上的数量概念，并且将这种形式数学的理性主义延伸到自然科学领域，“为自然科学创造了一种数理自然科学的全新观念：伽利略的科学”，而伽利略的自然科学的最显著的结果就是，“对自然的数学化”，“自然本身在新的数学的指导下被理念化了；自然本身成为——用现代的方式来表达——一种数学的集。”[1] 由此，将自然科学数学化，带来了一个巨大的观念革新，那就是按照数学的思维来理解整个世界。“在数学的革新中产生科学普遍性的新观念”，“一个关于一般的存有者的整体本身就是一个理性的统一体，并且这个理性的统一体能够被一种相应的普遍的科学彻底把握的观念”。[2] 以数学的思维理解世界，这与计算主义的哲学思想是多么一致。甚至可以说，计算主义仍然没有脱离这种理性主义的范畴，而是将这种思维贯彻得更加彻底、更加淋漓尽致。

由于自然科学考察的是客观实存的世界，由数学革新带来的科学观念的变革，便将数字与客观、普遍等紧密联系在一起，由此产生了我们对世界

---

[1] 埃德蒙德·胡塞尔．欧洲科学危机和超验现象学 [M]. 张庆熊译．上海：上海译文出版社，1988:27

[2] 埃德蒙德·胡塞尔．欧洲科学危机和超验现象学 [M]. 张庆熊译．上海：上海译文出版社，1988:27

认识和理解的客观主义，即生生地脱离了实存的、具体的前科学的生活世界，将这种虽然也是自明的但实质上是被理性，尤其是数学和计算框架化、理性化的世界，认定为才是真理的、客观的，而其他的包含情感、质料或物质的世界存在，都是次要的。“人们凭直观确信，世界本身是一个理性系统的整体，在这个整体中的每一个个别细节必须加以理性的规定。”[1] 在近现代科学观念主导下所形成的这种“物理主义的客观主义”思维里，数字和数学被赋予至高无上且又毋庸置疑、不容辩驳的准确性、客观性和普遍性，具有类似于宗教信仰般的超验性和先验性。人们对数字以及世界和自然的数字化产生了谜一般的信任。而这种信任，甚至可以说是信仰，正是数据主义的心理主义成因。范迪克在论述数据主义的批判文章《数据化、数据主义和数据监控：科学范式和意识形态之间的大数据》就特别提到这种信任与数据主义成功之间的关系。范迪克认为，数据主义之所以取得这么大的成功，与公众把他们的信任交给算法平台有很大的关系。[2] 对数据以及处理分析数据的算法平台的信任，是数据主义得以推行的重要基础。这种信任，同时也是卢曼所言的一般信任、系统信任——将复杂简单化的一种社会机制。人们对诸如货币、契约、制度和技术以及这里提到的数字的信任，都建立在这种非人格化的一般信任、系统信任基础之上。系统信任与人际信任完全不同，它并不建立在人际之间的信息流动、熟悉程度或者人格担保基础上，而是建立在对理性、真理作为共有知识、共同经验的理解之上。正如卢曼所指出的：“仅在人们就有关任何给定实体能够达成对第三方也有约束力的意见一致的地方，真理才是可能的，只有在那里信任才是可能的。通过假定第三方也会认为他们的观点正确，真理促进这种理解，从而降低复

---

[1] 埃德蒙德·胡塞尔 . 欧洲科学危机和超验现象学 [M]. 张庆熊译 . 上海：上海译文出版社，1988:77-78.

[2] van Dijck, Jos é . 2014. Datafication, dataism and dataveillance: Big Data between scientific paradigm
and ideology. Surveillance & Society 12(2): 197-208.

杂性。”[1] 理性的可普遍化，为真理提供了保证，也就为信任提供了强有力的背书。人们信任数字，推崇数字化，归根结底还在于数字背后的可普遍化，以及由此带来的必然性和可靠性。

以数字化为主要特征的理性主义，不仅更新了科学的观念，更是随着资本主义的扩张和发展，更新了整个世界的结构形态。尽管我们以活生生、血淋淋的肉身存在于世，但是我们所生活的世界，越来越理性化、程式化和标准化。李猛在《论抽象社会》里提到了现代社会的三个重要特征里面，非人格化和程序性，都体现了这种理性化特色。“在现代社会中，绝大多数的互动过程涉及的机制、知识或观念，都与个人的具体特征或人际的具体关系无关。而且更进一步说，这些机制赖以运作的基础正是对人格关系的克服”，“在现代社会中，许多互动过程的进行是借助某种程式化和类型化的做法”。[2] 更具体地说，由于我们生活在高度理性化、抽象化、数字化的社会之中，脱离了某些抽象、数字化的媒介或者中介，我们将很难理解整个社会的运行，更难以实际地生活下去。我们每个人都是在“抽象”地活着。

1.2.3 数据主义的问题所在

话又说回来，抽象地活着，那是为了在这个日益复杂、风险高企的社会之中生活得更加方便、更加美好，以数字化抽象地认识和理解世界，也不是什么大问题。伴随着资本主义发展，理性的力量，抽象的思维，以及将自然和世界数字化，带给了人类极大的馈赠：科技的进步、自由的扩大以及文明的繁荣。我们批判数据主义，并不能无视理性、抽象思维带来的这些好处，也不能将数字化全盘否定，而是要在看清楚问题实质的基础上，避免数据主义将人类带入被奴役、被控制的悲剧。

我们所生活的复杂世界，既是理性化、标准化、结构化和程式化的，

---

[1] 尼古拉斯·卢曼．信任：一个社会复杂性的简化机制 [M]，瞿铁鹏等译，上海：上海人民出版社，2006：68

[2] 李猛．论抽象社会 [J]. 社会学研究，1999(01):2.

但首先是经验性、情感性、具体性；人类的思维，既有抽象化的能力，也有具体化的能力。数据主义在认识论和本体论上陷入了单向度的思维方式和决定论的逻辑方式，只看到了抽象化所带来的便利和可靠，而忽视具体化的情境以及由此带来的不确定性，把理性化、数字化的科学世界，当作了真实、客观的世界，而忽视了世界的本真和本来面貌，是具体的、前科学的。正如胡塞尔对"物理主义的客观主义"的批判时所指出的那样："现存生活世界的存有意义是主体的构造，是经验的，前科学的生活的成果。世界的意义和世界存有的认定是在这种生活中自我形成的。——每一时期的世界都被每一时期的经验者实际地认定。至于'客观真的'世界，科学的世界，是在较高层次上的构成物，是用前科学的经验和思想为基础的，或者说，是以它的对意义和存有的认定的成果为基础的。"[1] 从逻辑先后顺序而论，现实的、具体的、经验性的生活世界在先，理性化、抽象化、数字化的科学世界在后，而且科学世界的理解和存有，是对生活世界所形成的经验、思想的形而上学地提炼、抽象才形成的，是被生活世界内在规定和约束的。用马克思主义的话来说，意识和精神世界，都深深受到了现实物质世界的约束；现实的本真的生活世界，才是第一性的，理性化、数字化的科学世界，以及程式化、非人格化的抽象社会，尽管日益成为我们直接打交道的世界和社会，但仍然奠基于现实的具体的生活世界，是第二性的。

数据主义走入了柏拉图式的"数字洞穴"，由于我们日常生活之中大量地接触甚至依赖、沉溺于数字化的互联网世界，以至于我们就像被束缚于"数字洞穴"之中的人们那样，错把洞穴之外火把投射到洞穴底部的影子，当成了真实的物体存在。人类依靠理性的力量和抽象的思维，模仿现实存在的生活世界，打造了一个越来越完美的虚拟的互联网世界。但是我们不能片

---

[1] 埃德蒙德·胡塞尔．欧洲科学危机和超验现象学 [M]. 张庆熊译．上海：上海译文出版社，1988:81—82.

面地把这个虚拟世界错误地当作真实的世界，也不能将打造这个虚拟世界的抽象思维、数字化思维，当作整个世界的哲学基础，包括认识论和本体论两个层面的基础。本真存在的世界在“数字洞穴”之外。正如柏拉图的“灵魂转向”的认识论所指出的，人们只有摆脱了洞穴的束缚，沿着进洞的斜坡逐步上升到洞口，看到洞口的火把和木偶，甚至走出洞穴，看到外面世界的太阳，才能够真正地认识到这个世界。数据主义必须摆脱这种本末倒置的思维方式，摆脱这种单向度的思维方式，才不至于被虚拟的幻影所欺骗、奴役。

世界的复杂性，远远超过数字化世界所体现的那种存粹的简单化、有限性和必然性。如果用数学的语言来表达的话，现实的本真的具体的生活世界，要远远大于理性化、数字化的科学世界，以及程式化、非人格化的抽象社会。数据主义犯了以偏概全的错误，在他们的世界里，只有作为客体的数的存有，而没有作为主体的人的位置。他们就像盲人摸象那样，只摸到了大象的一个部位，却宣称自己掌握了世界的真理。《算法霸权：数学杀伤性武器的威胁》的作者凯西·奥尼尔曾经是世界顶级高校的数学理论家，后来也曾投身于利用算法改变世界的行动之中，起初算法带来的巨大利益和改变，让她“感到既兴奋又震撼”，但是2008年金融危机的爆发以及相关问题的暴露，给她浇了一盆冷水，让她从数据主义转向了对数据主义的批判。这位深谙算法真谛的数学家认为：算法模型的本质就是简化，“没有模型能囊括现实世界的所有复杂因素或者人类交流上的所有细微差别。有些信息会不可避免得被遗漏”，[1] 因此算法不可避免地会导致各种错误，这是算法模型的天然缺陷，也是数据主义的“阿基琉斯之踵”。韩炳哲在批判数据主义时也曾提到这种对数据信仰的狂热的消退，他认为：“今天，人们对大数据的兴奋与18世纪对统计学的狂热十分相似。”18世纪第一次启蒙运动时期，康德、

---

[1] 凯西·奥尼尔．算法霸权：数学杀伤性武器的威胁 [M]，马青玲译，北京：中信出版集团，2018.

卢梭等人都利用统计学的规律来论证自己提出的道德法则的普遍性或者为公共意志作论证，但是很快，这种风潮就过去了。“反对统计出来的理性的观点就出现了，主要以浪漫派为代表……他们用稀有性、不确定性以及突发性来反驳统计、计算出来的极大的概然性。”[1] 此后，尼采也对统计出来的理性进行了批判。尽管在一定层面上，浪漫派和尼采用以反对统计学、计算思维的那种哲学也存在很多偏颇之处，但是他们的反对和批判本身，就充分说明了，世界并不只是按照数字化和统计规律来运行的，“无论是历史，还是人类的未来，都不是由统计得出来的概然性决定的”。[2]

事实上，使用“决定”这个概念包含着很多误解和风险。马克思主义辩证法告诉我们，并不存在绝对的决定关系，在当某一方面对另一方面起到主导的支配作用时，另一方面也必然会通过各种形式来反向地反馈和调节。数据主义恰恰就是违背了这样一种辩证法则，看到了算法和数据对人类单向度的影响和支配，而忽视了另一方面，人类对算法和数据的更具主动性、主体性的影响和调节。在对赫拉利的数据主义进行批判时，吴根友教授指出，“赫拉利对人类前景持有如此悲观主义的态度，我们不仅不赞同，而且认为他的推测中严重地忽视了人类的主观能动性，即人类具有可以适时地调整数据主义可能给人类带来的灾难的能力。我们相信，当数据主义可能导致人类严重的自我异化时，人类也会采取各种积极的方法与手段来克服数据主义带来的‘异化’。”[3] 由于在认识论上的缺陷，数据主义意识形态不仅错误理解了世界，而且错误理解了人类。他们在理性化、数字化和抽象化的过程中，把作为主体的人也同样摒弃了，数据主义的世界之中，只有冷冰冰的数据，而没有充满爱和温暖的人与人性。

---

[1] 韩炳哲．精神政治学 [M]. 关玉红译．北京：中信出版集团，2019:100-101.

[2] 韩炳哲．精神政治学 [M]. 关玉红译．北京：中信出版集团，2019:103.

[3] 吴根友．算法、大数据真能消解人文的意义吗？——《未来简史》读后 [J]. 南海学刊，2018，4(04):29.

1.3 人文主义的危机

赫拉利将数据主义视为信息时代的科技人文主义，不过数据主义的确表现为科技主义，却并不表现为人文主义，它甚至是人文主义的危机。在数据主义的浪潮下，人与算法的关系颠倒过来，作为客体的算法崛起为统治和支配性的力量，成为“伪主体”，而作为真实主体的人，却在理性化、数字化的漩涡中日益丧失主体性，沦为算法的奴隶。

1.3.1 主体性的凋零

马克思提出“人化自然”的概念时，体现了将人类的主体性与物质世界的客体性统一起来的尝试和努力。人类将其主体性加之于物质世界的客体性，所形成的就是被主体改造之后的“人化自然”。自然不再是存粹、客观之存有，而是具有强烈主体性的存有，带上了人类理智和意志的痕迹，是人类将其主观意志对象化、客体化的结果。马克思主义认为，这一过程，有赖于人类对客观自然规律的认识、发现和遵守，更有赖于人类的劳动实践以及在实践过程中对技术的应用。这些观点，在一定程度上，与胡塞尔对物理主义的客观主义的批判不谋而合。胡塞尔认为，近现代科学观念所奠基的科学世界观，仍然脱离不了人类的主体性。“只有彻底地追问这种主体性……我们才能理解客观真理和弄清楚世界最终的存有意义”，“实际上，自在的第一性的东西是主体性，是它在起初素朴地预先给定世界的存有，然后把它理性化，这也就是说，把它客观化。”[1]

无论是马克思，还是胡塞尔，他们对主体性的重视，都揭示了这样一个道理：无论如何，我们对世界的认识和理解，都只能从人作为主体的角度出发，人的主体性构成胡塞尔所言“生活世界”、马克思所言“人化自然”的前提和基础。首先，尽管自在自然或者说科学世界有其客观存在的基础，包括其不为人类主体意志所转移的客观性、规律性，但对这种客观性、规

---

[1] 埃德蒙德·胡塞尔 . 欧洲科学危机和超验现象学 [M]. 张庆熊译 . 上海：上海译文出版社，1988:82.

律性的认知和理解，却是主体性的，高度依赖主体建构的结果。换而言之，在人类不同历史时期，以及不同的文明形态之中，对自在自然的客观规律的认识存在着显著不同的理解，但是这千差万别却殊途同归的观念，却滋养和支持不同人类族群的生存、繁衍和发展；而以数字化、理性化的观念将科学世界、人化自然客观化、数字化，以及由此所形成的大一统的自然科学技术，只不过是近现代随着资本主义发展而占据主流、主导地位的主体建构方式之一。这种主体建构方式，的确因为可靠性和可信度高、效率更强和实用性显著，更加贴近或符合自在自然的客观性，因而成为当下绝大多数人理解世界的手段和方式，但并不意味着它就完全符合世界的本质和本真。因此，从逻辑上而言，计算主义、数据主义仍然只是主体建构、把握生活世界、“人化自然”的方式之一，而不能代表全部或者唯一方式。事实上，对世界的本质和本真的理解，即使是在近现代自然科学的基础数学、物理层面，仍然存在科学范式的争论。

其次，从历史发生的角度来看，“人化自然”和抽象社会既是人类当下生存的情境，也是人类将自然数字化、理性化，以计算思维改造世界的结果，斯蒂格勒称之为“技术在实现现代化的同时，把主体性实现于客体性之中”，[1]这就正如孔子所言的“求仁得仁”，“我欲仁，斯仁至矣”。从近代启蒙运动以来，人类对数字化、理性化孜孜以求数百年，世界也在人类的劳动实践和技术改造之中，变得越来越抽象化、理性化和数字化，甚至正如虚拟化的互联网世界所呈现的，完全被代码、符号标准化、结构化和理性化，数字世界遵循的是“普遍有效的理性原则”，[2]一切按照算法确定的规则和路线运行，从而消除了一切非标的不确定性和偶然性。作为“人化自然”，虚拟的互联网世界是真实的存有，但它是被主体性以数字化思维改造之后的

[1] 贝尔纳·斯蒂格勒．技术与时间——爱比米修斯的过失 [M]. 裴程译．上海：译林出版社，2019：8.

[2] 贝尔纳·斯蒂格勒．技术与时间——爱比米修斯的过失 [M]. 裴程译．上海：译林出版社，2019:8.

真实和客观，它与那种自在自然所呈现的真实、客观，已经截然不同。倘若我们只以这种“人化的真实客观”作为研究对象，去追问世界的本质和本真，就会发现，我们所生活的世界，真的就是完全数字化、高度理性化和抽象化的数据世界，进而自然而然地推论出数据主义或计算主义的世界观和价值观。但事实上，世界的复杂性和本来面貌，远远超过了这种数字的真实和客观；数字化世界只是生活世界、“人化自然”的一个形而上学的面向，还有更多前科学、前数字化的面向，在人类主体性概念之下，真实、具体地存有。

最后，综合前两个方面的论证，我们会发现主体性特别容易陷入一种数字化漩涡：一方面，人类主体带着自觉的目的性，以数字化、理性化的方式改造自然和人类社会；另一方面，这个高度数字化、理性化、程式化的数字世界和抽象社会，又成为主体进一步认识和理解世界的基础，强化了主体先前预设的目的性、自觉性，把世界进一步数字化、理性化；人类主体在数字化的道路上越走越远，在数字化的漩涡里也就越陷越深，直至主体性完全被数字化所支配、决定和消解。正是在这个意义上，斯蒂格勒指出：“所以计算就是生存的沉落。”[1] 在数字化漩涡之中，主体凋零，人性沦落，生存将不复存在，存在的只是随波逐流、行尸走肉。不过，数据主义看不到数字化漩涡的危险所在，他们不是吴根友教授所言的悲观主义者，他们在高度数字化的征途上高歌猛进，是忘乎所以的进步主义、乐观主义者。他们被胜利和进步冲昏了头脑、遮盖了视野，尽管他们视而不见，但他们企图用来拯救人类、改造世界的数据和算法，正在成为异化的力量。在数据主义的世界里，力图解放人类的算法技术，反过来要支配和控制人类。

解铃还须系铃人，主体性危机只有通过主体性自身来解决。假如我们要摆脱这种“技术决定论”的宿命，从数字化漩涡之中跳脱出离，就必须进一

---

[1] 贝尔纳·斯蒂格勒．技术与时间——爱比米修斯的过失 [M]. 裴程译．上海：译林出版社，2019:8.

步彰显人类的主体性，真正地从人的生存、人的存在和人的尊严出发，来理解人与算法、技术之间的关系，进而改造我们所处的数字世界和人化自然。

1.3.2 人的回归

数据主义的眼里只有数据而没有人，他们将客观的数字视为起决定作用的支配性和主体性力量，将人视为被算法塑造和支配的客体，因而陷入了一种“技术决定论”的错误。他们的这种错误，与黑格尔在主奴辩证法中犯的错误如出一辙。黑格尔在论证自我意识的生成和运动时，提出了主奴辩证法的隐喻，黑格尔认为，“自我意识只有在一个别的自我意识里才能获得它的满足。”[1]一个是自为存在的自我意识，另一个是作为他者的依赖的意识，自我意识只有在对他者的观照中才能得以成长和实现。主奴辩证法不仅揭示了自我意识的生成规律，而且揭示了一般事物从对立面走向统一的特征。不过，对于黑格尔而言，他的主奴辩证法不可避免地会导向主人与奴隶的相互转换和共同异化，那是因为将本来高度依存、整体一块的自我意识截然两分成主体与客体之后，主客体必然会在对物的依赖中走向自己的对立面：一方面，被支配的奴隶，反倒能够在更为主动的物的劳动实践中，成为自为存在；另一方面，看上去自主自为的主人，则在物的消费依赖之中，沦为客体。主奴辩证法夸大了主客体的对立性，忽视了他们的统一性，这种二元论，就不可避免地陷入决定论的形而上学困境。

数据主义之所以颠倒人与算法的关系，将算法视为“伪主体”，而将本该为主体的人转变为被算法支配的客体，就因为他们割裂了算法与人之间的统一性，将算法视为完全独立的存在，算法作为人类认识、把握和改造世界的重要尺度，虽然具有外在于人类主体的客观性和相对独立性，但是却紧紧依靠人类的主体性。正如胡塞尔所说，数字化的算法，本来就是人类主体性的产物，因此数字化自然所体现的客观和理性，也是蕴含着主体性，以主体性为前提和基础的客观和理性。胡塞尔看到了物理主义将主客体二分

---

[1] 黑格尔 . 精神现象学上卷 [M]. 贺麟、王玖兴译，北京：商务印书馆，1979：121.

带来的缺陷，他用现象学的超验主义将物理主义所理解的客观世界纳入到人类主体性的生存境遇之中。胡塞尔的超验现象学强调，具有意向性和自我觉知的主体性，是先于近现代自然科学所奠定的理性、客观的科学世界的，而这个在先的主体性，在对先于科学世界的生活世界进行把握时，并不存在主客体二分或身心二元的结构：一方面，在意向性结构中，意识是意向行为与意向对象的统一，因而并不存在主客体的截然二分；另一方面，主体是具身的，心灵和身体共同构成一个整体，参与自我经验和世界经验的形成。现象学拒斥了二元论的思维方式，无论是胡塞尔超验的主体性，还是此后海德格尔的存在主义现象学，以及后现象学，都在主体的生存境遇中对世界作出理解，因而能够避免物理主义或数据主义的二分法所带来的决定论困境。我们值得期待和相信："现象学提供了一种基于传统理性主义但又更为彻底的主体主义视角"，"胡塞尔的主体性视角、现象学方法打开了一种全新的哲学视域，让人们可以继续捍卫近代以来的哲学理想并为人文主义辩护。"

对抗计算主义或数据主义，复兴人文主义，同样值得期待的还有马克思主义的哲学思想。马克思在劳动实践的概念基础上，对主奴辩证法进行了改造，他改变黑格尔那种完全割裂、截然二分的思维，从整体上去把握主客体高度依存、相互依赖、相互作用的关系，由此破解主客体相互对立、相互奴役的状态，建立了更为对等和协作的主客体辩证法。作为人类生存的主要方式，劳动实践弥合了主客体之间的决裂和鸿沟，将外在于主体的客体，整合为主体的"为我之物"，形成了对立但是更为融合统一的整体。算法并不是外在于人类的存在，算法的生成和发展，都深刻依赖人类的主体意识：一方面，从客观的客体角度而言，算法是人类从世界之中发现，并用于认识、改造世界的工具和手段；但是另一方面，从历史生成的角度来看，算法是人类劳动实践的成果，是主体性加之于客观性的产物，因而具有强烈的人性，离开了人，不可能会存在算法，同样的，离开了算法等技术，也很难去理解人和人性。当从主客体统一的角度来理解算法技术时，我们就会发现，算法技术恰恰是人性的体现和特征。"人的技术活动构建人的日常生活世界并构建人性，任何技术活动都无法避免人文主义的价值关切”，“技术本身不可能自然造福人类。技术造福人类的价值取向来自作为主体的人的人文主义关切。”[1]既然无法将“人性”与算法技术截然分开，那么算法人文主义就应该成为信息价值观和算法世界观的应有之义。

2. 人文主义传统及算法人文主义

针对数据主义所引发的主体性危机，人文主义的哲学正在得到重视和复兴。学者们从哲学、新闻传播学、心理学、计算机科学等不同学科出发，通过回溯和借鉴历史上的人文主义思想资源，或者批判当下数据主义所引发的现实问题，来重塑人与算法之间的关系，将因强大算法支配而隐退、凋零的人类主体性重新挖掘和凸显出来，强调人的主体性地位和价值，不断增强和回归算法所蕴含的人性和价值，算法人文主义成为对抗数据主义的希望。

算法人文主义直接脱胎于对数据主义的批判，但是其深层次的基础，则在于人文主义的思想传统，自轴心时代以来的人文主义思想，为批判数据主义、构建算法人文主义提供了最强有力的思想资源。

2.1 人文主义的传统

严格地说，人文主义并不是一种哲学流派或思想，而是一种强调人的价值、作用和地位的哲学传统或思维方式。《西方人文主义传统》的作者阿伦·布洛克在其著作中开宗明义：“人文主义不是一种思想流派或哲学学说，而是一种宽泛的倾向，一个思想与信念的维度，以及一场持续性的辩论。”[2]从辩论的角度理解人文主义甚为必要，因为它正是人文主义的生成基础及延续逻辑。人文主义始于对时代命题的反思，始于对同时代那种脱离人的哲学思想的批判，换而言之，人文主义通过不断发现和肯定人的价值，来批判那些脱离人的哲学思想，延续自身的传统。当然，在不同的时代，由于批判和

[1] 高兆明．“数据主义”的人文批判 [J]. 江苏社会科学，2018(04):166.

[2] 阿伦·布洛克．西方人文主义传统 [M]. 董乐山译．北京：群言出版社，2012:2.

反对的思想不同，人文主义对人的价值的发现和肯定的维度也不完全一样。甚至在一定程度上，人文主义在某个阶段所倡导的某种价值和观念，有可能在另一个阶段成为批判的对象。这恰如马克思所提到的认识的辩证法，我们对世界及自身的认识，总是沿着曲折的螺旋式轨迹上升的。正所谓“物极必反”、“否极泰来”，当初的优势和长处，随着时势变化，也会沦为劣势和短板。重新回溯人文主义的传统，对其所推崇的各种价值理念进行辨析，并在此基础上批判性借鉴吸收，才能够更好地构建出算法人文主义的理论。

2.1.1 文艺复兴的人文主义：对人的尊严的凸显

由于古希腊的哲学传统里，将技术视为高于经验，但却低于哲学和科学的普遍知识，技术在人类知识体系之中的作用和地位，一直彰而不显，与此相适应的是，人类技术的更新迭代速度非常缓慢。文艺复兴所推崇的人文主义思潮，尤其是借助古希腊的哲学和艺术，对神本主义的扬弃，对人的主体性地位的强调，不仅促成了自然科学的大发展，而且也推动了近代机器技术的快速更新迭代。文艺复兴的人文主义，又可以称之为古典人文主义，“通过对古希腊与罗马哲学思想的研究与发扬，和当时人文学科的发展，形成了现代技术（甚至包括现代科学）赖以产生与发展的一整套先行观念，如人的主体性、自然的数学化、人类征服自然、人类世俗生活的先决性等等[1]”，进一步发现和发展了技术。

古典人文主义的最大成就，也是最成功之处，就在于将人类思想从中世纪以来的“超自然”的神学模式转向了以人为本的人文主义模式。这一成就的获得，得益于他们对古希腊和罗马哲学传统的重温和学习。尽管也信奉神灵，但是古希腊以来的哲学传统是以人为中心的。普罗泰戈拉斯曾经提出：“人是万物的尺度，是存在者存在的尺度，也是不存在者不存在的尺度”，以警醒世人为己任、将哲学“从天上召唤下来”的苏格拉底曾经呼吁：“人啊，认识你自己吧！”中世纪形而上学的经院哲学，尽管也强调对古典的

[1] 高亮华．人文主义视野中的技术 [M]. 北京：中国社会科学出版社，1996.

重视和学习，但是却只是从柏拉图、亚里士多德之中引申出对上帝存在的论证和重视，他们对人的本性、认识你自己等这些关键问题视而不见，因此成为古典人文主义批判的对象。古典人文主义从古希腊的人本主义思想，不仅发掘出了以人为中心、人的主体性的思想，而且还进一步在对全知全能的上帝的反思之中，发掘出肯定人的力量与创造性的思想。

古典人文主义的第二个亮点，就在于他们对人的独特性的充分肯定。人类并不是完全受上帝所控制的奴仆，而是具有充分的主动性和创造能力，拥有尊严和尊贵的个体。在针对宿命论的批判之中，阿尔伯蒂等人文主义者高扬人的能动性："人，只要拥有足够的胆量，是可以战胜命运的。正是这种对人的创造力与驾驭生活能力的强调，使得当时的人们产生了追求个性与增强自我意识的愿望。[1]"那个时候，对人的尊严，就有着非常细致的思考。15 世纪中后期，有两部名为"人的尊严"的作品差不多同时诞生，都留下了重要的影响力。1452 年，吉安诺佐·马奈蒂在其论文《论人的尊严与优越》中充分肯定人的"不可估量的尊严与优越"，以及人性中"杰出的天赋和稀有的品质[2]"。这个概念的意义在于"人依靠自身的力量能够臻于至高境界，可以创造自己的生活并通过建功立业来为自己赢得荣誉[3]"。另一篇《论人的尊严》的作品，由皮科·德拉·米兰多拉于 1486 年撰写，本来是作者试图在罗马大会的开幕式上准备的演讲稿，却因为教皇的反对而搁浅。这篇文章流传千古、声名远扬，被誉为"文艺复兴的宣言书"。米兰多拉认为，人"是自己尊贵而自由的形塑者，可以把自己塑造成任何你偏爱的形式[4]"，人的尊严恰恰来源于这种自由的追求和选择，通过道德自律、不断进取而形成的自我完善。这是古典人文主义对"人的尊严"的最早论述，他们的这些智慧，对于我们理解和建构算法人文主义，仍然有着重要的价值和启发。

---

[1] 阿伦·布洛克 . 西方人文主义传统 [M]. 董乐山译 . 北京：群言出版社，2012:25.
[2] 阿伦·布洛克 . 西方人文主义传统 [M]. 董乐山译 . 北京：群言出版社，2012:29.
[3] 阿伦·布洛克 . 西方人文主义传统 [M]. 董乐山译 . 北京：群言出版社，2012:29.
[4] 皮科·米兰多拉 . 论人的尊严 [M]. 顾超一、樊虹谷译，北京：北京大学出版社，2010.

古典人文主义的第三个亮点，至今仍然发挥着重要作用，那就是人文主义的教育传统。“它奠定了西方文明一个伟大的设想，即可以通过教育来对人的个性品德进行塑造[1]”。“人文主义的核心主题是人的潜能与创造力，这些能力是潜藏于人的身上，需要外部力量加以唤醒，从而使其显现并进一步得到发展，而实现这一目的的手段就是教育。人文主义者认为教育是让人从自然的状态中脱离出来，并且发现自己的人性的过程。[2]”在这里，教育与人文主义的关系非常有趣，一方面，教育构成了人文主义萌芽和发展的前提，文艺复兴正是通过对古典的人文学科，包括语法、修辞、历史、文学和道德哲学的研读和教育，才逐渐树立人文主义的理想和思想；另一方面，教育又构成了人文主义实现的途径和方式，人文主义要颂扬和实现人的主体性，就必须借助于教育的功能和作用。教育因此与人文主义紧密联系在一起，成为人文主义传统的重要组成部分。

文艺复兴人文主义，通过对人的主体性的凸显，并在颂扬推崇人性的过程中，发展出将自然数学化，将自然视为人类可以控制和改造的对象的思想，为自然科学和机器技术的快速发展铺平了道路。

2.1.2 理性主义的人文主义：对自主、自由的强调

在文艺复兴之后的启蒙运动，理性主义人文主义仍然是对古典人文主义的继承与发展。尽管在笛卡尔、霍布斯、斯宾洛莎等人的唯理论，培根、休谟、洛克等人的经验论之间，存在着巨大的争议和辩论，但是古典人文主义所奠定的人对自然的探求和研究，推动了哲学从本体论转向认识论。“征服自然的旨趣既然成为一种盛行的时代要求，它就必然要争得哲学上的支持。[3]”启蒙运动以来的哲学家力求对世界有着更加精确的认识，因此他们更加关注知识的普遍有效性。相较于世界是什么样的本体论问题，对于我

[1] 阿伦·布洛克．西方人文主义传统 [M]. 董乐山译．北京：群言出版社，2012:8.
[2] 阿伦·布洛克．西方人文主义传统 [M]. 董乐山译．北京：群言出版社，2012:35.
[3] 高亮华．人文主义视野中的技术 [M]. 北京：中国社会科学出版社，1996.

们的理性或意识如何认识这个世界的认识论问题，成为了哲学家思考的中心。在理性主义人文主义所奠定的传统之中，对于理性的自主、自由的运用，成为最核心的议题。“启蒙运动的伟大发现，是将人的批判理性应用于权威、传统与惯例时所表现出的那种普遍效力——无论是在宗教、法律、政治，还是社会习俗方面。[1]”

这种认识论上的自信心，毫无疑问来源于古典人文主义强调人的主体性的传统。“这些启蒙思想家之所以在运用理性方面显得颇有心得，是因为在他们的头脑中有一种新的自我信念，那就是只要人类能够从迷信与恐惧中解脱出来（包括天启宗教的幻象），他们就能够在自己的身上发现改造人类生活的力量。[2]”不过，他们在人的主体性方面走得更远，不再是听天由命、任人摆布，而且要“争取解放……敢于依靠自己，也就是被康德提议作为启蒙运动座右铭的那句贺拉斯的诗：‘敢于知道——开始吧！’[3]”

“要敢于认识”，“要有勇气运用你自己的理智”，这句诗被视为启蒙运动的口号，被康德引用到他对“什么是启蒙运动”的答复之中。康德是启蒙运动以来唯理派和经验论的集大成者，他的三大理性批判意在综合调和两者在认识论上的缺陷。他对“什么是启蒙运动”的回答，凸显了启蒙运动的主题，以及理性主义人文主义的核心，那就是对于理性的自主、自由的运用。其一，启蒙是一种自主精神，“启蒙运动就是人类脱离自己所加之于自己的不成熟状态”，而这种不成熟状态，“不在于缺乏理智，而在于不经别人的引导就缺乏勇气和决心去加以运用[4]”，摆脱他人的支配或引导，自己独立地运用自己的理性，自主仍是启蒙运动赋予人的理性运用的第一层含义，其二，启蒙精神又是一种自由精神，康德认为：“这一启蒙运动除了自由而外并不需要任何别的东西，而且还确乎是一切可以称之为自由

[1] 阿伦·布洛克 . 西方人文主义传统 [M]. 董乐山译 . 北京：群言出版社，2012:61-62.
[2] 阿伦·布洛克 . 西方人文主义传统 [M]. 董乐山译 . 北京：群言出版社，2012:63.
[3] 阿伦·布洛克 . 西方人文主义传统 [M]. 董乐山译 . 北京：群言出版社，2012:63-64.
[4] 康德 . 历史批判文集 [M]. 何兆武译 . 北京：商务印书馆，1990:22.

的东西之中最无害的东西，那就是在一切事情上都有公开运用自己理性的自由。[1]”这种公开运用自己理性的自由，也正是西方哲学传统所一直强调的思想自由。康德认为，思想自由是一种最低限度的、消极的、底线的自由，却是对人类弥足珍贵，反而更容易实现的自由。“程度更大的公民自由仿佛是有利于人民精神的自由似的，然而它却设下了不可逾越的限度；反之，程度较小的公民自由却为每个人发挥自己的才能开辟了余地。因为当大自然在这种坚硬的外壳之下打开了为她所极为精心照料着的幼芽时，也就是要求思想自由的倾向与任务时，它也就要逐步反作用于人民的心灵面貌（从而他们慢慢地就能掌握自由）；并且终于还会反作用于政权原则，使之发现按照人的尊严——人并不仅仅是机器而已——去看待人，也是有利于政权本身的。[2]”

康德的这一点认识，后来被赛亚·柏林所提出的“积极自由”与“消极自由”的区分予以强调。我们对自主、自由的要求，应该要控制在一定的限度和领域之内的，过于僭越或者无限索求，反而会走向自主、自由的对立面。自由只有因为自由的缘故而被限制，康德深谙自由的辩证法则。正是因为看到自由的“二律背反”的风险所在，在倡导自主、自由的人文主义思想家那里，他们都是非常审慎地提出并论证这些价值理念，即小心翼翼地从消极、底线的角度，来反思自主、自由的价值。

然而，理性主义却有一种巨大的形而上学冲动，这种冲动所孕育的机械主义的工具理性，却走向了人文主义的反面。自然科学和技术的发展，带来了工业文明的长足进步，但也带来了众多问题，就正如康德对机械主义把人变成了机器的担忧，卢梭对科技败坏人的道德的担忧。人类对技术的使用，最初的目的和动力都在于扩展和扩大人类的自由，但是很多时候，我们在技术赋能的路上走得太远，常常会忘记了为什么出发。在启蒙时代，

---

[1] 康德 . 历史批判文集 [M]. 何兆武译 . 北京：商务印书馆，1990:24.
[2] 康德 . 历史批判文集 [M]. 何兆武译 . 北京：商务印书馆，1990:30-31.

机械极大提升了人类的力量，拓展了人类的行动自由，却也不可避免地导致人对机械的依附；到我们所生活的智能时代，致力于扩大人的自由的算法，最后却导向了对人的控制，人被困在了信息技术所建构的算法世界之中。我们重温理性主义的人文主义传统，就必须警惕，对自主、自由的价值追求，不能走向了他们的反面，而是要从消极和底线的层面出发，使其成为对人类福祉，对人的尊严的维护。

2.1.3 浪漫主义的人文主义：对人的丰富性的揭示

浪漫主义的人文主义看到理性主义的危险和弊端，因而提出了对科学技术的批判性思考。在这里，帕斯卡尔、卢梭等人的思想特别值得关注，他们在理性主义所孕育的自然科学和机械技术萌芽的早期，就警觉到理性主义的人文主义蕴含着工具理性无限扩展的风险，他们对人的丰富性的提醒和论证，让我们意识到人文主义视野中的人，并不仅仅是单纯具有理性智慧的人，还包括感性智慧、实践智慧等复杂的丰富性。按照古希腊所奠定的哲学传统，人是同时具有逻各斯和爱若斯的存在，摒弃了逻各斯与爱若斯的任何一端，都难以对人作出恰当的理解。

帕斯卡尔最广为人知的是他在物理学、数学上的成就，这位帕斯卡定律的提出者被认为是连接古代与近代思想的重要中间环节，他关于计算机、极限概念及概率论的观点，对近代以来的计算技术、微积分和概率论，甚至控制论的思想，都产生了重要的影响。因此，帕斯卡尔是从理性主义的内部来反思理性主义的局限性。首先，帕斯卡尔认为，人是有限的，却由于人特有的尊严，能够在有限之中追求和实现无限。在帕斯卡另一个广为人知的观点“人是一根能思想的芦草[1]”之中，他揭示了人的这种“以有限达致无限”的复合性。一方面，人是脆弱的、有限的，“用不着整个宇宙都拿起武器来才能毁灭他；一口气、一滴水就足以致他死命了”；不过另一方面，人又是无限的、高贵的，“人却仍然要比致他于死命的东西更高

[1] 帕斯卡尔．帕斯卡尔思想录 [M]，何兆武译．北京：商务印书馆，1963:157-158

贵得多”，“我们全部的尊严就在于思想”，“由于思想，我却囊括了宇宙[1]”。由于思想是人尊严的来源，人就应该在思想之中实现尊严，进而超越了自身的有限性。“我应该追求自己的尊严，绝不是求之于空间，而是求之于自己思想的规定。”“这就是道德的原则[2]”。其次，人的理性也是有限的。帕斯卡尔认为，人的理性并不像笛卡尔这种理性主义者所想象的那样，能够对外在的世界和自然形成清晰的认识，因为事物是单一的，而我们却是由两重性构成的复合主体。“我们这个复合的主体是无法认识单纯的事物”。不仅如此，理性不仅难以认识自然，而且在探讨人自身方面也存在局限性。“人的本性是丰富性、微妙性和无限多样性，将使得任何对之进行逻辑分析的一切尝试都会落空。因此，数学绝不可能成为一个真正的人的学说。[3]”

帕斯卡尔在理性主义诞生源头对其进行的反思，毫无疑问具有重要的启发意义。他在一个更加广泛、更加公允的人文主义视野之中理解人的复杂性，将理智之外的本能、内心等纳入到人性之中，他甚至提出了几何性精神和敏感性精神的分类，来表征人的这种二重性，因此人及其所要认识的世界，就远远不是仅靠理性就能全部把握的。理性是把握真理、认识世界的有力武器，但由于其自身的局限性，这个武器作用的发挥，仍然离不开人的内心和本能的参与，否则就会在很多方面既不可靠也不可能。帕斯卡尔指出，我们应该“使那企图判断一切的理智谦卑下来[4]”。

卢梭对科学技术的批判更加广为人知，他在饱受争议的成名作《论科学与艺术》之中，毫不留情地批驳：“科学、文学和艺术，由于它们不那么专制因而也许更有力量，就把花冠点缀在束缚着人们的枷锁之上，它们

[1] 帕斯卡尔 . 帕斯卡尔思想录 [M], 何兆武译 . 北京：商务印书馆，1963:158
[2] 帕斯卡尔 . 帕斯卡尔思想录 [M], 何兆武译 . 北京：商务印书馆，1963:158
[3] 高亮华 . 人文主义视野中的技术 [M]. 北京：中国社会科学出版社 , 1996.
[4] 帕斯卡尔 . 帕斯卡尔思想录 [M], 何兆武译 . 北京：商务印书馆，1985:131

窒息着人们那种天生的自由情操。[1]”卢梭认为：科学技术尽管给人们带来了一些好处，显示了光芒和作用，但是他所导致的错误和危险，比真理的用处大上成百上千倍，反而有些得不偿失。科学技术的诞生，导致了奢靡的流行，道德的退化以及自由的丧失。“人的价值不在于他有知识、有智慧，而在于他有道德、有情操。使人完善的是道德、情操而不是知识与智慧”，因此“人类应该摒弃科学技术，返回自然纯朴的原始生活。[2]”卢梭的观点与道家老子崇尚自然、返璞归真的思想有着类似的旨趣，他对实用、功利的批判，对人的道德性的推崇，成为人文主义的又一重要源泉。此后，叔本华、尼采等人的唯意志主义哲学对理性的贬低，对权力意志的张扬；马尔库塞等法兰克福学派对工具理性的批判，对人的主体性的肯定；甚至包括弗洛伊德主义、存在主义等哲学对现代技术的人文主义批判，都受到了卢梭所奠定的浪漫主义的人文主义的影响。“他们都主张以人的主观性对抗技术世界的机械化、客观化倾向。要使每个人成为自己的主人，成为一个作为意志、情感、直觉与性欲主体的人，成为一种作为完全自由、独立自主、不受任何束缚的存在的人[3]”。浪漫主义的人文主义，将人视为一种兼具理性和灵性的更为整全的存在，也就与那种将人和世界机械化、数字化的理性思维分道扬镳。

2.1.4 人文主义的内核及其敌人

我们只是在人文主义的源头进行了简单的梳理，就发现关于人文主义的讨论是如此的复杂而又持续，我们很难对什么是人文主义给出一个确切的回答，但是一方面，我们可以总结归纳人文主义传统最为重要和稳定的因素。人的尊严以及与此联系在一起的消极自由，以及人的丰富性和多样性，构成了人文主义最核心的要素。另一方面，虽然我们对什么是人文主义难

[1] 卢梭 . 论科学与艺术 [M]，何兆武译 . 北京：商务印书馆，1963:8

[2] 高亮华 . 人文主义视野中的技术 [M]. 北京：中国社会科学出版社，1996.

[3] 高亮华 . 人文主义视野中的技术 [M]. 北京：中国社会科学出版社，1996.

以统一共识，却对于什么不是人文主义，尤其对什么是人文主义的敌人，却有着非常肯定的回答：那种“人类生活与意识问题上的决定论或还原论”，还有“权威主义以及其他独断狭隘的思想观念[1]”，是危及人文主义的敌人。对人文主义内核及其敌人的讨论，有助于我们进一步理清人文主义传统。

首先，人的尊严，在人文主义传统里占据核心地位，他回答了“为什么要以人为本，为什么要提倡人文主义”的根本问题。当米兰多拉准备在罗马大会开幕式上喊出“人的尊严”这一宣言时，这一理念就成为贯穿人文主义传统始终的最为核心的要素。此后康德、帕斯卡尔、卢梭都站在这一理念上来阐发人文主义精神。康德将人的尊严视为绝对价值、最高目的，帕斯卡尔认为思想是人的全部尊严，而卢梭将道德视为人的独特性而倍加推崇。人文主义者对“人的尊严”尤其看重，恰恰是因为“人的尊严”是人的独特性所在：“每个人都有其独特的价值所在（用文艺复兴时期的话来说就是‘人的尊严’），而人权以及其他一切价值的根源就在于对这一点的尊重。这一尊重的基础是人类所独有的潜在能力，其中包括创造与交流（语言、艺术、科学和制度）、自我观察，以及进行推测、想象和推理的能力。一旦这些能力被释放出来，人就在一定程度上具备了选择与意志的自由，他们因而能够转换方向、开拓创新从而打开改善自己与人类命运的可能性——这里所说的是一种可能性，而非确定性。[2]”在这里，人的尊严又与人的自由，特别是底线、消极的自由联系在一起。自由与尊严的关系，更像是一个硬币的两面：体现了人之为人的独特价值的“人的尊严”，并不是什么抽象的规定或存在，而恰恰体现为人“选择与意志的自由”。没有自由，就没有尊严；而没有了人的尊严，就更不会有人的自由。自由是对人的尊严的实现，而尊严也构成了人自由的前提。

其次，既然人是万物之灵长，是尊严而又自由的，那么在人与外部世界

---

[1] 阿伦·布洛克．西方人文主义传统 [M]. 董乐山译．北京：群言出版社，2012:164.
[2] 阿伦·布洛克．西方人文主义传统 [M]. 董乐山译．北京：群言出版社，2012:164.

的关系方面，“区别于将人视为神的秩序的一部分的神学观点，以及将人视为自然秩序的一部分的科学观点——人文主义将焦点集中于人，一切从人的经验开始”，“包括价值观与全部知识在内的任何概念，都是人的心灵从经验当中汲取的。[1]”人文主义传统的第二个内核，就是以人为本，从人出发。在消极的意义上，以人为中心，一切从人出发，意味着摆脱了神或者其他权威的支配和约束，人们不经别人或者其他因素的支配或引导，能够自主地利用自己的理性、情感和智慧进行思考和行动；而在积极的意义上，则意味着自我主导、自我支配，不仅要成为自己的主人，而且要成为万事万物的主人，把世界当作可以认识和改造的外在化对象，在对自然的征服和改造之中，实现人的主导性、主体性地位。

然而，在从消极意义向积极意义过渡之中，人文主义就有可能陷入“唯人主义”的决定论，“一切从人出发”变为“一切由人决定”，人要将自己变成无所不能的神，这样就可能走向人文主义的对立面，导致理性对自由、技术对人的支配和奴役。这正是人文主义的风险所在，也是最初发轫于人文主义的机械主义科学主义，特别是我们要讨论的数据主义，为何最终变成了人文主义的敌人的根本原因。正如吴国盛教授所言，这种走向极端的决定论的“人文主义”实际上是“唯人主义”，“唯人主义首先把世界置于一个以人为原点的坐标系之中，把一切存在者都置于以人为阿基米德点的价值天平中，从而最终把世界变成利用和消费的对象”，“唯人主义把人置于中心的位置，按照人的要求来安排世界，表面上看是最大程度地实现了人的自由”，但是“消费和利用的关系一旦成型也就是本质化，无论以理性的名义还是以科学技术的名义来规定这种本质，人就会沦落为一个被动的角色，他只须按照所谓理性或科学的方式去反应。[2]”这样，唯人主义就“从根本上损害了自由”。“如果我们要求自然屈从于技术，那么我们也在要求作为自

[1] 阿伦·布洛克．西方人文主义传统 [M]. 董乐山译．北京：群言出版社，2012:164.
[2] 吴国盛．科学与人文 [J]. 中国社会科学，2001（4）：10

然一部分的我们自己屈从于技术；如果我们认为技术产品优于自然的产品，那么同样，我们的创造物就会被认为优于作为自然产品的我们自身。[1]”“唯人主义”的根本问题，与人文主义所反对的神本主义或者其他决定论思想一样，在于搞混了人与世界、上帝的关系，人并不是被外部世界或者上帝、其他权威所支配的，但也没有伟大到足以支配和控制世界。“人与世界的关系根本上是一种自由的关系。自由的人既不是世界的创造者，也不是世界的利用者和消费者，而是一个听之任之的‘看护者’和欣赏者。[2]”为了避免陷入“唯人主义”的风险，在处理人与世界的关系方面，人文主义就必须站在消极的层面，在强调自我对世界的自主性、能动性和超越性的同时，还要对自然和世界怀有敬畏之心。

人文主义陷入“唯人主义”的风险，与理性，尤其是工具理性的过度膨胀有很大的关系。它导致了人对自身认识的幻觉，以为借助理性，人有如上帝那般全知全能。理性的发展，尤其是数学与实验方法与自然科学研究、技术研究相结合，带来了巨大的成功，它全面提高了人类的物质生活水平，而且还使人免遭疾病、饥饿、死亡等痛苦和恐惧，科学与技术被视为“人文主义的后继者以及人类理性的最高成就”。科学和理性的成就是如此之大，以至于很多人都误以为，“宗教与哲学将会变得多余[3]”，只要人们将科学与理性的方法，应用于人的领域，就一定能够带来人的自由和解放。但是正如帕斯卡尔所指出的那样，理性在其自身限度之内，是无法对人和世界进行正确的理解和把握。阿伦·布洛克举了一个非常有趣的例子，生命科学、医学和心理学的发展，特别是脑神经科学，逐步揭露了人类大脑运行的很多机制，让人们对意识的内在运行有了更深刻的了解。“我承认精神与情感同我们的身体以及生活环境的物质秩序有着密不可分

[1] 吴国盛．科学与人文 [J]. 中国社会科学，2001（4）：14
[2] 吴国盛．科学与人文 [J]. 中国社会科学，2001（4）：10
[3] 阿伦·布洛克．西方人文主义传统 [M]. 董乐山译．北京：群言出版社，2012:179.

的联系，也相信生命科学将会通过遗传学与脑科学的研究使人们越来越清楚其中微妙的作用机制；然而我的个人经验却使我相信，人的意识不能被简单地还原为同其所依存的生理载体的关系，而是还有一种可以称之为灵魂、精神、心智、思想或者意识流的东西的存在。[1]”数学、精确观察和测量以及实验方法的使用，让科学取得了极大成功，但是“人文与艺术在传统意义上的对象——信仰、价值、情感、对艺术的反应、人类经验的模糊性，以及社会互动的复杂性，却不是可以轻易地通过这种方法进行研究的。[2]”这就引出人文主义传统的第三个内核，人与人性都是丰富的、复杂的，既包含了可以借助理性进行确切把握的必然性，也包含了很多不确定性和超越性的因素。这些不确定性既来源于人内在的情感、欲望、本能和意志，也来源于外在的人际关系、物质环境等诸多因素。正是由于这些不确定性，带来了人与世界的多样化和诸多可能性。在现代化的科学世界之中，人们已经凭借自然科学与社会科学的发现和指导，消除了很多不确定性，进而让自己的生活更加有规律，但是我们仍然面临着各种不确定性的“黑天鹅”、“灰犀牛”事件。“无论是历史，还是人类的未来，都不是由统计得出的概然性决定的，而是由不确定的、个别的大事件决定的。[3]”单凭理性智慧，并不足以完全把握人与世界。人文主义传统提醒我们，应当要从更加整全、丰富的视角来理解人自身，以及与人共同存在的世界。这一点，深谙世界不确定原理的科学家埃尔温·薛定谔在其著名的演讲“科学作为人文主义的一个组成部分”指出，“一群专家在某个狭窄领域所获得的孤立知识本身是没有任何价值的，只有当它与其余所有知识综合起来，并且在这种综合中真正有助于回答‘我们是谁’这个问题时，

[1] 阿伦·布洛克．西方人文主义传统 [M]. 董乐山译．北京：群言出版社，2012:179.
[2] 阿伦·布洛克．西方人文主义传统 [M]. 董乐山译．北京：群言出版社，2012:178.
[3] 韩炳哲．精神政治学 [M]. 关玉红译．北京：中信出版集团，2019：102-103.

它才具有价值。[1]”

2.2 算法人文主义的主要观点

人文主义是一个开放、发展、具有批判和思辨性的传统，它具有鲜明的时代性，是对同时代最为流行的、占支配地位的思潮的反思和批判，它又有很强的传承性，各个时代的人文主义，都在回答“为什么要以人为本”、“人的特点是什么”、“世界的特点是什么”以及“怎么理解和处理人与外在世界（上帝或者技术）的关系”等根本问题。作为人文主义传统的赓续，算法人文主义正是援引了人文主义的问题意识和批判传统，才得以对数据主义的思潮进行深刻的批判。赫拉利在《未来简史》对数据主义进行了深入浅出的论述之后，针对数据主义的人文主义批判，逐渐出现在学术期刊、学术会议的文章和报告之中。不过，相对于连篇累牍介绍或支持数据主义的著作和文章，这些人文主义的批判只能算是星星点点、刚刚兴起。

2.2.1 最底线的“以人为本”

在智能时代回答“为什么要以人为本”的问题，人文主义面临着来自自身的挑战。因为一方面，智能算法的失控，尤其是其与政治、资本合谋以后，对人的异化和控制，已经引发了人文学者和科学家的极大担忧，他们从最朴素的辩证法出发，提出“以人为本”的倡议，要求对算法进行规制，使其服从、服务于人和人性。正如霍金、马斯克等人提出的警告，模仿人的智能、能够像人一样思考的人工智能技术，很有可能将人类带向万劫不复的深渊，所以我们必须审慎地对待这一项技术。但是另一方面，就像赫拉利在《未来简史》中所揭示的，控制人、异化人的数据主义正是人文主义的产物，智能算法的失控，其根源恰恰在于“以人为本”的精神，人类为了自己的需要而发明创造了人工智能技术，让机械模仿和代替人，让机器人越来越像人，人类为了自己的幸福、快乐和永生，将自己托付给自己的创造物——

[1] 埃尔温·薛定谔 . 自然与希腊人、科学与人文主义 [M]. 张卜天译 . 北京：商务印书馆，2015:86.

智能算法，最终导致了智能算法对人的控制和支配。我们寄希望解决问题的“以人为本”，恰恰是产生问题的根源，强调“以人为本”的人文主义陷入了自相矛盾的“二律背反”。这就像以己之矛攻己之盾的左右手互搏，智能算法所引发的价值风险越多，我们就越强调以人为本，而对以人为本逻辑的强化，又会进一步推动智能算法的发展，引发更多的问题，加深算法对人的控制和异化，这又会进一步凸显“以人为本”的必要性。如此一来，“以人为本”的人文主义就深陷自我论证的循环和漩涡、无法自拔。

那是不是意味着，沿着“以人为本”的人文主义传统，是不可能解决数据主义的问题？面对人文主义自食其果的不作不死，我们是否还需要再倡导“以人为本”的哲学？赵汀阳教授在《人工智能会是一个要命的问题吗》一文中就提出类似的疑问，以人类为中心来思考和发展人工智能是存在问题的，“拟人化的人工智能是一个错误的发展方向，因为欲望、情感和价值观是偏心、歧视和敌对的根据，模仿了人性和人类价值观的人工智能就和人类一样危险[1]”。人并非良善、完美的生命，而是有着巨大的现实性和有限性的存在，“把人工智能看得太像人，或者是希望人工智能的思维像人，情感也像人，外表面目也像人，甚至幻想人工智能的价值观能够以人为本[2]”，很有可能事与愿违，带来巨大的灾难。就正如浪漫主义的人文主义所提出来的，我们无法指望从技术进路来解决所有的技术问题，赵汀阳基于人性论和生存论的观点，指出了我们同样无法从人文主义进路来解决所有的人文主义问题。然而，人终归在“三界之内”，是所有意义的来源，是普罗泰戈拉斯所谓的“存在者存在的尺度，不存在者不存在的尺度”。尽管很多文学作品，例如刘慈欣的《三体》，都尝试着从后人类主义或者说非人类中心主义的立场，来对世界和存在进行不同的理解和建构，但是“源自生活又高于生活”的文学作品，仍然是人类智慧和思想的产物，各种非

---

[1] 赵汀阳 . 人工智能会是一个要命的问题吗 [M]，开放时代，2018（6）：49

[2] 赵汀阳 . 人工智能会是一个要命的问题吗 [M]，开放时代，2018（6）：50

人类中心主义的立场，也只不过是换了形式的人类立场而已。庄子对惠施所提出的“子非鱼，焉知鱼之乐”的反驳非常有意思：“子非我，焉知我不知鱼之乐”，认识和体验都是具有主体性的行动，无论是庄子，还是惠施，都脱离不了从主体出发的立场。主体构成一切认识、体验和行动的先验前提，人类不可能脱离“以人为本”的立场去认知、体验和思考。

既然对于人而言，跳出问题来解决问题的可能性并不存在，那我们就只能回到自身、克己求仁。事实上，人文主义传统对人的主体性、人的尊严和自由的强调，绝大多数都只是从消极、底线意义而言的，人文主义所要求的“以人为本”，是最底线的“以人为本”。除了在自然或者神灵秩序之中，凸显人之为人的独特价值，也就是人的尊严和自由之外，它别无所求。因为人文主义深知人自身的现实性和局限性所在，所以在绝大多数时候，他们都将自身对理想性、超越性的追求，限定在一定范围之内。在蒙昧时代，这个范围是宗教所划定的；而启蒙运动以后，人为自己立法，这一范围体现为道德律令的普遍性；进入现代社会，这一范围主要由外在的法治和内在的敬畏之心所构成。只有在这一范围之内的行动，才足以维护人的独特性，维护人的尊严和自由。对信仰、伦理和法律的僭越和逾矩，都有可能损害到人的尊严和自由。而对自主性、自我决定、自我控制、自我支配的强调，则是一种主动、积极的人文主义，也就是吴国盛所言的“唯人主义”。它是技术理性进一步膨胀的产物。“唯人主义因为技术理性而把自己确立为价值原点和世界的中心，觉得自己无所不能，于是对人的自我崇拜自然而然地转化为对技术的崇拜”，“由于我们人类注定是自然的一部分，因此唯人主义注定要遭受技术的异化；本来是用以确立人之地位的，最终却被用来贬低人类自己。[1]”善恶只在一念之间，数据主义最终从以人为本走向了以数据为本，从以人为中心走向了以数据为中心，正是因为智能信息技术与资本主义的合谋，推动了人对数据最大化、对信息自由和智能算法的

---

[1] 吴国盛 . 科学与人文 [J]. 中国社会科学，2001（4）：14

毫无节制地崇拜和利用，由此引发了诸多价值风险和道德难题。

算法人文主义所倡导的“以人为本”，只是从最底线意义而言的“以人为本”。他并不寻求人对人、人对社会乃至人对自然的主宰和支配，也不受数字资本主义以资本为本的意识形态和运行机制的蛊惑，而只是将自身的行动限定在信仰、法律和道德伦理的范围之内，以此来维护人最为宝贵的尊严和自由。人工智能技术专家陈小平从技术进路总结了智能算法的三个特性：封闭性、被动性以及价值中性，所谓封闭性，指的是智能算法，只能在具有封闭性的应用场景，才有可能保证应用成功，不具有封闭性，则不保证应用成功；所谓被动性，指的是智能算法不具备主动应用的能力，只能被动地被人应用；所谓价值中性，指的是智能算法本身无所谓善恶，人对它们的应用方式决定其善恶。陈小平进一步指出，这三个特性意味着，如果人类不是主动作恶，不对不成熟、不安全的智能算法技术实施应用，或者将对智能算法的应用限定在伦理准则之内，就不会对人类造成不可控制或不可接受的损害。从技术进路的研究表明，最底线的“以人为本”并非不可实现。尽管人类的理性是有限的，但是在信仰、法律和伦理准则所划定的范围内行动，并不会带来技术失控或不确定性。换而言之，当人们在理性所能认识和掌控的范围内利用智能算法，而不是妄图利用智能算法支配、控制一切时，这种最底线的人文主义，并不会导致控制人、异化人的数据主义。具体而言，在现行技术条件下，智能算法并不足以计算和预测人心，其从概率论的角度对人类行为的统计和预测，只是将复杂的人心用数据简单化、模型化之后的权宜之计，并不能够完全表征和反映人心的真实状态，所以并不具备充分、完备的可靠性，将智能算法作为决策的辅助工具尚可，但要用智能算法完全取代人的地位和作用，对新闻资讯、广告等信息进行自动分发，对各种社会资源和机会进行自动分配，那就突破了理性所能掌控的范围，容易导致算法偏见、算法不公等各种伦理问题。我们所要提倡的最底线的“以人为本”，就是要将技术理性限制在其能够良好发挥作用的领域内，而不会擅作主张、僭越行动。智能算法的研发和利用，必须要有人的“在场”、“陪伴”和负责任的“操作”。人的“在场”和“陪伴”尤其重要，智能算法的应用所出现的很多问题，都在于人的缺位，而且不是被动的缺位，而是人们主动寻求以智能算法替代人、控制人。智能算法浮现的地方，人和人性消失了。智能算法寻求对人的替代和控制，在现行技术条件下，并不是智能算法的自主行为，而体现的是掌控和研发智能算法背后的少数人，即资本家的自主性和自我意志。在资本主义的生产方式下，资本家以“效率”、“实用”为名，主动积极地利用智能算法替代、引导和控制人的劳动与实践，表面上和名义上是为了提升人、解放人，但实际上是为了更好地控制人、奴役人，从人身上剥削出更多的剩余价值，从而实现资本的最大化。按照马克思的观点，资本家本身也是寻求不断增值的资本的人格化身，因而也是理性主义所奠定的技术理性的人格化身。资本主义所精心建构的智能算法，只不过是资本，以及其另一面技术理性自我增值、自我膨胀的手段和工具而已。在智能算法之中，只有资本和技术理性，而丝毫没有人的位置。

因此，我们要呼唤人和人性的回归和在场。而且由于人文主义自身所面临的“自我拆台”的困境，我们通过倡导最底线的“以人为本”，来彰显人的主体性和独特性。无论是从历史的经验教训，还是从现实的可实现性而言，人的主体性和独特性的彰显，以及人的尊严和消极自由的实现，都不需要证明和显示为人的无所不能，而恰恰是由于人本身的现实性和局限性所在，将其证明和显示为人的理性、情感和意志所能达致的能力和行动之上。从历史的经验教训来看，过于追求自主性，无论是个体的自主性，还是集体的自主性，都有可能导致个人对他人，少数人对多数人的专制和支配；而从现实的可实现性来说，具有超越性和理想性的人，只有在其现实性和有限性所规定的能力范围内行动，才有可能获得成功，否则只会处处碰壁失败。因此，最底线的“以人为本”，不追求虚幻的自主性，而只要求从人出发，坚定地站在人的立场和视角，来思考、认识人自身和这个世界。在前面，我们已经论证了，这种最低线的“以人为本”的基本立场和视角不可摆脱、却有可能被歪曲和僭越，我们“从人出发”时，就应该只将属人的立场放在一个消极、被动的层面，一方面将人的思考、行动限定在理性能够发挥作用的范围内，也就是信仰、法律和伦理准则允许的界限之内，另一方面当诸如数字资本主义、技术理性等理性主义意图越过这些界限，寻求和主张更多的自主性时，为了保有人的尊严和自由，也就是人之为人的独特价值，我们必须对这些越界行动进行禁止和惩罚。

2.2.2 人和世界并非算法，而具有不确定性

无论是计算主义的强纲领，还是数据主义的意识形态，都将人和世界视为算法运行的过程和结果。尽管看起来有些奇怪，但是计算主义的强纲领仍然坚持认为："所谓的存在实质上不过是以不同方式所显现的信息形式"，"物理世界中的每一个事项，不管是粒子、场或时空，在根本上都是世界本身按着一定的程序或算法所运行的结果；宇宙的计算程序告诉我们宇宙可以从简单演化出复杂；我们这个宇宙计算机还在它的内部演化出了越来越高级的计算机：生命、心灵和智能；尤其是我们的大脑，它不仅是一个计算机，而且还在其中演化出了一个个虚拟计算机：即我们的意识，这个虚拟计算机反过来可以模拟整个外部世界。因此，计算主义世界观就像哥白尼的太阳中心说，是革命性的。[1]"

毋庸置疑，这种大一统的计算主义理论，肯定会招来无数的批判和质疑，仅仅从直觉上，就能够指出很多漏洞。然而，在现实生活之中，我们却发现由计算主义衍生而来的数据主义，却成为很多人行动的指南。尽管他们是潜意识之中不自觉地将人和世界视为算法，但是他们却把计算主义和数据主义的思维贯彻到实际行动之中，按照机器算法或者生物算法的规律和要求，对人和世界进行改造和提升。在算法工程师和产品经理，甚至部分管理者眼中，没有具体的活生生的人，只有人所呈现出来的数据。在他们的眼中，数据就等同于人，人就是数据的集合。改善人的体验、调节人的行为，并不需要与人进行沟通，而只需要对数据进行调节和管理，就能实现预期的目标。

---

[1] 李建会 . 计算主义世界观：若干批评和回应 [J]，哲学动态，2014（1）：86-87

与人打交道，充满了各种不确定性，而与数据打交道，精准、稳定而又高效。在“美团”、“饿了么”等外卖算法平台之中，外卖骑手只是一个个由送餐路线、送餐时间等数据构成的“数据人”，他们一次次具体的充满各种不确定性和偶然性、突发性的送餐行为，被简化为送餐距离和送餐时间的数据，资本家以及算法工程师、产品经理依据这些数据建立外卖骑手的行为模型，向他们推送和规定更加优化的送餐路线、更短的送餐时间，以此来影响和约束外卖骑手的行为，就这样将他们困在了算法之中。在实现了智能监控的现代化工厂之中，工人只是一帧帧能够被智能算法识别的“图像人”，他们的劳动并不体现为流水线上的操作技能，而表现为智能算法所能识别的标准化、碎片化的动作，以及完成这些动作所需要的时间，工厂管理人员依据标准化时间内的产出对他们进行绩效考核，工人由此也被算法化了。在数字资本主义的世界里，真的就好像计算主义或数据主义所主张的那样，人就是数据，就是算法。而且，人必须是数据，必须是算法。因为倘若人不是数据，不是算法，数字资本主义就根本没办法在对数据的量化、标准化和模型化过程中，实现与数据所代表的人的交往和管理。而只有将人数据化、算法化了，数字资本主义才能在对数据的利用和开发过程中，实现数据价值的最大化，当然也就是资本的最大化。对于数字资本主义及其意识形态数据主义而言，人和世界不仅被视为数据和算法，而且必须成为数据和算法。正因为如此，数据主义在强迫将人和人的行为数据化、算法化，明知不可为而强为之。IBM 的数据工程师海多克主要负责研究数据与客户喜好、欲望之间的关系，并以此为依据建立客户行为模型。尽管由于人的丰富性和不确定性，让他的工作极富挑战并面临诸多困境，连他自己都承认：“数据里的东西看不见、摸不着”，“我无法直接从数据看出人们的生活风格”，“我们只能凭空猜测”，“但是，我有可能在数据中看出某种有强相关性的规律[1]”。

---

[1] 史蒂夫·洛尔．大数据主义 [M]. 胡小锐、朱胜超译．北京：中信出版社集团，2015：226.

计算主义和数据主义将人和世界视为算法，是完全错误的，是一种混淆因果、倒果为因的认识论幻想。因为人和世界之所以表现得越来越像算法，是人按照理性主义的精确计算的要求，对人自身和世界进行改造的结果。人和世界本来就充满了各种随机性和偶然性，但是理性主义，包括其在自然科学、技术以及管理学、心理学等社会科学的极大成功，不仅让我们所生活的世界变得越来越确定化和理性化，而且将人自身也变得越来越确定化和理性化。我们生活在一个精准计算的理性世界之中。每天清晨，闹钟会在7点钟将我唤醒；洗漱、早餐完毕之后，我能够在8点坐上准时发车的地铁，然后在9点准时抵达公司，开始一天忙碌的工作；由于前一天已经做好了细致的安排和准备，我的同事会在中午12点之前，将那份时长为10分钟的路演PPT发给我；按照明天要参加的某大型论坛的会务要求，我必须在10分钟之内阐释完我对公司产品的构想……在我所生活的这个世界之中，各种科学、技术包括社会科学的成果，已经将时间、空间和行为都技术化、理性化。我们的行为，必须遵循这些技术化、理性化所提出来的规范和要求，否则，就正如我们离开了手表，不知道具体的时间；离开了手机，不知道如何沟通、交流；不按照列车时间表的要求出行，就赶不上早班车或者末班车，我们不服从技术或者理性，在这个高度标准化、理性化的世界之中就会步步难行，甚至难以生存。我们是如此深深依赖精准计算的算法，以至于我们的思维也必须按照精准计算的算法逻辑来展开，我们按照算法逻辑去理解被理性化、标准化的现实世界，用数据思维来指导我们的思考和行动。就这样，不仅外部世界是高度理性化、数据化和算法化的，就连我们的思维逻辑也是高度算法化和程式化的，计算思维和数据逻辑由此主宰了一切，将一切都数据化、算法化。电子计算机以及信息技术的应用，是如此的成功，“在当今世界，计算无处不在，已经成了我们这个时代的基本特征”，“计算的观念和方法已经或正在改变我们认识世界的视角和从事科学研究的基本过程”，以至于，在科学地认识世界的过程中，人们必须“运用计算的思想来统一地理解和解决诸如心智、生命和实在的本质等最基本的问题[1]”。这就好比，在数字化世界之中，我们没办法不按照数字的逻辑进行思考和行动；在这个被数字和算法改造得越来越像数字化世界的真实世界之中，我们也要更多地按照数字的逻辑进行思考和行动。沉浸于算法世界的自我反思和观照，为计算主义或数据主义的论证提供了强有力的辩护，让人们对这种倒因为果的世界观信以为真。我们以被算法改造后的人和世界为对象，去思考人和世界的特性，自然而然会将精准计算视为人和世界的本体和本质，计算主义和数据主义陷入了自我强化的“循环论证”。

然而，人并非算法，而是充满了各种可能性和不确定性。浪漫主义的人文主义揭示了人所具有的丰富性、复杂性，并不是理性所能完全认识和把握的。人生而自由，这种自由主要体现在人的无本质性、选择性和思想性，以及由此带来的各种可能性和不确定性。首先，人没有本质性。在文艺复兴的宣言《论人的尊严》一书中，米兰多拉将这种天赋的自由称之为“形象未定的造物”，自然界的其他事物都有自然规定的本质，深受自然法则的约束，而唯独人是“自己尊贵而自由的形塑者，可以把自己塑造成任何你偏爱的形式”，“任何你选择的位子、形式、禀赋，你都是照你自己的欲求和判断拥有和掌控的。[2]”其次，人具有思想性和选择性。虽然没有本质，但是人却有各种本质所不具备的东西，那就是自由意志，这是“人至高而奇妙的幸福”，“他被准许得到其所选择的，成为其所意愿的[3]”，自由意志不仅体现为思想自由，而且还表现为思想自由驱动下的行动自由。在各种宗教信仰的神秘主义之中，自由意志被解释为天赋或者上帝所赋予的，而在生命科学和进化论等理性主义之中，自由意志被解释为大脑进化、容量扩大的结果。

---

[1] 郦全民，计算与实在——当代计算主义思潮剖析 [J]，哲学研究，2006（3）：83.

[2] 皮科·米兰多拉．论人的尊严 [M]. 顾超一、樊虹谷译，北京：北京大学出版社，2010：25

[3] 皮科·米兰多拉．论人的尊严 [M]. 顾超一、樊虹谷译，北京：北京大学出版社，2010：29

但无论什么样的解释，自由都可以看作对于各种可能性的自主选择和决定。最后，人因此表现为各种可能性和不确定性。动物或者自然界的其他事物，深受理性的自然法则的约束和规定，因而体现为规律性、必然性和确定性，但是人却具有超越性和理想性，可以按照自由意志的设想来追求各种可能性，因此又表现为各种不确定性和偶然性。尽管在最后一点上，很多理性主义伦理学家，尤其是康德会持一种强烈的反对意见，但是毋庸置疑的是，他们所追求的道德行为的可普遍化和规范性，本身就以理性主义追求确定性的预设为前提，在根子上，他们对人的理解，就不是自由的。正因为人充满了各种可能性和不确定性，所以不能将其视为数据和算法。越来越多的算法科学家提出，在人类行为领域建立数学模型既是在浪费时间，也是危险的。算法模型“无法预测到人们在面临压力时的错综复杂、扑朔迷离的行为，因此根本不可能有很强的指导性”，“我们必须了解（数学）模型到底可以发挥什么作用，与此同时，我们还要让常识发挥其应有的作用。[1]”

不仅人不是算法，世界也并不是计算的，而是充满各种不确定性的。正如胡塞尔所指出的，在理性化、确定化的科学世界之前，还存在着一个充满了偶然性和不确定性的生活世界。一方面，这个生活世界由于人的各种可能性和不确定性，而随时可能发生各种突发的事件，因而表现为大数据所无法预测的极大的偶然性；另一方面，正如量子力学从微观层面所揭示的，能够基于数学化的自然科学对事物状态进行精准分析和把握的理性主义假设，在微观世界是成问题的。提出“薛定谔的猫”这一思想实验的科学家薛定谔指出，从宏观经验之中得到的自然科学基于“描述的连续性假设”和“因果性原理”认为事物在时空之中的每个状态,都可以被数学语言“偏微分方程组”所描述，但是我们无法对微观粒子的状态进行这种精准的描述，微观粒子，包括原子，并不表现为我们所想象的具有同一性的个体，它是由各种偶然的、不确定的

---

[1] 史蒂夫·洛尔 . 大数据主义 [M]. 胡小锐、朱胜超译 . 北京：中信出版社集团，2015：226-227

状态所构成，既不具有同一性，也不具有连续性因而并不能够被数学语言所把握和预测。因此，“像今天的大多数物理学家所认为的那样，时空中的物理事件在很大程度上并没有被严格决定，而是受制于纯粹的偶然[1]”。

在《科学与人文主义》一书中，薛定谔指出将世界偶然性误认为必然性的根本原因是人的认识论误区。我们之所以会产生世界是连续的、必然的，能够被数学语言所把握的这种想法，仍然受限于我们是人，因而只能从人出发来进行思考、认识和行动——也就是我所说的最低线的“以人为本”的立场。从人已经与自然世界紧密融合，当下的世界必然是“人化自然”而言，薛定谔与胡塞尔、马克思又走在了一起，薛定谔认为：“物质是我们心灵中的一种意象——因此心灵先于物质（尽管我的心灵过程从经验上奇特地依赖于某一部分物质即我的大脑的物理数据）。[2]”基于这种最底线的“以人为本”，薛定谔提出，尽管将世界视为连续体具有极大的诱惑性，因为它意味着我们能够对世界进行精准的客观分析，但是事实上，这只是人们的一厢情愿，“客体不能独立于观测主体而存在[3]”，人们在对事物进行观测、思考和认识时，就已经存在各种形式的将主体加诸于客体的影响或改变。在近现代自然科学那里，这种影响或改变，就是将自然数学化、模型化的假设。“尽管我们断言，任何可能设想的模型都肯定有缺陷，迟早要修正，但我们心底里仍然认为有一个真实的模型存在——可以说存在于柏拉图的理念世界——我们可以逐渐接近它，但由于它的不完美，也许永远达不到它[4]”。我们强以数学化、模型化的方式去理解这个世界，这个世界也对我

[1] 埃尔温·薛定谔 . 自然与希腊人、科学与人文主义 [M]. 张卜天译，北京：商务印书馆，2015:131.

[2] 埃尔温·薛定谔 . 自然与希腊人、科学与人文主义 [M]. 张卜天译，北京：商务印书馆，2015:92.

[3] 埃尔温·薛定谔 . 自然与希腊人、科学与人文主义 [M]. 张卜天译，北京：商务印书馆，2015:122.

[4] 埃尔温·薛定谔 . 自然与希腊人、科学与人文主义 [M]. 张卜天译，北京：商务印书馆，2015:102.

们表现为数学化、模型化。大数据技术及数学模型，在把握和分析人的行为状态时，不可避免地存在着简单化、抽象化的缺陷，因此漏洞百出、问题频发，但是大数据科学家、算法工程师、产品经理仍然不可救药、全力以赴地试图在人的行为与智能算法之间建立必然确切的联系，大数据科学家们并没有意识到他们的认识论的根本错误，而只是以为：目前的不完美，只是技术、模型的不完善而已，只要努力探求，就一定能够逐步接近并最终实现它。在关于“科学作为人文主义重要组成部分”的论述之中，薛定谔认为，不仅将世界认为是确定性、必然性的，是人类认识论的误区，而且将这种确定性引入到对人的自由意识的分析和论证，也是错误的。薛定谔揭示了世界的不确定性，但他并不认为要援引这个理论来论证自由意志的存在。“量子物理学与自由意志问题毫不关系”，“无论这种物理上的不确定性在有机生命中是否起重要作用，我们绝不能让它成为生命体意愿活动的物理对应[1]”。作为人文主义的重要组成部分，科学应当意识到自我也就是理性的局限性。尽管智能算法和大数据技术在提高效率、解决问题方面体现了巨大的实用性，但是它也就是应该在限定范围内发挥作用，而绝不能上升到目的论层面，让技术代替人规定人类行为的必然性或者偶然性。科学只是人文主义的一个面向，人们还有人文主义的其他面向来把握自身和世界的不确定性。

2.2.3 算法要向人之善

作为科学家，薛定谔并没有阐述理解和把握人和世界不确定性的人文主义的其他面向，但是海德格尔的存在主义的人文主义，因为鲜明的反形而上学和反本质主义的特点，为我们理解人的非本质性和不确定性提供了一个很好的视角。海德格尔认为，人没有本质，而是存在着的存在者（此在），意识到人的存在非常重要，因为它恰恰是人区别于其他存在者的地方，只有人才具有对存在的把握和理解。但是对存在的理解，和对存在者的理解

[1] 埃尔温·薛定谔. 自然与希腊人、科学与人文主义 [M]. 张卜天译，北京：商务印书馆，2015:136.

并不一样，在各种形而上学的本质主义之中，理性主义哲学家们都将对存在者的理解，误认为对存在的理解。无论是古典的人文主义，还是现代的人文主义，都存在着一种理性主义的形而上学冲动，他们总是以一种模型化的方式，去理解存在着的人。"人被规定为理性的、拥有意识的或者人格化的动物"，而人在存在着过程中所延展出来的各种关系，以及各种行动，都被规定为"灵魂、心灵、意识或者人的属性[1]"。这种形而上学的思维方式，与自然科学得以奠基的理性主义将世界模型化、数学化的方式如出一辙。他们不是直面存在本身去把握存在，而是将其本质化、抽象化为具有本质和固定属性的存在者——一种简化的模型，然后在此基础上，去理解和把握存在。但是就正如世界本身是不确定的，以确定性的模型和数字化工具去把握它，并不能把握和理解这种不确定性，"存在本身是超越于人以及人的关联对象的，它超越于一切存在者[2]"，不确定性先于确定性，现象先于本质，存在先于存在者，以存在者来理解存在，也并不能把握存在本身，而只能是对存在的误解。就正如我们要理解这个不确定性的世界，就必须在将其视为理性化、数字化的科学世界之前，意识到它的不确定性和非理性化，我们要理解和把握作为存在的此在，就必须在把握存在者之前，去直面存在。在海德格尔看来，人文主义之所以无法解决技术理性膨胀之后走向其敌人的"二律背反"问题，就在于人文主义忘记了"存在"。存在的被遗忘，"也意味着人的存在的被遗忘，以致人作为一种存在者成为了形而上学或者经验科学的规定对象"，在被规定本质的人那里，肯定没有人的自由与尊严，也就没有人的独特价值的地位。因此海德格尔提出，要重新找到人之为人的尊严和自由，就一定要直面存在，直面人的各种可能性和不确定性，去思考存在着的人（此在），"思考人化之人的人性[3]"。

---

[1] 陈勇 . 人文主义危机与存在问题 [J]，哲学分析，2018（2）：96.
[2] 陈勇 . 人文主义危机与存在问题 [J]，哲学分析，2018（2）：97.
[3] 陈勇 . 人文主义危机与存在问题 [J]，哲学分析，2018（2）：98.

在存在主义的人文主义视野里，不仅要摒弃对人的本质主义理解，同样要摒弃的还有对与人息息相关的技术的本质主义理解。海德格尔及其以后的很多现象学哲学家，都拒绝对与人休戚相关的技术作对象化、工具化、中介化的理解，技术并不是外在化的客体，而是内在于人的存在之中的主体性因素。海德格尔将技术视为一种解蔽方式，将人引向无蔽的真理领域，斯蒂格勒将技术视为对人的无本质性的弥补，因而也就是人类存在与延续所必不可少的伙伴。哲学家们逐步发掘了作为“在世界中存在着（being-in-the-world）的此在（dasein）”的人与技术之间的密切联系[1]。在存在主义的人文主义之中，直面人的存在，就是直面人的身体，身体不再被简单地视为心灵和意识所依托的物质躯体，而被看作是具有能动性、意向性并且不断生成和发展的身心合一的整体。首先，身体被当作技术的发源地[2]。人类最早使用的技术，并不是外在化的工具，而是自己的身体。将身体眼耳鼻口手等器官当作技术，人类才发展出自己的独特性。正如芒福德自豪地宣称：“人类最重要的工具，从一开始，就是他从自己躯体中抽象出来的种种表达手段：正规化的语言、形象、动作和技能”[3]。其次，技术与身体具有同构性，技术被当作身体的延展。麦克卢汉提出媒介即人的延伸，将报纸、广播等不同媒介视为视觉、听觉等不同人体器官的延展[4]。一方面，人将自己的感官特征、内在需求通过意向性、对象化的实践活动作用于外部世界，创造出与身体息息相关的技术人造物，以便更好地劳动、生活，而作为硬币的另一面，根据身体特征和需求而构造的技术人造物，总是与身体的结构和功能相匹配。技术与身体的同构性，为技术与身体的进一步融合创造了条件。

---

[1] 吴国林．后现象学及其进展——唐·伊德技术现象学述评 [M]. 哲学动态，2009(04):70-76.

[2] 路易斯·芒福德．机器的神话：技术与人类进化（上）[M]. 宋俊岭译．北京：中国建筑工业出版社，2015：82—87.

[3] 路易斯·芒福德．机器的神话：技术与人类进化（上）[M]. 宋俊岭译．北京：中国建筑工业出版社，2015：87.

[4] 马歇尔·麦克卢汉．理解媒介：论人的延伸 [M]. 何道宽译，南京：译林出版社，2011 年．

再其次，技术与身体存在着双向动态互构的关系，即身体技术化、技术身体化同时进行，技术与身体融为一体，共同塑造人在生活世界的存在方式。将技术视为人的存在方式[1]，视为身体的有机组成部分进而与身体一同构成人的整体性存在，这正是技术现象学建构的身体与技术的关系。无论是海德格尔所言的“上手的锤子”，还是梅洛·庞蒂经常提及的“盲人的手杖”，无论是伊德的“驾驶的汽车”，还是斯蒂格勒将技术视为人的“义肢”，在技术现象学的视阈里，技术从来都不是外在于人的存在，而是在世界之中存在的此在的重要组成部分，物我两忘、融为一体。

这种基于身体的技术现象学，为理解人与技术的关系打开一扇窗户。它摒弃了那种将身心二元分离、突出心灵、忘掉身体的笛卡尔式的哲学传统，将身体与心灵视为一个整体，将技术内置于作为此在的身体的存在之中，从而与那些工具主义或者技术中立论的哲学观念相决裂[2]。技术从来都不是独立于人的客体，而是与人和身体的知觉、情感及意向性息息相关的主体性存在。这种视角的转换，体现了技术现象学将技术从与人相对立的异己存在和异化力量，转换为人类能够掌握和关怀的主体性存在之一部分的努力。将技术作为人类改造自然的对象化、工具性力量，很容易在主奴辩证法的权力转化中，导致技术对人的控制和异化，而将技术视为身体同源同构的主体性的一分子，则更有利于人们对他的关切、照看和承担责任[3]。作为技术的智能算法，也就是内置于人的主体性之中的存在方式，是人类延展身体尤其是智能的重要维度。这也就同时意味着智能算法不是一种“我为”而是“为我”的存在，并不只是一种“自在”而且还是一种“自为”的存在。一方面，在人的主体性存在之中，智能算法技术共有了人的主体性，作为

[1] 吴国盛．技术哲学讲演录 [M]. 北京：中国人民大学出版社，2016：2.

[2] 李凌，陈昌凤．信息个人化转向：算法传播的范式革命和价值风险 [J]. 南京社会科学，2020(10).

[3] 克里斯·希林．文化、技术与社会中的身体 [M]. 李康译，北京：北京大学出版社，2011：204.

人（此在）的展开方式，是对人的存在的一种呈现，换而言之，人通过智能算法技术而存在着。从这个意义而言，由于人类已经无法脱离诸如手机、电脑等智能算法而存在，人的存在已经算法化。不过另一方面，由于人的存在是多元的、丰富的，共有了人的主体性、展现了人的存在维度的智能算法技术，仍然只是人存在的一个维度——理性的、数字化的维度，其对人类主体性的共有，也并不能优先于人的存在，这也就意味着，人在通过智能算法技术而存在的过程，不可能用单一的算法存在来代替其他存在方式，也不能由于算法的存在而危及人的主体性和人的生存。在与人的共存之中，智能算法应当成为维护人的主体性和自我，也就是人之为人的独特性的存在维度，而不是寻求对人的替代甚至毁灭。因此，存在主义的人文主义也就从最底线的角度提出了“以人为本”的价值理念，智能算法应当在与人共存、展现人之存在的过程之中，展现对真善美的追求。内在于人的主体性之中的智能算法，由于分享了人的主体性，而必然是要向人之善，并且以善的价值理念和伦理原则，来指导人对技术的关照和利用。

尽管马克思将技术视为生产工具、生产资料，但是在他的劳动实践的概念里，作为工具的技术，也就是作为对象化的外在力量，获得了与主体的人相互依存的紧密关联。人的存在，是一种劳动实践的存在，只有在这种劳动实践的过程之中，人才成为人，才获得自身的本质性和规定性。而技术，恰恰是人类劳动所必不可少的重要组成部分。从这个意义上，“‘技术’使人从自然界中超越而出[1]”。在马克思主义的人文主义视野之中，由于人的劳动实践特性，人与技术并不是对立的关系，而是相互依存、相互塑造的关系。一方面，在人对自然世界的认识和改造过程中，人将自身需要和自由意志对象化，形成和发展了认识改造世界的技术工具，技术是人的意志力量的外在化，这体现了人对技术的规定；另一方面，人对自然的作用并不是单向，而是具有反馈性，由于自然世界的现实性，技术工具作为

[1] 高兆明.“数据主义”的人文批判 [J]. 江苏社会科学，2018(04):165.

外在化的力量，反过来也会深刻影响到人的意识和需要，这又体现了技术对人的规定。由此，劳动实践将人与技术紧紧捆绑在一起，对技术赋予了人性，也让人沾染了技术性，我们无法将人与技术截然分开。不过，由于人类劳动实践的目的性和主体性，人类总是出于一定的需要和目的而展开劳动实践的，而目的性又深深塑造和制约着工具性，技术的人性，也就必然优先于人的技术性。技术必须具有人性，人性及“以人为本”的人文主义，不仅是技术存在的前提，也是技术的力量源泉。由于技术内在于人的劳动实践之中，技术也就自然而然内在地具有“以人为本”的人文主义的价值关切。

然而，在资本主义生产方式下，由于资本对生产资料的私有和垄断，劳动实践被异化，人与技术之间的关系被颠倒了过来，人的技术性，被优先于技术的人性。“资本主义生产方式包含着绝对发展生产力的趋势，而不管价值及其中包含的剩余价值如何，也不管资本主义生产借以进行的社会关系如何”；“它的目的是保存现有资本价值和最大限度地增值资本价值（也就是使这个价值越来越迅速地增加）。它的独特性质是把现有的资本价值用作最大可能地增值这个价值的手段。[1]”资本主义追求将一切事物和存有资源化、资本化。工业资本主义力图尽可能多地榨取工人的剩余价值，因而将工人物化为机器和技术的附庸，人被深深束缚在机器技术之上；全球资本主义在全球范围内建立市场来优化资源的配置，将更多的人纳入到市场和技术体系，转化为生产剩余价值的技术工具；而更高形态的数字资本主义，则通过智能算法将人的行为和内心进一步资源化、资本化，将其作为知识经济形态下数字劳动的生产力和生产资料。在对数字资本主义的批判中，西方马克思主义者克里斯蒂安认为：“资本主义和官僚行政的逻辑推动了计算的发展”，“越来越多的算法和数字机器正在生成、收集、存储、处理和评估大数据”，最终的结果仍然是人的技术化，数字资本主义“使

[1] 马克思．资本论（纪念版）第三卷[M]. 北京：人民出版社，2018：278.

人类在经济、政治和日常生活中被边缘化[1]”。针对这种非人化的意识形态控制，克里斯蒂安提出：“我们需要马克思主义的批判人文主义，才能将人类置于世界的中心。[2]”不过，按照我们之前对数据主义产生根源的分析，由于数字资本主义恰恰也是人文主义极端化的产物，主张将人类置于技术世界的中心，也许“过于人文主义或以人为本[3]”而并不一定有助于问题的解决。马克思解决技术异化的方案充满了平衡艺术和辩证逻辑，一方面，他将技术进步视为生产力提升和社会制度变革的解放力量，另一方面，他又非常重视人的因素，将自由的全面发展的人，视为人类发展的方向和目标。人与技术之间所特有的辩证关系决定了，人与技术的相互依存、相互塑造，必然处于辩证运动的动态平衡和螺旋式上升之中，这个辩证运动的方向，不是必然王国技术、理性对人的规定和约束，而是自由王国人的自由全面的发展。换而言之，技术与人的关系，技术的发展方向，主动性仍然掌握在人自己身上。我们已经身处一个深度算法化的世界之中，而且要继续存在于其中，到底是让算法替代人、控制人，还是让算法服务人、发展人，算法的发展方向，算法所要遵循的价值理念，仍然取决于人类自身，取决于人类自己的讨论、反思和行动。

---

[1] Fuchs, C. 2019. Karl Marx in the Age of Big Data Capitalism. In: Chandler, D. and Fuchs, C. (eds.) Digital Objects, Digital Subjects: Interdisciplinary Perspectives on Capitalism, Labour and Politics in the Age of Big Data. Pp. 53 - 71. London: University of Westminster Press.

[2] Chandler, D. 2019. What is at Stake in the Critique of Big Data? Reflections on Christian Fuchs’ s Chapter. In: Chandler, D. and Fuchs, C. (eds.) Digital Objects, Digital Subjects: Interdisciplinary Perspectives on Capitalism, Labour and Politics in the Age of Big Data. Pp. 73 - 79. London: University of Westminster Press.

[3] Chandler, D. 2019. What is at Stake in the Critique of Big Data? Reflections on Christian Fuchs’ s Chapter. In: Chandler, D. and Fuchs, C. (eds.) Digital Objects, Digital Subjects: Interdisciplinary Perspectives on Capitalism, Labour and Politics in the Age of Big Data. Pp. 73 - 79. London: University of Westminster Press.

3. 算法人文主义的价值理念

智能算法所引发的信息茧房、算法黑箱、算法歧视等各种现象，已经引起了公众和学者们对算法伦理的重视，但是相关的讨论仍然局限在一定范围内，并没有得到足够的重视。一方面，对算法伦理风险的主流探讨，仍然局限于数据主义框架以内，这尤其体现在算法科学家、算法工程师对算法伦理风险的解决思路，仍然是以人和世界的可计算性作为前提，尽管他们提出了“负责任的人工智能”、“公平计算”等理念，试图从技术进路解决智能算法产生的伦理风险，但是这种理性主义的人文主义，很难逃脱在解决问题的同时，产生更多问题的困境。“无论是俄国、中国还是西方世界，它们在二十世纪的历史都告诉我们：人类将自身局限于通过技术手段来解决技术问题的想法不过是一种痴人说梦的幻想[1]”。对智能算法的反思，亟待跳出技术的维度，站在人类的生存与发展的高度和视野，有更加深刻当然也要更有建设性、操作性的批判和思考。另一方面，对算法伦理风险的批判和思考，不能变成人文学者与自然科学家、算法工程师之间的对立，而应该成为政府、企业、专家和公众在对话、协商基础上形成各种共识并将其制度化、法治化的过程。算法工程师的主导和参与尤其重要，作为各种共识和算法规制的执行者之一，他们的价值观念和行动，最终决定了算法人文主义的价值理念能否成为现实。

我们所期待的算法人文主义，既是一种与数据主义相对立，具有开放性、参与性和协商性的人文主义思潮，同时也是一场探索新的技术范式，推动算法更好地“向人之善”的社会运动。我们认为，从最底线的“以人为本”的需求出发，算法人文主义最基本的价值理念，应该包括尊重人的独特价值，也就是人的尊严，保护人的自由，维护社会公平正义，以及增进人类整体的福祉（包括保护人类安全）等价值理念。

---

[1] 阿伦·布洛克 . 西方人文主义传统 [M]. 董乐山译 . 北京：群言出版社，2012:213.

3.1 尊重人的尊严

人的独特价值，也就是人的尊严，是人文主义传统最内核的价值理念。应该说，它构成了所有“以人为本”的人文主义设想的起点，是所有价值理念之中最重要的一个。欧盟《可信赖的人工智能伦理准则》认为，“人工智能应当被用以尊重、服务和保护人类身心完整、个体和文化的统一性，以及满足人类的必要需求。[1]”“尊重人的尊严”，也就是要尊重人的独特价值，尊重人之为人的那种特殊性和目的性。在这里，我们所主张的人的尊严，并不是理性主义的形而上学传统里所强调的“人的最高的价值和目的”，而是从人文主义内核出发，从最底线的“以人为本”出发，从作为此在的人的存在出发，凸显人的视角，要求人的在场，而不是以数据代替人，将人视为数据。数据主义在数据之中淹没了人，算法人文主义则要通过人的在场和人的视角，将人从数据之中重新拯救出来。

3.1.1 什么是人的尊严

在现代语境之中，尊严包含着三重含义：第一重是社会等级制度之中与身份、地位有关的尊严，这是尊严的最早含义。从古罗马开始，尊严主要指的是贵族的尊严，与贵族身份相匹配的外在的威严和面子，这样的尊严是特殊的、相对的，贵族的尊严，是相对于平民而言的。第二重则是具有普遍意义的人之为人的尊严，指的是人在宇宙之中的特殊价值和地位，也就是人的独特性。人的独特性，起初是从与其他动物的比较之中得到的。西塞罗认为，由于人有其他动物所不具备的理性，所以人比其他动物更加高贵，配享这种人之为人的尊严。尊严由此与人的存在紧密联系在一起了，并且经过自文艺复兴以后的人文主义的阐发，进一步明确了这种普遍意义的尊严与人的独特价值之间的紧密联系。米兰多拉将人能够按照自己的意愿自由地选择和形塑视为人的尊严，帕斯卡尔则将能够思想视为人最大的尊严，

---

[1] Independent high-level expert group on Artificial Intelligence set up by European Connission，Ethics Guidelines For Trustworthy AI

直到康德，将“人的尊严”作为人之为人的最根本的内在属性，并基于人的尊严推导出义务论规范，让人的尊严从人相对于动物的特殊性，转化为人之为人的普遍性，获得了绝对的价值和意义。第三重则是在人类普遍具有的尊严基础上，有人把自身的这种人之为人的道德性、理想性发挥得特别突出，成就了道德上的楷模境界。这样又形成了基于道德或职业的尊严，也就是我们所说的“师道尊严”、“职业尊严”、“人格尊严”的由来。它体现了某个群体或某个人因为理想性、人格性的追求所能达到的高度，因而又是具有相对性的尊严。这个层次的尊严，是人的道德性的体现，反映了人对作为人的自己的理想性追求，因而在某种意义上，也是对第二重含义上的“人的尊严”的实现和表现。但是我们需要强调的是，人之为人的尊严是先验的、无条件的，它并不需要这种道德性的追求来论证和实现。

算法人文主义提出的“尊重人的尊严”，主要是从第二重含义而言的，最初指的是人作为一个类，相对于动物的特殊性。与人身上所附着的身份、地位、职业、道德境界等任何其他特征都没有关系，只要生而为人，就具有的这种有别于动物的特殊地位和价值，不需要任何前提和条件。人之为人的尊严所具有的普遍性，来源于人相对于动物的特殊性。很多人也许会问这种特殊性体现在什么地方，而且事实上，在人文主义的传统之内，米兰多拉认为是自由，帕斯卡尔认为是思想，而康德认为是理性，但是从最底线的“以人为本”而言，我们并不需要探讨这种特殊性的表现和来源，因为这种特殊性是综合的、复合的、不言自明的，所以我们只需要将这种特殊性无条件地赋予每个生而为人的存在，而不要去问为什么。换而言之，由于人是非本质的，是没有内在规定性的，因此人的尊严与生俱来、不可剥夺，而且不以任何人的属性或者特点为前提条件。这样，就将人的尊严真正建立在了一个非常坚实的基础之上，而不是一种相对的，需要对人的本质进行定义或者规定的基础上。一方面，人的本质就是没有本质，是非规定性的，另一方面，寻求对人，无论是作为类的人，还是作为个体的人的定义或者规定，都是有辱尊严的。

应该说，康德对义务论的论证，在将“人的尊严”从区别于动物的特殊性转化为人之为人的普遍性方面发挥了巨大的作用。在《道德形而上学的奠基》中，康德提出：“在目的王国中，一切东西要么有一种价格，要么有一种尊严。有一种价格的东西，某种别的东西可以作为等价物取而代之；与之相反，超越一切价格，从而不容有等价物的东西，则具有一种尊严。[1]”换而言之，尊严具有不可替代性，拥有绝对的价值。康德认为，人就是这样一种尊严，“人以及一般而言每一个理性存在者，都作为目的而实存，其存在自身就具有一种绝对的价值。[2]”由此，人的尊严获得一种不依赖于任何前提和条件的普遍性，成为绝对的价值。不过康德的义务论，进一步追问了人相对于动物的特殊性的来源和表现，因而又为人的尊严设立了前提条件，也就是人之为人的前提，是人的理性。在《道德形而上学奠基》中，康德划分了存在者的类型，并且将非理性存在者排斥在配享尊严的范围之外。“有些存在者，它们的存在虽然不基于我们的意志而是基于自然，但如果它们是无理性的存在者，它们就只具有作为手段的相对价值，因此叫做事物，与此相反，理性存在者就被称之为人格。[3]”在这里，我们发现，与其说康德把第二重含义的尊严视为人与动物区别的独特性所在，还不如说他把那种更高道德追求、第三重含义的尊严视为人的独特价值。由于康德对人的尊严的引用，是为了证成义务论的可普遍化，因此他就必须从更高的要求和层次上来规定人的尊严。但是这种更高层次的要求，只是反映了多数人的多数追求，并不适合用来界定普遍意义上的人与动物区别的独特价值。人的尊严与生俱来，并不需要任何条件和前提，也无需对人做出本质规定性。

[1] 康德．道德形而上学的奠基 [M]. 李秋零译，康德著作全集第四卷，北京：中国人民大学出版社，2005：443.

[2] 康德．道德形而上学的奠基 [M]. 李秋零译，康德著作全集第四卷，北京：中国人民大学出版社，2005：435—436.

[3] 康德．道德形而上学的奠基 [M]. 李秋零译，康德著作全集第四卷，北京：中国人民大学出版社，2005

鉴于那些给人提条件、下定义的极权主义所造成的灾难，现代社会法治体系所要求的人的尊严，也正是这种无条件可普遍化的尊严。第二次世界大战以后，鉴于对纳粹集中营、日军人体试验肆无忌惮地将人当做试验品，随意践踏人类尊严的深刻反思和批判，《联合国宪章》和《世界人权宣言》，以及世界上很多国家的宪法，都将“人的尊严”视为人类社会最重要的价值源泉和国际社会普遍遵守的法律依据，不仅提出“人的尊严不可侵犯”的金科玉律，而且将“人的尊严”作为人权的重要基础。正如很多学者指出那样，“从最低限度来说，人的尊严为人权理论提供了合法性证明。[1]”

3.1.2 人的尊严怎么实现

在康德的义务论框架内，人是目的，是不依赖于其他任何条件的绝对价值；如果人是为了其他目的而存在，人就被异化成了工具或手段。人的尊严被等同于人是目的，因而要体现和实现人的尊严，就必须将人始终当作目的，而排斥将人当作手段和工具。倘若将人当作手段和工具，则就是对人的尊严的侵犯。按照康德的逻辑，尊重人格尊严，也就意味着在任何情况下，人都应当被当做一个主体，而不是客体、工具或者手段来对待。这种“人是目的”的尊严观念，在逻辑和理论上似乎能够立住脚，因而成为很多算法伦理批判的核心观点，而且在实践领域也得到了相当多的拥护。正如欧盟《可信赖的人工智能伦理准则》所提出的那样，“尊重人的尊严，意味着所有人都应当被当做道德主体得到应有的尊重，而不仅仅是被筛选、分类、评分、聚集、调节或操纵的对象。”算法的开发、应用和运营，要尊重人的尊严，就必须始终将人当做目的，而不能将人仅仅当做手段或工具使用。但是，算法作为一种对海量大数据进行筛选、聚合、标签、分类、匹配的技术，不可避免地要将人的行为和特征数据投入到各种应用之中，这不正是将人当作工具和手段在加以利用吗？而且从技术的起源和发展来

---

[1] 俞可平．论人的尊严——一种政治学的分析 [M]. 北大政治学评论第 3 辑，北京：商务印书馆，2018.

看，正如技术现象学所揭示的，技术本身就起源于人对其身体的利用，最早的技术，包括人的直立行走、语言等，实际上就是将人的身体器官技术化、工具化的结果。技术与身体的结合越来越紧密，技术具身成为了技术发展的重要趋势，利用技术改造自己的身体，以追求更美的外观、更强壮的身体，也成了很多人的时髦追求。这些人不都是在将人、将自己当作工具和手段在加以利用吗？当然，我们还可以提出这样的辩护，人对自己身体器官的工具化使用，是主动的，因而具有充分的主体性，与那种被动的工具化使用和操纵并不完全相同。但正如数字资本主义所展现的那样，我们通过自我量化、自我展示积极主动地投入到免费的数字劳动之中，为数字资本主义生产各种数据，其中也充满了主动性、主体性，但是这种自我赋能的“自我剥削”仍然掩盖不了数据主义对人的异化和控制。

因此，是否主动、是否将人工具化并不是数据主义导致人的异化的关键问题，关键问题是数据主义对人的独特性的忽视和漠视，我们在这里提倡算法人文主义，提倡尊重人的尊严，恰恰是要借此体现人的独特性，人的不可替代的独特性，并且在智能算法的诸多应用之中，要求的人的“存在”、“在场”和“陪伴”。最底线的“以人为本”所要维护的人的尊严，就并不是从外在角度去追求在人与技术的关系之中有没有将主客体关系颠倒了，而是从凸显人的独特性的角度，始终要求人的视角和人的在场。

算法的研发和使用，要有人的视角和人的在场，就不可忽视人的存在和人的独特性。由于机器学习的自动化，特别是无监督机器学习的全自动化，在智能算法的很多应用之中，人的存在和独特性在海量数据和智能算法的自我运转之中消失了。没有人对算法的把关、引导和照看，数据自动化决策所带来的结果，就必然是数据的失控，由此造成数据与人的对立，数据对人的异化、控制，最终导致算法应用对人的尊严的侵犯和困扰。影响范围颇广的一个例子是，谷歌的相册功能曾将一名黑人工程师及其朋友的很多照片，分类到黑猩猩的相册里，引发了黑人工程师及其朋友的极大不满。尽管公司第一时间就此事进行了道歉，并撤下了黑猩猩的分类相册，但此事对当事人的尊严所造成的困扰，却并不是那么容易消除。谷歌所使用的人脸识别算法的数据库存在着技术的不完善性，由于其样本并不足以覆盖所有人口，使用有偏差的数据集就必然会输出有偏差的结果，这个应用忽视了作为类的人的丰富性和独特性，由此造成了对人的尊严的侵犯。虽然谷歌已经停止谷歌相册的这个功能的使用，但是教训却是足够深刻。在这个案例中，人的独特性，就体现为人的多样性和丰富性，谷歌的智能算法却忽视了这种人口统计上的多样性。另一个与人的尊严相关的案例也来自谷歌搜索，2004 年，谷歌公司的搜索算法就曾将“犹太人观察网站”（Jew Watch，一个具有反犹倾向的网站）列为许多搜索“犹太人”（Jew）一词的人的首选，尽管这一结果被很多犹太人所反对，但公司拒绝手动改变搜索排名，最终还是依靠犹太人用户的共同努力，提高其他非攻击性网站的排名，才将这个网站从搜索中消失。谷歌宣称要遵循算法本身的逻辑因而拒绝手动修改排名，这是一种典型的忽视人、漠视人的行为，将人从技术之中排挤出去，以寻求技术的中立性和独立性，但是算法是人的存在维度，算法是为了人而存在和服务的，而不是人为了算法而存在和服务。谷歌公司之所以刺痛了犹太用户的神经，侵犯他们的情感和尊严，就在于他们“目中无人”，只看到了数据的作用，并将之视为一种客观呈现，而忽视了人在背后的作用和价值。人的存在是先在的，数据只是人的存在维度之一，漠视了人的存在，只关注数据的表现，就正如一叶障目，“只见树木、不见森林”，不仅会犯认识论上的错误，还会导致对人的尊严的侵犯。将外卖选手困在算法之中、将工人困在算法摆置影像之中，犯的都是这样的错误。算法的研发、应用，必须要有人的存在、在场和陪伴，要考虑到人相较于机器、动物的丰富的独特性，也就是人的尊严。

具体而言，一是要将智能算法的自动化决策和运行，视为人的决策和行动的参考和辅助，而不能完全脱离人的照看、把关和引导。换而言之，人要对算法承担起照看、监督的责任。将人的因素排除在智能算法的运行之外，就好比让脱缰野马随意奔跑那样危险。但是在实践之中，我们却把越来越多的决策、管理和执法这些本应该只属于人的职责和价值，完全交给了智能算法。“例如，在大多数现代经济体中，算法已经在以下几个方面发挥着日趋重要的作用：决定个人能否以及以何种条件获得保险、个人和企业能否以及以何种条件获得抵押贷款和信贷、犯罪的适当刑期以及就业机会的分配[1]”。将智能算法应用于私人产品的分配与获得，尚能够获得一定的合理性辩护，但是在公共产品，例如犯罪的适当刑期以及就业机会的分配等领域，让智能算法完全取代人的决策、管理和执法，不仅可能产生算法偏见、歧视、不公平等伦理风险，而且从根本上侵犯了人的独特性的尊严。放任智能算法替代人进行决策、管理和执法，就像放任公牛闯入瓷器店。人类驯化了各种动物，并将之为人所用，但在使用过程中，我们并不会放任他们的行动，而是通过缰绳、皮鞭等各种方式进行引导和规训；同样的道理，我们创造了智能算法，将之应用到我们的日常生活之中，就不能疏于照看和引导、任由其发挥作用。在算法的自动化决策和运行中，尤其是与公共产品分配密切相关的决策、管理和执法过程中，人必须在场和陪伴，照看或者监督智能算法的运行和使用。一方面，智能算法的自动化决策所形成的数据结果，只能作为人的决策、管理和执法的重要参考，与人的自由裁量结合起来；另一方面，当智能算法的自动化决策或者运行不可避免地出现问题或错误时，能够第一时间地进行制止和纠正。近年来，很多依靠智能算法进行信息、短视频和图片分发的互联网平台，例如字节跳动、快手等，都凸显了人的在场和监督作用，将以往纯粹依靠算法的分发机制，转向了人机结合的方式，这种向人的回归，就体现了人在场的价值和意义。

二是由于人的丰富性和诸多不确定性，对智能算法的研发、设计和应用，要充分考虑其所服务的人的独特性、丰富性和复杂性，而不是以数据将人简单化。然而，由于智能算法的模型化的运行方式，其不可避免地就存在

---

[1] Jamie Susskind，To What Extent Should Our Lives Governed By Digital Systems？Noema，2019.7.24

着简化人的趋势。“要建立一个模型，我们需要对各个因素的重要性进行评估，并根据我们选出的那些重要的因素将世界简化成一个容易理解的玩具，据此推断出重要的事实和行动。我们期待模型能较好地处理一种工作，同时也接受模型偶尔会像一个愚蠢的机器一样存在很多信息盲点”，“一个模型的信息盲点能够反映建模者的判断和优先性序列[1]”。将人简化几乎是智能算法赖以生存的内在的天然的缺陷，我们却要用这种具有内在缺陷的模型来表征人、衡量人，并指导人的行动，由此带来的错误和伦理风险，也就不可避免。技术主义的解决办法，是尽可能地优化模型，提高模型的性能和准确度，让调整出来的参数更好地表征人的行为。但是这远远不够，在研发、设计算法模型时，算法人文主义要求充分考虑人的独特性、丰富性和复杂性，更多地引入人文主义的价值关切。首先，推行开放、兼容并包的算法研发设计理念，或者称之为“算法开放”运动，让相关利益群体，尤其是算法所要服务的对象，参与到算法研发、设计之中，并且将其作为产品经理和算法工程师的职业精神。其次，应当充分考虑人的各种特点和群体，包括政治、种族、民族、家庭、性别等不同因素，让他们的需要和诉求能够在智能算法之中得以体现和实现。再其次，智能算法平台所提供的服务和产品，应当具有更多的选择性和可替代性，兼顾到那些边缘化群体的需要和诉求。智能算法出于效率和商业价值的考虑，针对的是最主流的人群，这样就会将老年人等边缘化人群排斥到算法的应用范围之外，使其成为“数字弃民”。如果算法研发、设计人员秉持算法人文主义的关切，充分考虑到人的丰富性、多元化，就会照顾到不同群体尤其是边缘群体的需求，采取更具有包容性的运行方案。例如滴滴上线老人打车的小程序，大号字体，简化流程，更加方便老年人的操作使用。又例如互联网医疗不应只提供网上的接口，而保有可供选择的面对面和线下处理的接口，满足不同群体的需求。

[1] 凯西・奥尼尔 . 算法霸权：数学杀伤性武器的威胁 [M]. 马青玲译 . 北京：中信出版集团，2018

人是丰富的、多样的存在，更加包容、更加多元的智能算法，才能够更好地把握人、服务人。

三是由于人的尊严恰恰来源于人之为人的独特性，而智能算法尽管表现出智能的因素，越来越像人，但也不能替代这种独特性，所以不能用算法机器人来伪装真实的人，代替真实的人。如今的互联网上，完全虚拟化的机器人几乎无处不在。特别是在政治的领域，算法机器人的泛滥几近灾难。数据统计显示："在 2016 年美国大选中，有大约 20% 的推文由社交机器人产生；在英国退出欧盟的有关推文中，有 30% 的推文流量由非人类实体产生；而在 2018 年美国中期选举之中，推特等平台上关于穿越中美洲向北进发的"大篷车"移民的推文，有接近 2/3 由聊天机器人发出[1]"。这些虚假的言论假装为真实的民意，混淆了本来就非常复杂的舆论场，对政治选举、政治行动产生了不可估量的影响。这些社交机器人的背后，都有着强有力的控制者和操纵者，因此从这个角度来说，他们是有人照顾和呵护的，所以并不是失控的，但是他们生成的目的和存在的形式，却对人的独特性和人的尊严构成了极大的威胁。用非人类的实体来模仿和伪装真实的人类，使其获得人之为人的那种对待，也就赋予了非人类实体类似于人的尊严，这是对人的独特性的贬低，也是对人之为人的尊严的消解。恐怖谷效应已经表明，尽管人类会对智能机器人产生好感，甚至产生情感，但是人对机器人，与人对人仍然是完全不同的两种关系，这恰恰来源于人不同于机器人的独特性，也就是人的尊严。正因为如此，美国参议员黛安·范斯坦提交了《机器人披露和责任方案》，"试图禁止候选人和政党使用任何旨在模拟或复制人类活动的机器人来进行公众交流[2]"。在智能算法的研发、设计和应用之中，如果不能取缔和禁止这种以智能机器人代替真实人类的做法，那么

---

[1] Jamie Susskind，To What Extent Should Our Lives Governed By Digital Systems？Noema，2019.7.24

[2] Jamie Susskind，To What Extent Should Our Lives Governed By Digital Systems？Noema，2019.7.24

至少要在相关的位置标注和提示，发布或者转发某条推文的并非人类主体，而是非人类实体。这样的提醒必不可少，它不仅有助于互联网的舆论场回归真实和真相，更有利于人们在与真实的人的政治或社交行动之中，获得人之为人的尊严。

综上所述，算法人文主义所提倡的尊重人的尊严，尊重人的独特性，也就不只是一句宣言式的口号，而是通过在智能算法的研发、设计和应用之中体现和加入人的存在、在场和陪伴，使得算法人文主义的价值关切，能够渗透到算法社会的具体运行之中。而且由于人的尊严，也就是人的独特性，构成了一切价值的出发点和源泉。人的尊严也就成为理解和论证算法人文主义的透明度、公平正义、可解释、可问责等诸多伦理原则的基础。算法的研发和使用，必须坚持“以人为本”，从底线伦理的角度来说，不能侵犯人的尊严，不能侵犯或剥夺与人的尊严紧密相关的诸如生命权、人格权、健康权、自由权、平等权、参与权、劳动权、福利权和受教育权等基本人权，不能对人造成伤害，不能破坏人类的团结；而从价值追求的角度而言，要积极增进人类社会的福祉，维护人类的团结和公平正义，保护个体的自由，等等。

3.2 保护个体自由

由于数据主义以及背后的数字资本主义都主张信息自由，因此算法人文主义对自由的主张是特别谨慎和小心翼翼的。一方面，这并不意味着算法人文主义对自由不重视，正如人文主义传统的内核所揭示的，自由是人的独特价值的重要体现，是与人的尊严紧密联系在一起的概念。在康德看来，自由不仅是人的尊严的保障，也是人的尊严的来源。康德曾经指出：“假如只有理性的存在者才具有尊严的话，那么并不是因为他们具有理性，而是因为他们具有自由。理性只是一种工具，没有理性，一个存在者之所以不能成为目的自身，是因为他不能意识到自身的存在，不能随即反思它，但是理性并不本质性地构成一个人之所以拥有不可为其他任何等价物所替代的尊严的原因。理性并不能给予我们尊严……自由，仅仅只有自由，能够使我们成为目的自身。[1]”另一方面，与数据主义和数字资本主义所追求的打破一切阻碍和壁垒，将万事万物包括人的内心和精神世界都数据化的积极主动的信息自由相比，算法人文主义只要求和强调一种最低限度的自由，也就是“免于……”的消极自由，这种最低限度的自由，为人的生存，以及人的尊严建构起必要的空间，使具有独特性的人在其中能够发挥自己的潜能和专长，正如以赛亚·伯林讨论两种自由概念时指出，“英国的洛克与穆勒、以及法国的康斯坦和托克维尔等自由主义思想家认为：个人自由应该有一个无论如何都不可侵犯的最小范围，如果这些范围被逾越，个人将会发掘自己处身的范围，狭窄到自己的天赋能力甚至无法作最起码的发挥，而唯有这些天赋得到最起码的发挥，他才可能追求、甚至才能‘构想’，人类认为是善的、对的、神圣的目的。[2]”

3.2.1 自由的诸多面向

自由也许是人类历史上最令人心动又最难以捉摸的概念之一。一方面，生而自由却又无往不在枷锁之中的人类，对于自由的追求是如此无穷无尽，以至于有人发出：“生命诚可贵，爱情价更高。若为自由故，两者皆可抛”的感慨。但另一方面，自由却又是如此捉摸不定，甚至任人打扮，以至于追求自由而不得的罗兰夫人在上绞刑架之前，深深感叹自由的虚幻：“自由，自由，有多少罪恶假汝之名”。自由拥有如此多的面向，我们必须明确，算法人文主义所主张的自由，到底是什么样的自由。

首先我们要区分的是思想自由与行动自由。帕斯卡尔认为，思想自由是人的全部尊严的来源，尽管理性是有限的，但是思想却是无限的、自由的，它能够以人之小而囊括整个宇宙。所以说思想自由是没有边界的，依靠我们的想象力、好奇心随心所欲的思考，思考所到之处，就是思想自由的边

[1] 瓦尔特·施瓦德勒，论人的尊严——人格的本源与生命的文化 [M]，贺念译 . 北京：人民出版社，2017：22.
[2] 以赛亚·伯林 . 两种自由概念 [M]，陈晓林译，公共论丛第一期，1995.

界。这种思想自由，在一定程度上，是毫无条件、不受任何限制的。但是由于受限于现实性的约束，以及理性的能力，拥有思想自由的人们往往会自我设限，将思想自由禁锢在对上帝、对权威、对他人的倾听、服从之上，就正如叔本华所言，将自己的头脑变成别人思想的“跑马场”。启蒙运动所做的，正是要打破这种思想自由的禁锢，让人不经别人或者权威的引导，能够自主地运用自己的理性，自由地进行思考，而不是画地为牢、自我设限。对于人来说，思想自由具有自足的价值，不依赖于其是否实现，也不依赖于思考主体的身份、地位、职业等外在因素，所以也是人的独特性、人的尊严的重要体现和来源。

思想自由对行动自由具有受约束的先导性作用，因为人不仅能思想，而且还要行动，要将自己自由的所思所想转化为具体的自由的实践。但是由于行动和实践往往是现实的，依赖于外在的物质或现实条件，依赖于自己与其他人的互动与合作，所以无限制、无条件的思想自由在转化为行动自由时，就不可避免地遇到各种限制，变成有条件、有限制的，也就是不自由的。在思想自由与行动自由之间，存在着一种特有的张力。一方面，这种张力会促使思想自由想方设法在行动中实现自己的自由，因而会创造各种条件，包括形成各种自由的理想、概念和体系，去打破现实性和物质性的壁垒和限制，将思想自由转变为现实的行动自由；另一方面，行动的现实性和不自由又会反馈于思想自由，将思想自由限定在一定的范围内，使其丧失对某些不现实的行动自由的主张，进而为行动自由划定界限。从思想自由的层面而言，存在着各种可能性和选择性，但是行动的现实性却只能从无限的可能性之中选择可以实现的少数几种，也许卢梭所言的“人生而自由，却无往不在枷锁之中”，正是从这个意义上而言的。跟与生俱来的思想自由相比，人的行动自由总是会受到限制的。

行动自由的处处受限，不仅影响到行动自由的实现，而且还能反馈于思想自由，使其自我设限，反过来又会进一步限制行动自由。对此，很多哲学家都在积极地思考，自由到底应该由于什么而受到限制。这种反向的探究，并非要真的为自由划定界限，而只是在充分辨析自由的限制性和现实性的基础上，避免自我设限，以求更好地追求行动自由。在自然科学以及与之相关的技术、工程等领域，自由深深受限于世界的客观性和规律性，人们的探索必须遵从自然法则的内在规定，才可能获得行动的自由，但是由于科学技术等领域，并非独立于人的存在，而是内嵌于人类社会之中，我们眼中的自然世界，已经是被人深深改造过的“人化自然”，因此科学技术领域的行动自由，不仅受制于自然的现实性，而且要受制于人与人之间交往互动的现实性。在人与人交往互动的社会领域，自由只能由于自由的缘故而受到限制。即你的自由不能侵犯其他人的自由，这些其他人既包括单独的个体，也包括普遍意义上的群体。从自身来推理自身的限度，以保护自由的理由来给自由设定限制，这正是英国古典自由主义的创造。在穆勒的《论自由》一书里，他提出，社会所能合法施于个人的权力的限度，只能是对他人自由的侵犯。个人的行为只要不涉及到他人的利害，个人就拥有完全的行动自由[1]。穆勒认为，这样就在个人与社会之间划定了权力界限，为真正的行动自由——“按照我们自己的道路去追求我们自己的好处的自由[2]”提供了重要的保证。不过，在以赛亚·伯林看来，穆勒从消极逻辑来界定自由的领域是对的，但是其对“按照自己的道路”去追求自由的逻辑，就从“消极自由”走向了“积极自由”，因而是成问题的。

以赛亚·伯林对两种自由的区分，在自由的观念史上具有划时代的重要意义。他揭示了自由的实质，以及实现自由的重要途径。消极的自由，是“免于……的自由”，是不受别人的干涉、阻碍的自由，这种自由概念，为人的自由划定了一个狭窄的却能够实现的并且保有人的尊严的空间，在这个空间内，我们能够不受别人的干涉，因而是自由的。积极的自由，则与自主、自我紧密联系在一起，“去做……的自由”，不仅意味着不经他人引导的

[1] 约翰·穆勒 . 论自由 [M]. 北京：商务印书馆，1959.
[2] 约翰·穆勒 . 论自由 [M]. 北京：商务印书馆，1959.

自主性，而且还正如穆勒所说的那样，成为自己想要成为而且能够成为的那个人，“过一种规定的生活形式的自由[1]”。成为你自己，做更好的自己，这种积极的自由概念，充分展现了人的主动性、超越性和理想性，因而对于所有人而言，都充满了诱惑力。表面看上去，伯林所区分的“做自己主人”的积极自由，与“不让别人妨碍我的选择”的消极自由，并不存在着过多的差异，似乎只是表述方式的差别而已，但是事实上，“在历史上，‘积极’与‘消极’的自由观，却朝着不同的方向发展，而且不一定依照逻辑常理，终至演变成直接的冲突。[2]”

伯林认为：积极自由的概念，也就是自我做主的想法，是一种危险的自由概念。由于这种主动追求的自由，必须预设一种自我概念或者某种更值得过的生活形式，作为主动行动的目标，因而不可避免地会陷入被操纵、被奴役的境遇。积极自由的概念，“直接导源于自我、个人、人类，系由何物构成的看法。对人的定义施以足够的操纵，则自由是什么意思，便唯操纵者的意愿是从。近代历史已经昭然显示，这个问题不只是个学术问题而已。[3]”这种自我做主的理念，最早应该来自于康德，他最早将人定义为自己为自己立法，为自己做主的理性存在者，因为我所服从的是自己为自己制定的道德律令，因此并没有受到限制或者奴役。尽管康德提出人是目的、而在任何时候都不能成为手段和工具的强逻辑，是为了论证道德规范的可普遍化，但由此所奠定的自主性的概念，却让自由变成了伯林所言的任人打扮的小姑娘。既然这种自我决定、自主追求的自由意志是最高目的、最高价值，那么就有可能产生这样的情形：以这个最高目的或最高价值为名义，去强迫、压制、奴役人们，反倒让他们丧失了自由。“因为群众若是在民智已开的阶段，他们自己也会去追求这些目标，如今他们没有去追求，只是因为他们盲目、

---

[1] 以赛亚·伯林．两种自由概念 [M]，陈晓林译，公共论丛第一期，1995:210.
[2] 以赛亚·伯林．两种自由概念 [M]，陈晓林译，公共论丛第一期，1995:211.
[3] 以赛亚·伯林．两种自由概念 [M]，陈晓林译，公共论丛第一期，1995:214.

无知或腐化。[1]”积极的自主的自由，相信理性的自我导向的自由，也就走向了他的反面——对自由的限制。因此，对于自由的追求和实现，不能诉诸于强调自主性的积极自由，而应该强调“最低限度的、我所谓的‘消极’自由”，“我必须拥有一个领域，我在其中不会遭受挫折，实际上，也没有任何一个社会，将它成员的自由全部施以压制[2]”。伯林进一步认为，“免于……”的消极自由，存在着两个基本原则：第一可以称之为法治的原则，我们所主张的自由，必须是被法治所规定和保障的以权利形式存在的自由，“惟有‘权利’才能成为绝对的东西，除了权利以外，任何‘权力’都不能被视为绝对”；第二可以称之为天赋的和基于传统的共识原则，人类所应该享有的最起码的消极自由，是与生俱来、理所当然和众所周知的，而不是人为划定的，因此也不能被人为废止。这些消极自由，来自于传统长久以来逐步形成的共识，也来源于人之为人的丰富的独特性，包括帕斯卡尔所说的思想自由，以及人类所独特的符号语言能力等。“人类在某些界限以内，是不容侵犯的，这些界限不是人为划定的，这些界限之形成，是因为它们所包含的规则，长久以来，就广为众人所接受，而人们也认为：要做一个‘正常人’，就必须遵守这些规则；同时，人们认为如果违犯这些规则，就是不人道或不正常的行为；对于这些规则而言，如果我们认为它们可以由某个法庭、或统治团体，用某种正式的程序，予以废止，是荒谬的想法。[3]”伯林将消极自由的基础，奠定在天赋和传统而不是人为的基础上，一方面是为了防止人们的自我设限，杜绝那种由于无法实现而放弃追求最起码的消极自由的逻辑，“倘若我发现我想做，而实际上能做的并不多，或根本不能做，那么我便只要缩减、或消灭我的愿望，我就自由了[4]”这样的逻辑，根本上就不是消极自由的形式，而是对外在必然性和现实性毫无抗争的服从，深深地屈从于命运的安排，

---

[1] 以赛亚·伯林．两种自由概念 [M]，陈晓林译，公共论丛第一期，1995:212.
[2] 以赛亚·伯林．两种自由概念 [M]，陈晓林译，公共论丛第二期，1996:202.
[3] 以赛亚·伯林．两种自由概念 [M]，陈晓林译，公共论丛第二期，1996:207—208.
[4] 以赛亚·伯林．两种自由概念 [M]，陈晓林译，公共论丛第二期，1996:207—208.

显然这与人之为人的独特性不相符合。另一方面，为了体现人之为人的独特性，这种独特性并不只是包括自由意志、理性等形式，而且还包括人与生俱来的以及在历史传统之中形成的那些丰富性，诸如人的思想自由、用语言说话的自由、用腿脚行动的自由，以及不受打扰地独处或者生活等最起码的自由，就成为人之为人所应该享有的消极自由，人类只有享有了这些消极自由，才能够彰显出人之为人的独特性，也就是人的尊严，才能够体现为“正常人”。消极自由，看似被限制在狭窄的范围内，却是更能够实现、也更有保障意义的自由。从马克思主义的自由观而论，消极自由是符合现实性与超越性辩证关系的自由，一方面，人类的自由并不是空洞的口号，而是在认识和改造世界的劳动实践之中逐步形成和把握的，外部世界的物质性和不确定性，劳动实践的现实性，在很大程度上约束了人类行动的自由，很难说，我们所能拥有的自由，能够让我们成为自我做主的主人，因此自由必然是限定在一定范围之内的消极自由。另一方面，人类因为拥有思想之自由的自由意志，而具有以小求大、以有限求无限的超越性追求，我们就会在天赋、法治和历史传统之上，不断扩大不受干涉的消极自由的范围，因此消极自由又是发展着的自由。

算法人文主义所主张的自由，不是伯林所言的自我做主、自我决定的积极自由，而是不被他人所打扰的消极自由。积极自由容易被理性或权威操纵为强制或服从，而且事实上，人类正在受累于这种意义的自由。为扩充自由、提高效率而生的智能算法，在拓展人类行动自由的同时也不可避免地将人类装进了算法的牢笼。喻国明教授的一个比喻非常生动，“人们像驾驶着一辆算法制造的信息快车——它既给人们带来了前所未有的自由度，也将人们牢牢限定在这个信息快车特有的行驶规则和框架中[1]”。算法赋予了人类更强的能力、更多的自由，但也因此将人类框定在算法的规则和空间之中。自我做主的自主性概念，寄托着人们摆脱各种限制、成为和成就自己的超

[1] 喻国明、耿晓梦．算法即媒介：算法范式对媒介逻辑的重构 [J]. 编辑之友．2020(7)：50.

越性追求，但是人类所面临的各种现实性的制约和枷锁，却让其往往沦为一种美丽或者伪装的口号，要么因为过于理想而难以实现，要么被人装进各种乌托邦式的概念之中，例如自由资本主义所宣传的财务自由、法国大革命所追求的主权在民等，充满了鼓动性和诱惑性，只不过是少数人借以实现自己权力和自由的伪装。妄图借助智能算法或大数据技术来实现这种自主性的积极自由，是危险的，用海德格尔的话来说，他不仅无法给作为此在的人的自由，而且会消解人的其他可能性和选择性。技术的本质是为了解蔽，但是现代技术，却疯狂地将人和自然以订造的方式摆置、集置起来，"一味地去追求、推动那种在订造中被解蔽的东西，并且从那里采取一切尺度"，解蔽的同时却又形成了新的遮蔽，"由此就封锁了另一种可能性，即：人更早地、更多地并且总是更原初地参与到无蔽领域之本质及其无蔽状态那里[1]"。现代技术为人类打开了通向真理的一种可能性，却也将人死死地限定在这种可能性之上，从这个根本上来说，技术并不构成通达自由的充分必要条件，甚至还是通达自由的强有力的阻碍。自然科学技术的去魅化，让人从宗教信仰的崇拜之中走了出来，却与此同时让人陷入到对科技宗教的信仰和崇拜之中。从自主的积极自由来观之，人们并没有实现对自己的自主和主宰，在这种去魅化的转化之中，只不过将其主人，从无所不能的上帝，改换成无所不能的科技而已。在自身的逻辑之内，自主的积极自由根本无法实现。真正有助于实现自由的，包括所有的思想自由和最起码的行动自由，只有谦逊地从消极自由的概念出发，将自由限定在"免于……"的范围之内，构建一个由法治、传统和共识所形成的狭窄空间，方可保有人之为人的那些自由。

3.2.2 以退为进的逻辑与消极自由的实现

在算法人文主义最底线的"以人为本"的主张之中，需要和值得关心的，

---

[1] 海德格尔．演讲与论文集[J]．孙周兴译．北京：生活·读书·新知三联书店．2005:24.

并不是智能算法带给人类提升其认知能力、行动能力、行动半径进而增强人类思想和行动自由度的那种对外部世界进行积极主动掌控的自由。通过这些积极自由，人要成为自己数据、自己行动、自己财产以及与之有关的技术的主人，进而成为自我做主、自我决定的主人。在强大的智能算法和数字资本主义面前，这种自主的自由太容易被操控和打扮，因此过于奢侈和梦幻，免不了成为自由的羁绊。韩炳哲认为，新自由主义和数字资本主义正在将这种自主性通过主体、自我等概念，以及参与、共享、透明等行动，打扮成令人向往的自由口号，在数字化社会的参与、分享之中，我们仿若成为了自由的主体，“功绩至上的主体自认为是自由的，实际上却是一个奴仆，是没有主人强迫却自愿被剥削的绝对的奴仆。[1]”

算法人文主义想要保护的，仅仅就是那些能够体现人的尊严，人的独特性，也就是让人之为人的消极自由，这些消极自由由伯林所说的法治原则、天赋的和基于传统的共识原则所保障，包括人类与生俱来而且无法剥夺但却可能被操控的思想自由、与生俱来的使用符号语言说话写字的自由、使用手脚运动并进行劳动实践的自由、独处不受打扰的隐私自由，这些表现为表达权、出版权、劳动权等人权概念的消极自由，已经越来越受到智能算法和大数据技术的威胁和侵蚀。我们在致力于研发、设计和应用智能算法技术，扩大人类行动自由度的路上狂飙猛进、一路高歌的同时，必须慢下来关注和保护这些令人之为人的消极自由。与数据主义和数字资本主义主张打破一切壁垒、促进信息流通的积极、自主的信息自由相比较，那些与之不相容的消极自由，例如隐私权、劳动权、人格权等，更应该得到重视和保护。这样，消极自由的概念，为了保障那些不被打扰、干涉和强制的消极自由，就以退为进地为智能算法的研发、设计和应用，规定了“有所不为”的禁区，规定了“何所为”的价值方向。

一方面，基于对消极自由的保护，我们要以法治的形式，对算法技术的

[1] 韩炳哲 . 精神政治学 [M]. 关玉红译．北京：中信出版集团，2019:81-82.

研发、设计和应用，划定“有所不为”的禁区。正如在生物医学研究领域，法律法规对生殖技术、基因编辑技术的应用划定了明确的禁区，由于智能算法特有的涉身性，我们也应该对算法技术的研发、设计和应用划定具体而又细致的禁区。尽管智能算法看上去人畜无害，其伦理风险只是限定在侵犯人的隐私、危及社会公正、侵犯人的尊严等领域，并不会伤及人的生命，但是由于智能算法的基本原理，在于对人的运算智能、感知智能和认知智能的模仿，而且由于与脑神经科学等的结合，越来越使其进入到生物医学的领域。我们必须像生物医学领域那样，给智能算法的研究和应用划定“不可进入”的界限。换而言之，在某些领域研发和应用某种智能算法，会极大地危及人之为人的尊严和消极自由，因此必须令行禁止。例如，尚不具有应用可能性的脑机接口的研究，随着马斯克的广而告之，已经引起了全世界的关注，而且由于其给脑瘫人士所带来的特有福利，在道德领域也得到了强有力的辩护，但是脑机接口的研究和应用却极有可能打破人之为人的独特性。假如有朝一日，当从外部接入了硅基智能的赛博人出现，我们要问，这些人是否还是我“族类”，如果是，那就会与天赋和历史传统所确定的那种人之为人的独特性相冲突，如果不是，那又怎么可能发展出一套非人视角的伦理规则来处理人与赛博人的关系？到那个时候，要么是将人自身堕落为毫无独特性和尊严的存在，要么是让赛博人逐渐成为被工具化的低人一等的奴仆。

近年来，尤其是2019年以来，围绕人脸识别技术的研发和应用所产生的争议和讨论，让人们重新对这种业已成熟的智能算法技术进行了批判性反思。在美国等一些州，已经明确出台法律，禁止公共部门或者私人企业采集并应用人脸数据。谷歌、微软等企业也宣布停止人脸识别相关项目的应用，而将其回归到实验室的研究。而欧盟的通用数据条例，则将人脸图像视为生物信息数据，采取严格限制的态度，不仅限制公权力收集生物信息，而且要求企业在采集信息时必须遵循“无授权即禁止”的原则。“对揭示种族或民族出身，政治观点、宗教或哲学信仰，工会成员的个人数据，以及以唯一识别自然人为目的的基因数据、生物特征数据、健康、自然人的性生活或性取向的数据的处理应当被禁止。[1]”不过在国内，围绕人脸识别技术的研究和应用的争议，还只是局限在用户不知情的情况下采集人脸数据、在非必要的应用场景使用人脸识别以及人脸识别技术的应用存在网络安全等问题导向的讨论上，言外之意是如果技术能够解决这些问题，那么就可以使用人脸识别技术。在此，我们要基于保护消极自由的需要，提出一种较强的理由，反对公共部门和私人部门对人脸数据的采集和应用。因为人脸所承载的，不仅是生物学上对人的同一性和唯一性的辨认，而且从生存论的角度，是人之为人的尊严的重要来源。人脸，尤其是眼睛、虹膜所具有的不可更改性，既是其应用于身份识别和确认等领域的关键信息，也是人之为人的独特性的重要组成部分，由此与人的消极自由联系在一起。有学者曾经指出，作为人的身体最富社会性质的部位，“面容即是个人楔入社会的榫头[2]”。将这张构成人的尊严的脸，应用到各种具有准入门槛和性质的服务当中，就很有可能侵犯到人们行动的消极自由。换而言之，人脸识别技术通过某种主动形式的要求，例如要求扫描人脸才可以使用某项功能、进入某个区域，或者被动的采集，例如使用具有人脸识别功能的摄像头随时抓取人脸信息，划定了人们活动的诸多限制和禁区。这样就对人们在他们能够合法活动的场所，包括公共场所或私人场所，不受干涉、免受打扰地自由活动，产生了极大的干涉和威胁。人们就像活在被众人围观的玻璃房之中，在能够被识别的空间里亦步亦趋、谨言慎行，甚至不敢出门、不敢说话。在这种情况下，毋宁说成为自我做主的积极自由，连最起码的行动自由都受到了限制。近来媒体报道了山东等地，由于房地产公司安装了人脸识别摄像头，能够比对识别出客户到底是中介公司推荐还是自己前来，以区分不同的优惠折扣，导致了很多客户戴着头盔过去看房。表面上看，这只是客户为了获取更多折

[1] General Data Protection Regulation.Article 9.

[2] 南帆．面容意识形态 [J]. 领导文萃．2005(7)：153.

扣的私自举动，但它实际反映的风险却是，人们正在丧失那种不受打扰和干涉的行动自由。正是从维护这种最底线的消极自由的角度，我们反对人脸识别技术的随意或过度使用，以确保我们在物理空间的最起码的活动自由，不被公权力或者商业目的干涉、打扰。

另一方面，在划定了智能算法研究和应用的禁区之后，我们提倡应当将更多的精力和资源投入到与消极自由的实现相关的算法技术的研发、设计和应用之中，以帮助人们更好地保护诸如思想自由、出版自由、表达自由、隐私权等消极自由。技术的社会塑造理论（The Social Shaping of Technology，简称 SST 理论）认为，技术的选择、形成并不只是按照内在的技术逻辑在发展的，而是被多种因素塑造的社会产品[1]。“我们的体制——我们的习惯、价值、组织、思想的风俗——都是强有力的力量，它们以独特的方式塑造了我们的技术。[2]”人们对技术研究和应用是有价值取舍的，而这种价值取舍的道德性、公共性或功利性，往往会影响到技术的伦理风险。在我们对智能算法的应用一味、片面和过于追求提高效率、更加实用的功利性价值的当下，算法人文主义强调对智能算法的公共性和目的性价值的追求。所谓算法向善，就是摒弃单向度根据市场需求和动力进行算法研发和应用的价值取向，让我们的智能算法更多用来实现真善美，保障人们的消极自由。例如，在2020年新兴技术成熟度曲线报告里，出现了“可解释性 AI”、“负责任的AI”、“差异化隐私”等新兴技术，这些针对当前人工智能领域隐私泄漏、算法黑箱、算法偏见以及虚假新闻等问题而定向研发的技术，体现了技术研发的专家共同体的主动调整和自觉纠偏。很多算法工程师积极地探索研发更具有公平性、透明性、可解释性和可审计的算法技术，甚至想方设法把公平的价值理念编码到算法中，谷歌数据科学家就发明了一种可解释的“概

[1] 李凌、陈昌凤 . 媒介技术的社会选择及其价值维度 [J]. 编辑之友 . 2021（4）.
[2] Ron Westrum.Technologies and Society the Shaping of People and Things[M], Belmont：Wadsworth Publishing Company,1991:5.

念激活向量测试”的算法技术，将低阶要素的变量用人类可以理解的高级概念表达出来，直观地显示出算法运行过程中诸如种族、颜色、性别等高级概念的比重，从而在技术层面解决了算法透明和算法歧视的问题[1]。他们对智能算法技术发展方向的纠正，能够引导智能算法向着更加公平、更加完善的方向发展。

隐私计算应该是当前比较能够体现智能算法保护个体消极自由的重要技术方向。互联网对个人信息，尤其是与身份有关的隐私信息的全方位搜集，让人们身处透明社会之中。尽管在搜集数据之前，互联网平台和算法公司都会征求用户的知情同意，获得用户的授权，但是由于信息不对称、权力不对等，这种形式上的知情权已经完全沦为摆设，人们对自己所产生的数据，既无法知情，不知道互联网公司会将其用至何处、如何使用，也无法自主控制。我们企图从个人自主的积极自由的角度去掌控个人信息，已成为“黄粱一梦”。但是，隐私却关涉到人之为人的尊严和真实自我的建构，最早关于隐私权的定义，将隐私界定为“不被打扰”的权利，这种从消极意义上界定的隐私，与试图自主掌控自我信息和数据的积极隐私概念完全不同，因而与那种倡导“知情同意”即可使用个人数据的控制隐私的理念完全不同。“知情同意”造成了一种假象，让我们误认为我们能够对自己的数据和信息做主，但事实上根本无法实现。因此，从保护最起码的消极自由，也就是让人的尊严得以存在的最小空间出发，我们主张一种消极的隐私概念，不受打扰和干涉的空间隐私。对于个人隐私的保护，与其从积极的角度寻求自主控制，还不如从消极的角度出发，为个人的隐私数据建立算法或数据的屏障，并通过隐私计算的技术予以保障。相较于自主掌控的积极隐私概念，消极的空间隐私概念注重隐私保护的技术屏障，反倒更能以退为进，实现

[1] Been Kim、Martin Wattenberg、Justin Gilmer、Carrie Cai、James Wexler、Fernanda Viegas、Rory Sayres, Interpretability Beyond Feature Attribution: Quantitative Testing with Concept Activation Vectors (TCAV), ICML 2018, https://arxiv.org/abs/1711.11279v5

对个人重要隐私数据的控制和保护。例如，可信执行环境（Trust Execution Environment，简称“TEE”）技术将计算机的硬件软件环境分为开放和安全可信的两个部分，需要加密的数据，则在可信执行环境进行运算，而其他的数据，则在开放的操作系统上运行，这样就为个人隐私信息的保护，开辟了有效的隐私空间。又例如，万维网的发明者 Tim Berners-Lee 看到他当年所发明的互联网对隐私的各种侵犯之后，提出了一种全新的去中心化的网络理念，每个用户都拥有自己的隐私数据仓，存储在只有自己掌握的服务器之上，当互联网平台需要使用到这些隐私数据时，用户以加密的形式进行发送。当我们需要保护某些数据时，并不能泛泛而谈，也不是企图完全控制一切，将我们需要保护的那些与个人隐私有关的数据整合起来，放在由隐私计算技术保障的空间之中，看起来，我们所能自主控制的数据变少了，但实际上，我们真正能够控制的数据，却是变多了。对消极自由的保护就需要遵循这样的逻辑，当我们通过法治原则、天赋的和基于历史传统的共识原则，将我们所要享有的、不被人干涉或打扰的自由明确限定在一定范围之内时，我们反而能够更好地获得和实现这些自由。自由不能空谈，也不能奢望。只有当我们基于法治、天赋和基于传统的共识，将不受打扰或干涉的自由限定在一定范围之内时，我们才能在现实性的制约之中，更脚踏实地实现自由。

3.3 维护社会公平正义

在现代社会，消极自由的确定和实现，既依赖于道德的传统，也依赖于法治的力量，因此必然表现为“权利”而不是“权力”。在任何时候，各种类型的权力都会导向服从，因此与消极自由，也就是人之为人应当享有的权利相对立。算法人文主义想要保护人的尊严和消极自由，就必须在社会的宏观层面，关注对权力制衡以及与之相关的资源、机会的分配。因此，算法人文主义倡导公平正义的价值理念，并将其作为智能时代资源、机会分配的重要价值原则。

3.3.1 算法、权力与流量

权力是一种以服从和控制为目标的政治手段和治理技术。在人类历史上，表现出三种形态的权力：第一种是君主社会时期，以暴力或武力实现的权力，权力拥有者以强制、暴力作为威慑或者手段，使得管制对象屈从于自己的意志或想法。这种暴力的权力，“其最直接的形式表现为对自由的否定[1]”，但更深层次的理由是对生命的否定，君主通过手中的刀剑和麾下的军队，以死亡相威胁，迫使臣民顺从。暴力权力，是与农业社会及其生产模式相适应的权力形态，在资源有限的情况下，必然会导致这种独断专行、强取豪夺的强迫类型。第二种则是福柯所言的规训权力，虽然继续表现为对自由的否定，但已从对生命的否定走出来，表现为对生命的积极开发和利用。规训社会通过建立学校、兵营、监狱等规训空间，迫使生命肉体遵循某一特定的规范体系，进而服从统治阶级的意志。规训权力不再寻求对肉体进行折磨，而是将肉体束缚在资本主义机器化生产的体制之中，并对其进行精打细算的开发和管理，以榨取最大的剩余价值。“规训权力是规制权力”，“它使主体服从于充满标准、要求、禁令的规则体系，消除分歧、背离和不合规矩[2]”。规训权力是与工业社会机器化大生产相适应的权力形态，它通过一整套规训体系和生命政治，将人的生命转化为标准化、规范化的生产力，“将肉体支配到进行生产的机器旁[3]”，将人转化为服从性主体并进行充分的利用。第三种则是与数字资本主义相适应的精神权力，其不再表现为对自由的否定，而是通过点赞、参与、分享等肯定的社交或消费行为来构建的友好型权力，它不再寻求武力制胜、发号施令或者威胁恐吓，而是将统治或治理的意图和方法隐藏在“讨好逢迎和制造依赖[4]”之中。精神权力最擅长鼓动和诱惑，他们想方设法营造最舒适的体验和环境，吸引人们自发自愿自觉地进行自我组织、自我展示和自我优化，不需要暴力、规训，却也能达成依赖和服从，而且还从根本上消除了反抗。精神权力是

---

[1] 韩炳哲．精神政治学 [M]. 关玉红译．北京：中信出版集团，2019:19.
[2] 韩炳哲．精神政治学 [M]. 关玉红译．北京：中信出版集团，2019:28.
[3] 韩炳哲．精神政治学 [M]. 关玉红译．北京：中信出版集团，2019:28.
[4] 韩炳哲．精神政治学 [M]. 关玉红译．北京：中信出版集团，2019:22.

与数字资本主义相适应的权力类型，他将人的内心和精神转化为数字时代的生产力和生产资料，并通过技术赋能和自我肯定，榨取最大的剩余价值。精神权力更加隐蔽，也更加温情脉脉，他先是以赋能的口号诱导我们使用，再是以依赖的方式对人们进行强迫。一旦上了精神权力精心设计的“贼船”，就成了一根绳子上的蚂蚱，除了随波逐流、助纣为虐或者“投河自尽”，人们别无选择。很多人对于这种新的服从和控制机制浑然不觉，甚至会有很多人因为精神权力所带来对自我、自主和自由的极大肯定和解放而将其视为一种进步沾沾自喜，就像俗语中所言的“被人卖了，还帮人数钱”那样，被精神权力完全给“洗脑”了却毫不自知。

智能算法就是这样一种全新的精神权力机制，它通过挖掘、搜集、整合以及展示群体的信息进行统治和治理。表面上，这种新的权力机制将效率、便捷和更强的能力赋予个体，为人们创造了更多的自由，实质上，这些自由构成了新的约束和强迫。它通过依赖、沉溺等不可自拔的方式发挥作用，将人们牢牢捆绑在这些技术之上，进而形成新的服从和遵守。对于如何诱导、鼓动和吸引人们自愿地参与，互联网公司已经拥有一整套成熟的运作机制，互联网公司先以免费的方式来迎合人们在社交、娱乐、表达、消费、出行等方面的基本需求，吸引越来越多的用户使用并在算法平台积累各种行为数据，当用户规模达到一定数量级别，并且形成了较强依赖时，这些由智能算法所构建的互联网平台就会转而利用用户生成的大数据，向用户提供各种收费的服务或产品。这个时候，已经深陷其中、难以自拔的用户，就不可避免地要为这些服务，同时也是为过去的免费“埋单”。经济上的付出，还只是被迫服从的简单表现，而精神上的影响控制，则以更加隐蔽的形式运作着，通过技术垄断、话语影响、心理依赖等形式，形成了自我服从这种新的权力机制。崇尚“推特治国”的美国前总统特朗普对推特、脸书等账号的娴熟操纵和利用，为他赢得总统的宝座、有效地进行民意动员、对抗华尔街的金融资本或硅谷技术精英的制衡，乃至诱导舆论、混淆视听都立下了汗马功劳，但可曾想到“成也萧何，败也萧何”，在他总统任期的最后几天，当特朗普试图再利用推特、脸书对移动互联网的舆论进行操纵时，这些互联网巨头居然将特朗普的推特、脸书等账号封禁。很多人认为这是算法权力对世俗权力的革命和替代，但单纯就这件事情而言，与其说是算法权力对政治权力的取代，还不如说是传统权力向算法权力的转移。因为无论是特朗普利用推特治国，还是互联网巨头封禁特朗普的账号，从始至终出现的都只有数字构成的算法权力，表现为否定性力量的传统权力一直是缺位的。就正如卡斯特所言："网络形态也是权力关系剧烈重组的来源。连接网络的开关机制（例如金融流动控制了影响政治过程的媒体帝国）是权力的特权工具。如此一来，掌握开关机制者成为权力掌握者。由于网络是多重的，在网络之间操作的符码和开关机制，就变成塑造、指引与误导社会的基本来源。[1]" 在数字资本主义时代，算法权力最终的呈现形式，便是互联网上的流量。谁能够吸引流量，谁能够掌控流量走向，谁就掌握了这种新的权力机制。

数字时代的算法权力，仍然来源于人民群众。人民群众的注意力资源，构成了流量权力的初始来源。这一点，算法权力与传统权力并没有什么太大区别。就正如民主政府的治理权力，来源于人民群众基于契约的让渡，互联网平台的算法权力，则来源于人民群众基于服务协议的参与。数以亿计的网民，是数以兆计的流量的生产者和创造者。人们在互联网上的每一次点击和每一个输入，都将通过各种智能算法汇聚成具有经济价值和权力意义的流量。只不过，就正如在政治生活之中，人民虽然创造了权力，却很难成为权力的拥有者，在互联网空间，人们虽然创造了流量，却很难成为流量的掌控者。在互联网空间，真正掌控流量开关的，是那些拥有舆论引导能力的媒体、大 V 等"意见领袖"，以及处于技术垄断优势的互联网公司及其背后的资本，最终则是对互联网公司进行管控的政府。他们通过

[1] 曼纽尔·卡斯特．网络社会的崛起 [M]. 夏铸九、王志弘等译。北京：社会科学文献出版社，2001：571.

控制互联网的流量走向，向人们定向投喂各种经过巧妙设计的知识和信息，影响着人们的注意力，并进而塑造人们的价值观和精神世界。现如今，算法主导了我们绝大多数人的注意力，它们以投我所好的方式，影响着我们能够看到什么样的新闻、广告或者产品，告诉我们这个世界发生了什么，我们应该做什么。尽管互联网上的内容和资源由于每个人的参与和贡献而变得极其丰富，但是我们的注意力，被限定在一种或者少数几种可能性上面。智能算法以我们自己的名义，阉割了我们选择其他的可能性。就这样，流量所形成的权力，主导了资源、机会等各种可能性的分配与获得。当智能算法参与甚至主导社会决策、管理和执行等工作领域时，其对各种社会资源、机会的分配，不仅会影响到人们的自由，还会影响到整个社会的公平正义。当有些人在智能算法的帮助下获得更多资源、机会的时候，另一群人可能遭受到智能算法的各种剥夺、歧视和不公。一方面，大数据虽然号称是全样本，将所有人的所有数据都汇聚起来，但是智能算法却有着“嫌少爱多”的特性，样本量太小、数据规模上不去、数据与整体存在偏差，都会影响最后的结果，算法偏差几乎不可避免，由此带来了算法歧视与算法不公，也就成为算法的副作用。另一方面，从商业价值和经济效益出发，互联网公司、产品经理和算法工程师会更加倾向于针对更具有代表性、普遍性的群体，也就是产品的核心用户进行设计和优化算法，但是这样又不可避免地让智能算法沾染上“嫌贫爱富”的不良习性，尽管他们对互联网的各种服务有着更加迫切的需求，但由于无甚商业价值，那些小众群体被智能算法无情地抛弃了。流量的走向，与资本的趋势非常类似，总是自发地流向那些回报丰厚、增长迅速的地方，使得“强者愈者、弱者愈弱”的马太效应愈加明显。最显著的案例是，美国部分地方法院利用商业公司开发的算法 COMPAS 预测嫌疑犯或罪犯的再犯罪率，以决定判决中是否允许保释和量刑，但是无论是媒体报道还是学者研究都表明，COMPAS 算法系统存在着严重的种族歧视，较之于白人，黑人更容易被标示为高风险。这种偏差和歧视，导致了黑人可能被判处更长时间的监禁，或者得不到保释的机会。凯西・奥尼尔发现，算法霸权导致了社会阶层的固化，让穷人的处境更加糟糕。“这凸显了数学杀伤性武器的另一个常见特征，即其结果往往更倾向于惩罚穷人。[1]”事实上，就正如信息分发领域的智能算法引起信息茧房和群体极化那样，经济、社会、以及法律等领域的智能算法不当应用，正在导致一种恶性循环和马太效应，它让信用评分较低、聚集在穷人区的某些人更难以获得贷款，更难被大公司雇佣，更有可能在大街上被警察拦下来盘查质问，而这样形成的结果数据，又会进一步反馈到智能算法之中，造成了进一步的歧视和偏差，让这些人在算法世界寸步难行。

算法越来越成为一种新的精神权力的来源，与传统的权力类型相比较，这种权力对人们的影响和控制更为全面、更加隐蔽，因此也就更具伤害性。对算法的权力进行规制，不仅是维护消极自由的需要，而且是维系一个正常社会的公平正义的需要。在算法人文主义的伦理框架里，应该将公平作为算法研发、设计、运营和使用者的重要价值观念。

3.3.2 从公平的算法到算法的公平

将公平作为规制算法权力的重要价值理念，存在着巨大的困难，因为从本质上来说，作为一种新的权力类型，算法本身是不公平的来源，这种数学工具不可避免地会通过算法偏差、数据偏差等方式制造出各种偏见、歧视和不公，因此指望利用算法本身来实现公平，在某种程度上是在痴人说梦。就正如凯西·奥尼尔在《算法霸权——数学杀伤性武器的威胁》一书中所提到的：“人类生活的各个方面正越来越多地被数学杀伤性武器（指产生危害的算法模型）所控制[2]”，这些算法模型不透明、不接受质疑，而且都面对一定规模的人群进行筛选、定位或者“优化”，它们“必然会出现偏差”，由此将一部分人群归错类，因此而剥夺这部分人找到工作或者买房的机会，

---

[1] 凯西·奥尼尔．算法霸权：数学杀伤性武器的威胁 [M]. 马青玲译．北京：中信出版集团，2018.

[2] 凯西·奥尼尔．算法霸权：数学杀伤性武器的威胁 [M]. 马青玲译．北京：中信出版集团，2018.

带来诸多的危害和不公平。

尽管很多算法科学家、算法工程师将公平性作为算法研发和设计的重要指导原则，甚至提出“算法平权行动”的设想，充分考虑算法可能存在的偏差和歧视，通过优化算法设计进一步提升算法的公平性。例如，避免使用种族、性别和收入等具有敏感性的特征标签，禁止算法提取并使用这些数据特征用来归纳、分类、排名和匹配等，但由于这些敏感信息往往存在替代变量，例如即使算法不提取种族信息，但由于同一种族的群体，往往会聚集在一地居住，算法仍有可能通过家庭住址的邮政编码这一替代变量，对不同种族进行分类，导致输出结果偏见和歧视。又例如，尝试着将公平的价值理念进行编码，Dwork 等人提出了机器学习中公平分类（fair classification）的核心原则。他们使用了最古典的公平概念，即“交换正义”，这种被亚里士多德所阐述的公平概念认为，公平就有如等价交换那般，一手交钱，一手交货，公正就是给每个人他所应得的。根据这个概念，Dwork 等人提出，公平就是对于处境类似的人，给予类似的对待。但是公平是个非常抽象而又复杂的概念，还包含了很多主观上的感受。不同群体或文化，对于公平的感受不一样，对不公平的忍受程度也不一样。要想把这样的公平概念，植入到理性却死板的算法中，其难度可想而知。凯西·奥尼尔认为，效率导向的算法，很难兼顾公平的价值，一方面，我们研发和使用算法的最基本动机是实用主义，为了保证实用和效率，很多时候我们不得不牺牲公平，另一方面，公平是个抽象、模糊的概念，精于测量和计算的算法根本无法对公平进行编码。“到目前为止，计算机还完全不理解公平这个概念。程序员不知道该如何为公平编码，他们的老板也很少会要求他们这件事”，“公平的概念没能被编入数学杀伤性武器，这导致了大规模的、产业化的不公平。[1]”

即使能够有效提升算法的公平性，仍然无法克服算法内在所蕴含的不

---

[1] 凯西·奥尼尔 . 算法霸权：数学杀伤性武器的威胁 [M]. 马青玲译 . 北京：中信出版集团，2018.

公平。算法最基本的工作机制，就是不断对各种数据进行聚合归类，并将之与某种属性标签相关联，这种分类标记的工作原理，倘若是用在与人无关的自然科学研究、工业生产等领域，即使产生了偏差也很难有伦理影响，但是一旦应用到与人的行为有关的领域，尤其是关涉到个体的资源、机会的分配与获取，就不可避免地产生各种有区别的对待，由此引发偏见和歧视。利用算法对人们所产生的数据进行分类，并依据这些分类来分配资源和机会，这本身就违背了最起码的公平原则。同等条件下的区别对待，是不公正的重要来源。不管是在哪种公平的概念之下，例如机会公平、结果公平、过程公平等，区别对待，都会引起人们在心理和情感上的不适，产生不公平的感觉。罗尔斯将正义视为社会制度的首要价值，并提出正义的两个原则，为社会制度实现正义价值提供了基本框架。第一个原则是平等自由的原则，每个人都享有平等的权利和自由，社会平等地分配基本权利和义务，第二个原则是机会的公正平等原则和差别原则的结合，所谓机会的公正平等原则，就是社会的主要机会，如职务和地位等，对所有人开放，而差别的原则指的是，社会和经济的不平等，只允许在有利于最少受惠者的最大利益的情况下安排[1]。很明显，依据算法来分配社会的基本机会，这违背了最基本的正义原则。在这个意义上，使用算法本身就蕴含着不公平。

而且其内在机制本身蕴含不公平的算法，由于其内在缺陷，主要包括算法建模的主观性和算法论证的自我循环，会进一步加剧算法所引发的不公平。一方面，算法代表了一种简化、抽象的思维方式，建模的过程，实际上就是将复杂、丰富并充满不确定性的人或者世界，用更加确定、更加简单的指标或变量表征出来，这个过程并不是科学家所言的客观化的过程，而是充满了主观性的过程。正如凯西·奥尼尔所言："我们自己的价值观和欲望会影响我们的选择，包括我们选择去搜集的数据和我们要问的问题。而模

[1] 罗尔斯．正义论 [M]. 何怀宏等译．北京：中国社会科学出版社，1988：8.

型正是用数学工具包装出来的各种主观观点。[1]”选择什么来评估或衡量人们的喜好，反映事物的特征，是一件取决于算法模型设计者主观偏好的事情。当直接数据无法获取，只能采用替代变量的前提下，这种主观性就容易被操控，也很有可能被人钻空子。举个例子，假如一个种族主义者设计了一个预测罪犯再犯罪可能性的算法模型，即使他不使用种族这个变量作为预测要素，也可以通过姓氏、家庭住址所在地的邮编、家庭经济状况等替代变量，来加大种族在预测再犯罪方面的权重。由于历史、社会等方面造成的原因，相同的种族往往有一些固定的姓氏、聚集在同一个地区等，这些替代变量，很有可能被采纳到算法模型中，产生偏见和歧视等道德影响。另一方面，算法容易陷入一种自我论证的循环论证，因此自我巩固、自我发展，直到产生巨大的破坏。算法模型以自身特有的数字化逻辑来处理各种数据，而算法输出的结果，尤其是正向的结果，反馈到算法模型之中，又进一步论证了数字化逻辑的合理性。再加上人们对数据有一种天然的崇拜和信赖，这样就陷入了自我论证、循环论证的怪圈。我们利用算法模型来处理各种事情，正向的反馈加强了我们对算法的信赖和依赖，推动我们进一步利用算法模型来处理更加复杂的任务。算法模型“会自行创建一种使假设合理化的环境”，“而模型则在此恶性循环的过程中变得越来越不公平[2]”。

总的来说，算法并不是公平的好朋友，与其在算法上求公平，追求公平的算法，还不如转变理念，让公平来指导算法，实现算法的公平。具体而言，要实现算法的公平，算法人文主义提出算法的有效性，算法的必要性，算法的正当性三个原则。

首先是算法的有效性。由于算法所产生的大部分伦理风险，来源于算法本身的不完善，因此对于那些不完备的算法，我们应当禁止其使用到与

---

[1] 凯西·奥尼尔．算法霸权：数学杀伤性武器的威胁 [M]. 马青玲译．北京：中信出版集团，2018.

[2] 凯西·奥尼尔．算法霸权：数学杀伤性武器的威胁 [M]. 马青玲译．北京：中信出版集团，2018.

人有关的决策、管理或执行领域。这是最容易受到忽视的一个原则，因为人们往往会心存幻想，误以为算法是完美的，出现问题并不是算法，而是算法的设计者、研发者或者运营者，所以只要杜绝了这些“人为因素”，不断地优化算法，减少算法的错误率，就能够避免算法所产生的伦理风险。这是一种普遍流行于自然科学、工程技术等领域的思想观念，人类由于充满情感和主观因而是不靠谱、不可靠的，必须在科学、工程和技术领域中，尽可能地减少人的主观干扰。甚至“在诸如航空、供应链管理和制药等领域，所谓人为因素其实等同于‘犯错的能力’。一个名为‘人为因素研究’的新兴学术领域正在迅猛发展，主要研究如何优化和改正人类在人机交互活动中所犯的错误，以及机器该如何应对人类经常会犯的错误。[1]”但事实上，人的确是不完善的，而人所造就的算法更不完善，其有效性更值得怀疑，在绝大多数情况下，算法所造成的负面影响，都是由于算法模型不完善、有效性不足所导致的，换而言之，不完美的算法在运行过程中，产生了各种各样的错误，而这些错误造成了道德上的影响，使得算法备受诟病。要想实现公平价值，算法人文主义要求充分考量算法的有效性，并将其作为算法应用的前置审核条件，对于有效性不足、不完善的算法，应当坚决禁止其投入到具体的应用之中，特别是与政治、军事、外交有关的领域。

其次是算法必要性，考察必要性的原则，是看有没有更优的方案，来实现相同的目标。在很多场景，算法的使用是不必要的，这个时候使用算法就不符合“善用”原则，例如将人脸识别的算法应用到日常的课堂教学上面，对孩子的学习状况进行监测，作为提高课堂质量的辅助手段，它不仅不会提高孩子的学习成绩，反倒有可能导致学生伪装认真学习、侵犯学生隐私权等后果，所以并不是必要的。事实上，有很多其他的方法，比如说改进老师的教学、更多的互动等，都可以提升课堂教学效果和质量。在很多时候，

---

[1] 克里斯蒂安·马兹比尔格 . 意会：算法时代的人文力量 [M]. 谢名一、姚述译 . 北京：中信出版社，2020.

算法必要性，与算法使用的场景紧密联系在一起，它告诫了人们，不能因为效率等原因，牺牲了人的尊严、公平等重要的价值。假如我们要构建一个指导我们在什么场景下使用算法的价值排序原则，那么人的尊严、公平等价值，显然要排列在效率等价值之前。算法必要性标准，就是反映了这样的底线原则，不能因为效率而牺牲了人的尊严、公平等价值。

最后是算法正当性，也即是算法的研发和使用必须遵循程序正当原则并实现结果正当。首先，从程序正义的角度而言，设计算法的目标和使用场景、算法采集数据的过程、对数据打标签的过程等，都符合法律法规的要求，符合程序上的正当性要求，特别是在算法有效性和必要性原则的遵守方面，应当设置前置性审核条件，对于那些不完善、不必要的算法，审慎地投入到具体应用场景。其次，从结果正当角度而言，针对算法使用过程中出现的歧视、偏见等不公平现象，应当通过矫正正义的方式，来实现结果正当。矫正正义是诺齐克提出的正义三原则之一，诺齐克认为，在资源、机会的分配过程中，首先应当遵循的是“获取的正义”和“转让的正义”原则，即我们的资源、机会在获得、转让的过程中，应当是正义的；当无法实现“获取的正义”和“转让的正义”时，则应该遵循“矫正正义”原则，即通过法律和制度的安排，对资源、机会进行再分配。“矫正的正义”原则是诺齐克针对罗尔斯的差别原则提出的修正，他认为在资源、机会的分配过程中，有利于最小受惠者的原则侵犯了其他人的消极自由，因而是不可取的。资源、机会的分配，只有在不符合“获取”和“转让”正义的情况下，才可以通过“矫正正义”的方式进行二次分配、三次分配。在算法人文主义的价值理念中，矫正正义意味着对于算法不完善所造成的歧视、偏见等行为，我们必须通过法律和制度的安排，对算法不公造成的侵犯、损失进行弥补和改正，以确保最终结果的公平。

3.4 保护人类福祉和可持续发展

赫拉利的《未来简史》对人类福祉和可持续发展进行了深入的洞察，他以极大的想象力指出，进入 21 世纪以后，困扰人类数千年的三个生存难题，饥饿、瘟疫和战争都有望得到解决，长生不老、幸福快乐和化身为神，有可能成为新世纪的主要议题。然而，从智人到智神的道路上，随着人工智能技术和生物基因技术的跨越式发展，人类会面临着新的难题：赫拉利从"计算主义"的视角指出，生物本身也是一种算法，是一种不断处理数据的有机算法，在科技人文主义和数据主义加持下，增强技术不断地对人类身体和大脑，也就是这种有机算法进行升级，创造新的物种——智神。但是这并不是对所有人的好消息，赫拉利认为，只有少数人会从中受益，大部分人都沦为"无价值群体"。"随着算法将人类挤出就业市场，财富和权力可能会集中在拥有强大算法的极少数精英手中，造成前所未有的社会及政治不平等。到了 21 世纪，我们可能看到的是一个全新而庞大的阶级：这一群人没有任何经济、政治或艺术价值，对社会的繁荣、力量和荣耀也没有任何贡献。"算法可能创造的世界，并不是想象中的美丽新世界，而极有可能导致人类的分裂，对人类的可持续发展，以及整体福祉产生巨大的破坏。

对算法未来的恐怖想象，并不只是存在于赫拉利的作品之中。诸如《机械公敌》、《黑客帝国》等科幻电影都对算法及人工智能的危险进行了艺术化的想象，霍金等科学家对算法技术突飞猛进发展表示过担忧，多次警告人类应当节制人工智能的发展，否则人工智能自我进化出思维，很可能导致机器对人类的统治，或者人类自身的灭亡。尽管从发展阶段来看，目前人工智能发展仍然处于弱人工智能的阶段，计算智能的发展，或大大超过人类能力，诸如图像识别、语音识别等感知智能的发展，也已达到与人类媲美的程度，在知识理解、推理等认知智能领域，算法与人类仍有较大差距，但是我们必须对技术的自我进化有所警惕，同时对算法的发展进行规制。算法人文主义提倡最底线的"以人为本"，就必然会从作为整体的人类的角度出发，要求算法的研发、设计和使用，在整体上增进人类福祉，而不是对人类安全和生存造成巨大威胁或冲击，是为了大多数人的善，而不是只服务于少数群体。

3.4.1 整体主义

从最底线的"以人为本"出发，算法人文主义所主张的整体主义包括两个层面的蕴含，第一个层面是相对于身心二元对立、主客体二元对立、理性与情感二元对立的二元论而言，要将人的身心视为一个整体，将人的各种独特性，包括理性、情感、意志自由等视为一个综合的整体，将人与外在化的技术，乃至所处的世界视为一个相互联系、相互作用的整体，从整体的思维和视角出发，来思考人在世界之中的存在，人与自身创造的技术，包括智能算法之间的关系。这样一种整体主义思维，放弃了将外在化的技术仅仅视为人类认识和改造自然的工具化思维，也放弃了将我们与我们所处的生活世界、人化自然对立起来的对象化思维，还放弃了那种一味追求将人与自然简单化、模型化的抽象思维，因此是与那些片面的、单向度的、决定论或还原论的形而上学思维相对立的。在这种整体主义视野之中，智能算法不是与人相分离、相对立因而由于主奴辩证法有可能反过来控制人类的存在，而是与人的存在息息相关的重要维度，在某种程度上，智能算法已经成为现代人类展开并延续自我，让自我得以确证并不断发展的不可或缺的重要维度，人类在智能算法之中进一步拓宽人生的厚度、长度和高度，展现生命存在的能量和力量。智能算法与人融为一体、相互依存，一方面，人类离不开智能算法，就正如人类离不开空气，离不开赖以生存和劳动的手脚，离不开自己所驯养的宠物；另一方面，智能算法更离不开人类的创造与革新，就正如空气有赖于人类更新，四体有赖于人们时时锻炼，宠物有赖于人们悉心照看。智能算法与我们所有人的联系是如此紧密，对人的存在和发展是如此重要，我们必须将其纳入到人的主体性之中以一种整体主义的思维予以关注和照看。我们会拒绝将算法与人分割开来，将其视为一种价值无涉、价值中立的外在存在物，就正如我们不会轻易让手脚受伤，将宠物遗弃。由于人的存在和主体性是如此的丰富和整体性，我们还会拒绝以一种过于简单化、抽象化的智能算法模型对人进行表征、分类和计算，就正如我们并不会因为某种器官特别强大而舍弃了其他的器官。人的存在是由众多相互依存的重要维度所共有的，这些不可或缺的要素从整体上共同组成了人的独特性、人的尊严，我们都需要将它们照看好、发挥好。

在农业时代、手工业时代，人与技术就是这样一种整体主义的关系。在那些物质贫瘠、技术有限的历史时期，人们对待自己所赖以生存的各种技术物，例如锄头、犁等劳动工具，又例如牛马等助力家畜，都是一种近距离、整体的照看关系，这些技术物并不是与自身相对立的存在，而是养家糊口、滋养生命所必不可缺的存在，因而必须纳入到与自身联系非常紧密的整体关系之中予以精心地照看。在传统社会，人们对劳动工具、饲养家畜有着切身的珍惜，这种珍惜当然包含着对物的占有的珍惜，但更是对人的生命的重视和珍惜。《论语》中“乡党”篇记载了一个非常有意思的故事：“厩焚，子退朝，曰：伤人乎？不问马”，马厩失火之后，孔子第一时间问的不是马受伤了吗，而是人受伤了吗。后世儒家认为这体现了孔子以人为先、以人为本的思想。事实上，如果更进一步思考孔子提问的情境，我们就会发现，孔子不问马，而先问人，是因为他默认和预设了有人会去救马，才会提出有没有人受伤的问题。在这个提问之中，人与马构成了一个相互依存的整体，先问人，固然体现了孔子以人为先的关怀，但不问马，并不是意味着不关心马，而是预设了有人会去救马，也包含着对马的关怀。孔子先问人不问马，充分体现了农业社会所持有的整体主义的技术观，技术物并不是外在于人的，而是在人的存在之中得到关注和照看。只不过到了工业社会，在所有权和使用权分离的资本主义生产方式下，可复制的劳动工具才逐渐丧失了那种与劳动者息息相关的人性，劳动工具不仅与劳动者毫无关系，而且沦为控制人、约束人的异化力量，劳动者对于技术工具也没有照看的关系与责任，反倒是大肆破坏，以反抗资本家利用机器对人进行压迫和剥削。从根本上来说，资本主义，是一种将自然世界、外在技术，乃至劳动者和资本家都工具化、外在化的生产方式，他们迫切地要从这些工具化的存在之中榨取更多的剩余价值，因此不可能会将技术物纳入到与人密切依存的整体之中予以关照。在资本主义生产方式之下，我们很难获得一种整体主义的思维方式，因此就难以将人从技术异化、劳动异化之中拯救出来。

整体主义的第二个层面，是相对个体主义而言，要将人类视为一个整体，从人类整体的自由和福祉出发，思考人与技术的关系。这里存在着一个矛盾，即个体自由与整体福祉之间的矛盾。这是一个贯穿思想史的争论，偏向于个体自由的自由主义，将个体自由视为更加先在和优先的价值，强调要限制共同体的权力，以确保个体自由的空间。例如我们前面所提到的以赛亚·伯林，他非常警惕那些打着民族解放与整体利益的旗号，伪装为集体自由、集体自主的做法，从历史的经验来看，这些自由往往会沦为一群人对另一群人的控制和暴政，是打着自由旗号反对自由，因此必须将这类基于积极自由却走向自由反面的集体自由，从自由的概念之中清除出去，并基于法治原则和基于天赋的、历史传统的共识原则，提出人们赖以生存的最起码的消极自由。而偏向于整体福祉的共同体主义，将整体福祉视为更加重要的价值，并且将个体自由蕴含在整体福祉之中，认为离开了整体的福祉，个体的自由将无从保证和实现。马克思主义正是认识到了自由所具有的现实性和依赖性，倾向于从整体的关系来界定自由。马克思认为，纯粹的个体自由是虚幻的，只不过资本主义为了打破各种壁垒、榨取更多剩余价值提出的伪装和掩饰，资本在人们充分自由的竞争之中实现了增值。在自由竞争之中，真正获得自由的是资本，而非个体。自由只有在共同体之中才能实现，马克思认为："只有在集体中，个人才能获得全面发展其才能的手段，也就是说，只有在集体中才可能有个人自由"，"在真实的集体的条件下，各个个人在自己的联合中并通过这种联合获得自由。[1]"调和自由主义与共同体主义的矛盾并非没有可能，从历史的经验来看，共同体自由与个体自由往往处于一种辩证统一的关系，即一方面共同体自由的确有助于个体自由的实现，人类作为一个整体所展开的思考和行动，让人们逐步获得了更多的自由，而另一方面，共同体的自由又会对个体自由形成僭越和压迫，当共同体所获得的自由只掌握在少数人手中时，共同体自由就会转变为个体自由的反面。

---

[1] 马克思、恩格斯．德意志意识形态 [M]. 中共中央马克思恩格斯列宁斯大林著作编译局．北京：人民出版社，1961：74.

就正如我们不能期望从自我做主的积极自由概念之中，获得不受打扰的消极自由，我们也无法从不受限制的共同体自由之中，获得真正的个体自由。

从最底线的“以人为本”的价值理念出发，我们必须将算法人文主义所要主张和追求的整体自由和福祉，限定在消极的范围之内。一方面，这种共同体的福祉，必须是普惠的，惠及绝大多数人群，而不是沦为少数有钱有权人的专利。赫拉利的担忧不无理由，无论是政治精英利用算法进行决策和治理，还是头部互联网平台公司对行业的垄断，表面上是利用算法进行技术赋权，让用户享受到更加便捷、高效的服务，扩大了整个社会的平等与自由，但更深入去思考，如果算法不透明、技术赋权不对等不均衡，算法攫取大多数人的数据集中在少数人手中，则有可能带来一种更加隐蔽的“少数人对多数人的统治”，掌握数据和算法的人无所不能，没有技术的穷人却寸步难行。算法发展的方向，必须是朝着增进人类整体福祉的角度，为了最大多数人的最大幸福。当然，我们不允许为了少数人而牺牲大多数人的福祉，也不允许为了大多数人而牺牲少数人的利益。道德判断中的“有轨电车难题”，对于毫无人性因素的算法而言，同样面临着进退维谷、左右为难的悖论困境，在这个时候，我们更应该参考算法安全的价值理念，出于不伤害的原则，禁止相关算法的使用。具体到这个难题所对应的自动驾驶领域，也就意味着，在没有找到答案之前，我们应该避免完全意义上自动驾驶汽车上路。另一方面，这种共同体的福祉，并不包含那种完全自主征服、掌控外部世界意义上的痴心妄想，而是从底线伦理的角度，限定在保护人类的安全、延续和可持续发展等有限领域。从整体主义视角出发，算法人文主义要求我们把人类整体安全、延续和可持续发展，作为重要的价值原则。

3.4.2 整体安全

面对智能算法可能危及人类生存的威胁，算法人文主义从底线伦理的角度，主张一种具有绝对价值的整体安全，即智能算法的研发和应用，不能够危及到作为人类整体的种群的保存和延续。这就意味着我们必须像严格限制原子弹等核武器试验，严格限制基因编辑等生命科学技术应用到人体胚胎实验那样，站在人类种群生死存亡的角度，来审慎地对待智能算法的研发和应用。将智能算法技术应用到武器制作、人的改造或增强等领域，应当受到严格的限制和前置审批，否则人类利用智能算法所创造的技术人工物，就可能像弗兰肯斯坦一样，反过来危及创造者的生存和安全。现有的人工智能伦理原则，都将安全性放在了非常重要的位置上，阿西洛马人工智能原则关于道德标准和价值观念部分的第一条，就是安全性，“人工智能系统应当在运行全周期均是安全可靠的”，另外还有第十六条“人类控制”、第十七条“非颠覆”，都强调了研发安全可靠、受到人类控制而不会颠覆健康社会结构和人类文明进程的人工智能系统的重要性。在科幻小说里面，约束强人工智能体的阿西莫夫第一定律，就是机器人不得伤害人类个体，或者目睹人类处于危险境地而不顾。在算法人文主义的诸多价值理念之中，对安全的强调和考量，排在非常靠前的优先位置，而且我们在这里所言的安全，首先是维系人类生存与延续的整体安全，这种安全具有毋庸置疑的绝对性。任何智能算法的研发和应用，都应当以不危害人类整体的生存与延续为基本前提。与原子弹等核武器，以及基因编辑等生命改造技术相比较，智能算法对人类生存和安全的威胁更加隐性也更间接，因此很难被人们直接洞悉。原子弹等核武器所具有的巨大破坏性，以及基因编辑等生命改造技术对人之为人的独特性的破坏，都非常直观、显现，一目了然、一清二楚，但是智能算法危及人类生存与安全的方式却是渐进的、更有欺骗性的，而且由于智能算法的使用已经渗透到我们的日常生活，是如此的“日用而不觉”，以至于我们无法预见算法技术智能进化的“奇点”在何时以什么方式突然出现，因此也就无法及时有效地构建防火墙，杜绝那些不可知的危险产生。正因为如此，诸如霍金、马斯克等人，对智能算法、人工智能的进化有着巨大的担忧，他们的担忧，恰恰来自于对绝对安全的追求。

当然，算法人文主义所主张的整体安全，只是从底线伦理的角度寻求在防止人类整体毁灭、族群整体安全的限度上发挥作用，而不会提出在政治领域例如国家权力方面，经济领域例如对客户资料的收集提出过多的要求，以安全的名义侵犯公民个体的消极自由。从个人的角度而言，安全与自由犹如一个硬币的两面，是一对相互依存又对立的辩证关系。一方面，安全是自由的前提，“没有安全人既无法培养其力量亦无法享受其效力的成果，因为没有安全就没有自由[1]”。安全既是共同体的福祉要求，也是个体的福祉要求。而且从霍布斯开始，现代政治制度的安排，将这种个体福祉蕴含在共同体的整体福祉之中，用国家权力的形式予以保障。霍布斯认为，自我保存是人的第一需求，只有生存下来了，才有其他的自由和权利而言。在人对人像狼的自然状态下，人的自保和生存受到了很大的威胁，因此必须将个人的权利让渡出来而形成一种更高的统治者——利维坦，利维坦利用国家权力来保障民众的安全，于是“人为了自由之故而创设了一种通过限制自由最终来保障自由，更准确地讲保障自由之存在前提——安全的国家机制。[2]”为了结束自然状态下那种无处不在的朝不保夕的危险状态，人们迫切需要创造一种安全机制，对人的生命进行保障。国家权力，就是这样一种直接保护安全，间接保护了人的自由的技术体系。

另一方面，自由是安全的目的。在个人自由面前，安全又不具有绝对价值，而是实现和保障个体自由的手段和工具，霍布斯之后的洛克、密尔等古典自由主义主张，必须警惕国家权力以安全的名义侵犯个体的自由，“那些为了更多的安全而准备放弃自己自由的人，既得不到自由，也得不到安全。[3]”因此安全必须限定在不伤害个体以法治形式予以保障的消极自由的前提下。就这样，在自由主义的传统之下，霍布斯所奠定的是一种技术或人工的安全观，将国家权力视为实现个体安全的技术手段或工具，其言外之意就是，虽然安全构成了自由的前提，但是对于人们来说，安全只是手段，自由才是最终的目的。那么保障安全的各种机制，包括国家权力的使用，以

[1] 甘绍平 . 自由与安全的伦理困境 [J]. 湖北大学学报（哲学社会科学版）.2020(3).47(2)：24.
[2] 甘绍平 . 自由与安全的伦理困境 [J]. 湖北大学学报（哲学社会科学版）.2020(3).47(2)：20.
[3] 甘绍平 . 自由与安全的伦理困境 [J]. 湖北大学学报（哲学社会科学版）.2020(3).47(2)：25.

及现在无处不在的用智能算法驱动的安全监控技术，也就必然存在着限制，安全的底线是不能由于安全的缘故侵犯了人的最起码的消极自由。

在这里，我们需要重温一下对人脸识别技术的限制。出于整体安全的考虑，人脸识别技术以及由此构建的无处不在的监控技术获得了强有力的辩护。特别是公共安全部门利用带有人脸识别功能的摄像头，追踪并发现了犯罪嫌疑人的行踪，最终破获了大量犯罪案件，有力地保护了人们的安全和自由，维护了社会秩序的井然有序和安定和谐，进一步增强了使用带有人脸识别技术的监控设备的合理性与合法性。但是以整体安全的名义，利用这些智能算法无差别地对所有人进行监控，却在很大程度上侵犯了那些没有犯罪的普通人的消极自由和隐私权利，他们在公共场所合理合法的行动轨迹被监控体系完全记录下来，表面上他们无拘无束，但实际上却仿若被关在玻璃橱窗的人偶一般，时时刻刻都可能受到安全人员的监控，他们并没有犯罪，却被关进了监控摄像头构建的全景敞视监狱，那种在公共场所不受打扰地自由活动的消极自由消失了。这并不是人们所需要和期望的安全，人们也并不需要这种“无微不至”的保护。尽管算法人文主义强调整体安全观，但仍然为这种整体安全观设定了严格的情境，将其限定在防止人类或族群的整体毁灭之上，并对各种安全机制，包括国家权力、安全监控的使用，要提出具体的限制。

4. 算法人文主义的实现路径

就正如人文主义传统并不是一种严密、系统的哲学思想或者流派，而是基于人的价值和视角的一种思维方式，算法人文主义围绕人是不是算法、人与算法到底是什么关系等问题展开思考，并不谋求提出建立一整套哲学体系，而是希望从底线伦理、商谈伦理的角度，为人类更好地应用算法、照看算法提供有参考和借鉴价值的思路。这个过程本身是开放、生成和不断发展演变的过程，既需要人文学者对人文主义的强调和坚守，更需要算法科学家、算法工程师乃至公众的协商、参与和合作，在算法的研发和应用之中凸显人的独特性、主体性。从这个角度来看，算法人文主义更像是一个口号、一场运动，一个呼唤算法人性化的口号，一场通过教育、对话和协商实现的人文运动。

4.1 人文主义教育

人文主义教育是人文主义所奠定的重要传统，甚至可以说是唯一重要的传统。人文主义的概念本身，也诞生于这种教育的理想，对人类有关的知识进行系统的传授和教育，以凸显和培养人之为人的高贵性和独特性。人文主义教育，在古希腊时期主要体现为“四艺”，即算术、几何、音乐（和声学）、天文，到了古罗马后期，逐渐丰富为“七艺”，即语法、修辞、逻辑、算数、几何、天文和音乐，而到文艺复兴时期，则出现了传统的神学与新兴的自然科学以及人文学科的“分野”，形成了专门的“人文课程”，致力于语法、修辞、诗歌、历史和道德哲学五科的学习。人文学科的教育，不仅带动了人的理性、自由意识的觉醒，而且还确立了一种不断精进的人文主义理想，将人的修养、自我培育、自我丰富和全面发展，作为人一生始终追求的目标。这种探求和教育，与自然科学向外不断探求自然的本质和规律完全不同，而是致力于人自身的存在和发展，凸显人之为人的尊严和独特价值，因此也具有不可或缺的独特作用。人文主义教育在引领着人类的思想和价值观念，始终朝着以人为本、凸显人的尊严的方向发展，并借此抵抗了神学、机械主义、科学主义等思想和生活方式对人的控制和异化。

但是进入 20 世纪下半叶，科学主义的巨大成功以及受到资本主义蛊惑的实用主义、功利主义思潮，却让人文学科不断式微，让人文主义教育遭遇存在危机。在美国，人文学科的学位数量不断减少，所收获的资助也大幅下降，到了 2011 年，美国大学的人文学科所受到的资助居然不到理工科的 0.5%。数据主义的思潮不仅进入到社会科学研究领域，让社会科学沦为量化研究泛滥成灾的数据科学，而且还试图进入人文学科，通过计算艺术、心理测量学等时髦的方式，进一步侵占人文学科的领地。学者们以掌握和使用量化研究、科学研究的方法为傲。在就业市场上，由于在短期内无法创造出更大的价值，人文学科的毕业生就业前景和薪资待遇都处于垫底的地位，甚至在有些国家，提出要取消人文学科，或者将其转化为更具有实用性的学科。很多人都在质疑："既然大数据可以让人们获得浩如烟海的信息，那么人类主导的社会探索还有什么价值？既然算法可以'阅读'所有书籍，并对相关内容进行客观分析，那么人们读几本好书又有什么价值呢？戏剧、绘画、历史研究、舞蹈、陶艺以及其他无法剥离其独特性和具体背景，无法转化为大量具体信息的文化知识，它们的存在价值何在呢？[1]"

人文主义教育的缺失，会加剧数据主义思想的巩固和传播，让人们，尤其是那些研发和设计算法的算法工程师们忽视算法背后存在的价值问题。有一项针对算法工程师的实证调查显示，当列举了算法研发和应用过程中所存在的"算法不透明"、"算法歧视与不公"、"算法黑箱"、"算法侵权"、"信息茧房"、"过滤气泡"、"回音室效应"、"群体极化"、"娱乐至死"、"算法霸权"等 10 个关键词汇来了解算法工程师对算法伦理问题的基本认知情况时，大部分算法工程师并不了解这些词汇，甚至有算法工程师回答称"闻所未闻"。这样的回答，既体现了人文主义教育和人文关怀的缺失，更折射出算法工程师从心底对人文主义的抗拒或抵触。算法工程师是手握重要权力的人，他们能够直接决定算法的价值走向，但是他们对算法价值观的忽视，既是数据主义思想的体现，同时又会作用于算法实践之中，进一步加剧数据主义的危害。

对于这种专业主义的危害，薛定谔在《科学与人文主义》的讲座中曾经花了相当多的篇幅予以批驳。在某个专业领域，尤其是自然科学或工程技术等专业领域，掌握了精深的专业知识并不是什么优点，而甚至可以称之为"一种无法避免的灾难"。从人的存在而言，我们只有更加整全地把握世界，才能够凸显出专业知识的价值。自然科学的研究，离开了人文学科的滋养，

---

[1] 克里斯蒂安・马兹比尔格 . 意会：算法时代的人文力量 [M]. 谢名一、姚述译 . 北京：中信出版社，2020.

犹如无本之本、空中楼阁，将会无法建构出自己的意义和价值。薛定谔引用德国大学改革委员会报告中的一段话，建议我们应当加强人文主义教育：“每一位工科大学的讲师都应具备以下能力：（1）能够看到本专业的限度。在教学中应使学生认识到这些限度，并向他们表明，超出这些限度，起作用的力量就不再是完全理性的了，而是源于生活和人类社会本身。（2）对每一个专业都要向学生表明，如何突破其狭窄的界限，拓展到更宽广的视野，等等。[1]”

薛定谔80多年前提出的建议，仍然适用于21世纪。我们必须将算法人文主义的批判和价值理念，作为理工科院校的必修模块，植入到相关课程之中，让未来的算法工程师们在掌握研发、设计和调教算法的专业技能的同时，还能更加清晰地洞察人是什么、世界是什么，人与算法技术的关系是什么，以免陷入数据主义的窠臼，将数据视为人和世界的本质，用数据去替代人、控制人。从功利的角度来看，这也是有利的。长期主义的视角和研究表明：“STEM教育背景通常可以使学生在毕业初期获得一份体面的工作和较好的收入，但是那些有权势的人，即掌控大局、打破玻璃天花板、改变世界的人，往往拥有的是文科教育背景。[2]”人文主义教育和视角，对于成就我们的人生，无论是从薪资待遇还是从自我修养的角度，都具有不可或缺的价值和意义。“我们的文明，从未像今天一样被人工智能、机器学习和认知计算所诱惑”，但是“我们必须提醒自己以及我们的文化：人的因素为何是感知这个世界的最重要的因素。[3]”

---

[1] 埃尔温·薛定谔．自然与希腊人、科学与人文主义[M]．张卜天译，北京：商务印书馆，2015:89.

[2] 克里斯蒂安·马兹比尔格．意会：算法时代的人文力量[M]．谢名一、姚述译．北京：中信出版社，2020.

[3] 克里斯蒂安·马兹比尔格．意会：算法时代的人文力量[M]．谢名一、姚述译．北京：中信出版社，2020.

4.2 科技与人文的对话合作

对于算法所产生的诸多问题，人文社科学者与算法科学家、工程师之间存在着明显的分歧。人文学者批判算法的技术统治，带来了算法歧视、信息茧房等社会问题，进而提出主张算法公平的道德运动，算法科学家、工程师则认为，这样的要求可能会阻碍技术的进步。例如针对人文社科学者多次呼吁和提及算法透明的问题，大多数算法工程师从未认真思考过这个问题，还有少部分人认为算法透明，既没有必要，也难以实现。存在于人文社科学者与算法科学家之间的误解，给算法人文主义的实现带来了极大的阻碍。为了将人文的价值理念渗透到算法的研发、设计和应用之中，算法人文主义主张，加强人文社科学者与科技工作者的对话与合作，打消他们之间存在的误解和学科壁垒。我们尤其要提倡人文社科学者参与到算法研发、设计和调试过程，对算法的价值走向进行监控，防止算法出现重大的价值偏差。人文社科学者与科技工作者的对话合作，主要通过底线价值的纠偏、价值编码和人文倡导的形式进行。现如今，诸如谷歌、英特尔等互联网或信息技术公司越来越注重人文学科的作用，微软是全球人类学家第二大的雇佣者。人类学家等人文学者参与到互联网公司的产品开发，能够与强调理性、严谨和标准化的工程师文化形成有利的互补。由于人类存在的多样化和丰富性，工程师不仅难以理解这种多样性，而且很难用单一或者少数的参数指标表征这些多元化，而这恰恰是以理解和诠释多元文化为专业的人类学家最为擅长的，他们为工程师提供理解多元文化的人文视角，帮助他们翻译不同文化情境下的价值观念，最后协助工程师研发出有人性温度的产品。

首先，人文社科学者应该为算法的研发设计提供最底线的价值纠偏，防止人工智能的应用带来的不可逆转的颠覆性后果，损害人的尊严、消极自由和整体安全。人文社科学者应该像蜂鸣器一样，守护人类的尊严、自由和安全，凸显科技的人性，成为底线伦理的捍卫者。算法人文主义不高喊口号，也不涉及过高的价值追求，而是从理想主义转向底线伦理[1]，从最底线的“以人为本”出发，要求算法的研发、应用遵循一种底线伦理的要求，关注人的尊严和消极自由，重视日渐被数据淹没的主体性。国内最早倡导底线伦理的伦理学家何怀宏认为，底线伦理是一种基本性的要求，是不论身份、阶层和年龄，每个社会成员都必须遵守的伦理准则，这恰恰是当前算法研发和应用过程中最紧缺的思维和价值。如果没有底线，也就没有敬畏，资本和技术驱动下的算法应用，正在威胁人的尊严和自由，人文社科学者应当要贡献自己的智慧，帮助互联网公司更好的践行“以人为本”的价值。

其次，人文社科学者可以为算法的研发设计提供价值澄清和价值敏感性设计，帮助算法工程师将价值编码，植入到智能算法系统之中。目前在一些互联网公司，算法科学家与人文社科学者的对话与合作已经开始，算法科学家设法将人文学者所提出的公平概念编码化，用量化的方式来实现算法公平，以防止各种偏见和歧视的发生。2016年，约瑟夫等人借鉴罗尔斯所提出的机会的公正平等原则，力图“设计一种机器学习算法，该算法将（证明）收敛到最优决策，同时在每个步骤上（证明）公平。他们表明，学习算法可以被证明是公平的，从而为算法增加公平性的代价（从收敛速度到最佳决策的角度）很小。[2]” 从他们的尝试可以看出，对公平的编码，人文学者与科学家的对话合作发挥了重要作用，人文学者负责内容、意义及日常语言层面的诠释，而科学家则将这些内容翻译成机器能够理解的计算语言。《哈佛商业评论》2018年发表一篇题为《让“设计公平”成为机器学习的一部分》的文章也指出，尽管数据科学家与人文社会科学家具有不同的话语体系，但是在算法研发过程中，让他们组队合作，将有利于减少机器学习过程中

---

[1] 李凌．智能时代媒介伦理原则的嬗变与不变 [J]. 新闻与写作，2019(04):5-11.

[2] Bruno Lepri、Nuria Oliver、Emmanuel Letouze、Alex Pentland、Patrick Vinck, Fair, Transparent, and Accountable Algorithmic Decision-making Processes The Premise, the Proposed Solutions, and the Open Challenges, Springer Science+Business Media B.V. 2017

的数据偏差[1]。维尔比克提出了三种“物质化道德”的方法，将正向的价值观、合乎伦理的规范写入代码和算法之中。其一是通过适当的想象，设想算法可能会引起哪些伦理问题，进而将相应的伦理规范植入到技术开发当中；其二是修正建构性技术评估，充分考虑到技术可能涉及的利益相关者，进而推导出应该将哪些价值规范纳入技术；其三是模拟情景法，在产品研发过程中，借助试验模拟的方式，逐步发现产品使用中的伦理问题并予以修正[2]。弗里德曼还提出一种价值敏感性设计的方法，帮助算法工程师将人类的价值理念植入到计算机软硬件系统设计过程中，这种价值编码的方法包括概念研究、经验研究和技术研究三个阶段。首先是概念研究的阶段，主要是对人类的价值理念进行甄选和判断，思考能够将哪些价值理念，诸如安全、有效、责任、公平等植入算法之中。其次是经验研究的阶段，主要通过访谈、调查等方法，为实现概念研究阶段提出的价值理念提供经验数据支撑，这个阶段要求体现“以人为本”的人文关怀，就正如算法人文主义所主张的，要提出并回答在算法之中人的价值和地位在哪里？如何平衡实用、效率与尊严、自由或公平等价值理念之间的冲突？要求算法工程师在人文社科学者的支持下，将这些问题的答案，融入到算法研发设计之中，最后的技术研究阶段，则是根据前两个阶段的成果，将人们所优先支持和主张的价值理念进行编码设计，嵌入到算法系统之中[3]。

最后，人文社科学者还可以通过社会倡导的方式，推动技术产业界践行“科技向善”、“算法善用”的价值理念。技术的发展和演化，是一个较为复杂的社会选择的结果，技术进化论都将技术的演进视为技术自身逻辑

---

[1] Ahmed Abbasi、Jingjing Li、Gari Clifford、Herman Taylor，Make “Fairness by Design” Part of Machine Learning，Harvard Business Review，August 01 2018，https://hbr.org/2018/08/make-fairness-by-design-part-of-machine-learning

[2] 陈凡、贾璐萌．技术伦理学新思潮探析——维贝克“道德物化”思想述评 [J]. 科学技术哲学研究．2015(6):57—58.

[3] 郭林生．论算法伦理 [J]. 华中科技大学学报（社会科学版）．2018.32(2):44

演变的结果，但按照技术的社会塑造理论，技术的发展是政府、市场、科技工作者、公众互动协商和博弈的结果，专家和媒体的倡议也发挥了很重要的作用，特别是人文社科学者与算法工程师的对话合作，在辨析和塑造技术的价值观方面，发挥了压舱石的重要作用。2017年人民日报等主流媒体发起了一场“算法有没有价值观”的媒体讨论。科技界、传媒界的良性互动，不仅在理念上达成了“算法也有价值观”的共识，腾讯、字节跳动等互联网公司进而提出“科技向善”、“算法善用”等倡议，而且在实践领域，也推动互联网公司对智能算法技术进行优化，并且大力发展事实核查、视频甄别等具有正向价值的智能技术[1]。

4.3 伦理委员会等协商制度

算法人文主义主张通过伦理委员会等协商伦理的方式，逐步形成引领算法发展、实现最底线的“以人为本”的价值理念。从2016年开始，电气电子工程师协会（IEEE）就开始着手制定并连续两次发布《人工智能设计的伦理准则》，确立了人权、幸福优先、可问责、透明、智能技术不被滥用等人工智能设计的伦理准则。2017年1月，人工智能领域的专家齐聚阿西洛马召开“有益的AI”会议，共同签署发布了包含23条原则的阿西洛马人工智能原则，呼吁建立包含安全性、透明性、与人类价值观一致等道德准则和价值观念在内的人工智能原则。欧盟一直都是人工智能伦理的积极倡导者和引领者，2016年4月14日率先通过致力于保护公民或个人用户数据和隐私权的《通用数据保护条例》并于2018年5月25日正式生效实施，关于数据主体知情同意权、被遗忘权等法律权利的确立，为公民个体数据和隐私保护筑起一道“防火墙”；2018年12月，欧盟委员会再次提出“确立一个强化欧洲价值观的伦理和法律框架”的愿景，成立人工智能高级专家组，着手《人工智能伦理准则》的制定，并于2019年4月发布了《可信赖的人工智能伦理准则》，将尊重人的自主性、不伤害、公平正义、可解释作为

[1] 李凌、陈昌凤．媒介技术的社会选择及其价值维度 [J]. 编辑之友．2021（4）．

可信赖的人工智能伦理准则。

上述人工智能伦理框架的确立，遵循的是哈贝马斯所提出的商谈伦理学的研究范式。人工智能伦理规范的形成，不是康德所言的自由意志立法的内在过程，而是道德主体在理性交往、商谈过程中形成的“重叠的共识”。电气电子工程师协会发布的《人工智能设计的伦理准则》集纳了上百名来自学界、政界和企业界在人工智能、法律、伦理等领域的专家智慧。阿西洛马人工智能原则至今已有 5030 名专家签署支持 23 条原则，其中包括 1583 名人工智能领域的研究者，以及 3447 名来自其他领域的人士[1]。欧盟人工智能高级专家组 54 名专家历经多次商讨，在参考了弗洛里迪（L. Floridi）等专家领衔的“AI 4 PEOPLE”项目在调查世界各类组织提出的 36 项伦理准则的基础上，提出了 4 项具体的伦理准则。哈贝马斯认为，这种主体间交往理性所形成的道德规范，之所以具有普遍性，主要来源于商谈过程中共同性的论证和程序原则的可普遍化，以及经过论证或话语双方共同接受的共同利益可普遍化。无论是实践的经验，还是从理论的建构而言，算法人文主义应该采取一种协商伦理的机制，通过协商、沟通等对话机制，汇聚人们最广泛的共识，以体现人类共同的价值追求，并产生普遍的规范性和约束性。

伦理委员会，是将算法人文主义制度化的路径。通过建立算法伦理委员会、制定算法有关的法律规章等方式，加强对算法研发运营的事前审查和事后追责，以更好地保证算法伦理所提倡的透明性、可解释性、尊重人的自主性等伦理准则的实现。鼓励研发算法的互联网公司成立致力于算法安全、公正、透明的伦理委员会，是算法人文主义的重要主张。“伦理委员会是应用伦理学的实践平台，是人们通过民主对话与协商应对和解决社会生活中涌现出的伦理悖论与道德冲突，从而形成道德共识的重要场所。[2]”

---

[1] 登录网址：https://futureoflife.org/principles-signatories/，可查看署名支持者的名单和身份等信息。上述数据查看时间为 2019 年 12 月 13 日。

[2] 甘绍平 . 道德共识的形成机制 [J]. 哲学动态 . 2002(8):26.

最早出现伦理委员会的是生命科学有关的医疗卫生领域，特别是基因和生殖技术领域，因为这些领域的技术应用，很有可能对生命产生重大的影响，因此需要专业的伦理委员会，对有关问题进行讨论、审批，防止出现巨大的风险，危害人们的生命安全、乃至人类的存亡。近些年，由于人工智能领域的伦理问题逐步凸显，对人类尊严、生存都可能产生影响，在人工智能领域，很多互联网公司开始设立伦理委员会，研究人工智能引发的伦理问题，并对技术的伦理风险进行事前审查、事中监督和事后追责。伦理委员会既是有效防范技术产生伦理风险的社会化机制，同时也是践行商谈伦理、凝聚道德共识的重要过程。伦理委员会将伦理学、法律、技术专家、用户、利益相关者等不同群体集中起来，针对技术可能引发的伦理问题按照一定的协商程序进行不同角度的研讨，有利于形成具有普遍约束性的道德共识和伦理准则。甘绍平认为，这样一种经过协商达成道德共识的机制，是“人们以和平的手段而不是以暴力的手段摆脱道德困境、寻求问题解决的惟一途径，也是民主时代以民主方式应对冲突与纷争的惟一途径。[1]”

伦理委员会制度在医疗卫生领域的应用，已经非常成熟，其成效也相当显著，但是在人工智能领域的应用还充满了波折。2019 年初，谷歌公司在设立一个由外部专家团队构成的伦理委员会之后不到两周内，又宣告解散这个团队。主要原因在于谷歌内部以及社会上对组成伦理委员会的个别成员的价值取向有所质疑，担心会影响到伦理委员会的正常履职。这实际上反映了谷歌对伦理委员会作用和价值的认识误区，伦理委员会作为协商议事机构，最重要的价值就在于允许不同观点的表达，以实现主体间不同意见的充分沟通、交流，最终形成价值观念的“重叠的共识”。因此对于谷歌而言，问题不在于委员会成员的价值观念不统一，而在于没有这样的协商议事机构，不同意见乃至反对的意见无法充分表达，很多由技术引发的问题就可能被忽视，到时候产生巨大的社会影响和舆论反响，再来亡羊补牢就已经晚了。

---

[1] 甘绍平 . 道德共识的形成机制 [J]. 哲学动态 . 2002(8):45.

2019年7月，我国通过《国家科技伦理委员会组建方案》，推动构建覆盖全面、导向明确、规范有序、协调一致的科技伦理治理体系，从国家层面加强对科技活动的规范和审查，在伦理委员会的建设方面走在了前列。对广大互联网平台来说，这一举动的引领和示范价值巨大，其中释放的信号已经不言而喻。

结 语

人工智能技术在实践领域的巨大成功，强化了数据主义的哲学思潮，这种数字化思维，不仅更新了我们的科学观念，更是进入生活世界之中，变革了整个世界的结构形态。我们所生活的世界，成了一个越来越标准化和程式化的理性世界，世界所有一切，包括人的心灵和行为都是可以计算，都必须转变成数字资本主义追求资本最大化所需要的数据和流量。数据主义的兴起，是理性主义本身膨胀的结果。在思想领域，理性主义表现为科学主义、计算主义的哲学思想，是一种片面的形而上学的观点；而在实践领域，理性主义与资本主义生产方式有着亲缘性，数据主义的实质又体现为数字资本主义，数字时代资本自我增值的需要，导致了算法对人的控制和奴役。在崇尚数字化、推崇信息自由的算法社会，人的独特价值和主体性被淹没了，人不是算法的支配者，而沦为算法的奴隶，数据主义导致了严重的人文主义危机。

从历史上来看，这次人文主义危机，是人文主义自己所结下的苦果。文艺复兴和启蒙运动以来的人文主义运动，将人从神的支配中解脱出来，彰显了人之为人的独特性，并通过对理性、自主性的强调和倡导，带动自然科学技术的飞跃发展。人类带着主体所特有的目的性，以数字化、理性化的方式对自然和人类社会进行征服改造，给我们所处的世界带来了翻天覆地的改变。科学技术的进步，拓展了人类的自由，也充实了人类的自信心。人们不仅要不受其他力量的支配，还要自我主导、自我支配，甚至要将自己变成无所不能的神。就这样，“一切从人出发”的人文主义，就不可避免地滑向“一切由人决定”的“唯人主义”，一种决定论的科学主义思潮主宰了社会意识形态。到了智能时代，这种思想表现得更加淋漓尽致，算法被认为是解决所有问题的灵丹妙药，人的独特价值和尊严被忽视乃至摒弃，人类要用计算和数据囊括一切，也就将自己转变成了计算的对象。

从哲学角度来看，数据主义犯了倒因为果的错误，因此错误地理解了人以及人所处的世界。数据主义将我们利用科技理性改造后的“人化自然”当作最为真实客观的世界，并由此建构出与之相适应的认识论和本体论。但是正如现象学和马克思主义所揭示的，世界的复杂性，远远超过理性化世界体现的确定性和必然性，数字化世界只是生活世界、“人化自然”的一个形而上学的面向，还有艺术、文学、情感等各种前科学的、前数字化的面向，在人类主体性概念之下，真实、具体地存在着。最近春暖花开，一场春雨落下，楼下早早绽放的桃花纷纷落下。在科学世界的视野里，这是在雨水的重力作用之下，桃花凋落的物理和生物学规律，而在科学规律被发现之前，在中国的诗人眼中，“落红不是无情物，化作春泥更护花”，这是触景生情的生活世界。物理和生物学规律可以通过数字化方式建模重现，并得以诠释，但那种冷冰冰的模拟和模型之中，绝不会出现诗歌所蕴含的那种意境和情感。即使数据主义能够利用算法写诗，但是数据归类生成的诗歌，绝不会带有这种具体化情境的灵性，也很难嵌入人们的生活之中，给人以深刻而丰富的生活体验。数据主义的眼中没有人，也就不可能有丰富而又复杂的人性。

为了纠正数据主义对人、技术和世界的错误认识，我们通过回溯人文主义的传统，来发掘那些对于彰显人的主体性、独特性有着重要意义的内核。我们发现，尽管人文主义在不同历史阶段回应了不同的时代主题，凸显了不同的价值观念，但是贯穿人文主义传统始终的，包括三个要素，一是对人的独特性，也就是人的尊严的重视；二是以人为本，从人出发的视角；三是将人及人性视为一个丰富而又复杂的存在。人文主义传统的这些内核，为我们抗拒数据主义思潮，主张智能时代的算法人文主义，提供了强有力的思想资源。算法人文主义是一种底线思维、协商伦理，它所主张的“以人为本”，并不是那种积极、主动的自我主导、自我支配，而是从最底线的意义，维护人之为人的独特价值，也就是人的尊严和自由。算法人文主义主张一种前科学的人性观和世界观，人并非算法，而是充满了各种可能性，具有独特的丰富性和复杂性；我们所处的世界也不是可计算的，甚至不具备近现代自然科学所理解的那种必然性、因果性和确定性。最后在人与算法的关系上，由于人的存在，是一种非本质化却又饱含丰富性的存在，包括算法在内的外在技术，以及人的理性、自由，甚至身体，都只是人类存在的一个维度和面向，算法人文主义拒绝身心二元分离、主客体对立的价值观，而将身体与心灵视为整体，将技术内置于人的存在之中，由此构建了基于关切和照看的整体主义的技术观，人与技术不是主客体支配与被支配的关系，而是在人的存在之中，将技术作为人之存在的重要面向，并在使用和照看之中展开和呈现人之主体性的关系。这样，人就不是与技术对立并容易在支配的主奴辩证法之中沦为被支配方的主体，而是将技术包含在自身存在之中的主体，人与技术形成了一种独特的伙伴关系，在其中，技术是呈现和维系人之为人的独特性不可或缺，因而必须予以关切和照看的伙伴。

基于这种最底线的“以人为本”，算法人文主义将尊重人的尊严、保护个体自由、维护社会公平正义，以及增进人类整体福祉作为最基本的价值理念。首先，尊重人的尊严，就意味着尊重和保护人之为人的独特价值。这种独特性，来源于人与生俱来的与其他存在者的区别，来源于人存在的丰富性和复杂性，因而是普遍的、无条件的。从这种与生俱来、不可剥夺也不可替代的独特性出发，算法人文主义主张，在算法的诸多应用之中，必须体现人的视角和人的在场，不可忽视人也不可让人缺位，不可简化人，更不能完全用机器人替代人。

其次，实现人的尊严，也离不开在个体层面，对个体自由的保护。由于自由本身是现实性与超越性的复合体，所以从最底线的“以人为本”出发，我们所强调的个体的自由，并不是自我主导、自我决定的积极自由，而是“免于打扰”的消极自由。数据主义所强调的信息自由，正是智能算法赋予人类自主性却又借此控制和奴役人的积极自由，是容易走向自由反面的虚幻的自由，要想真正地保护人之为人的那些自由，我们必须以退为进，谦逊地将我们所要保障的自由限定在由法治、传统和共识所确定的消极自由范畴内。从保护个体的消极自由出发，算法人文主义主张，必须给智能算法的研发和应用划定“不可进入”的界限，防止智能算法的研究和应用损害人之为人的尊严和消极自由；与此同时，将更多的资源和精力，投入到那些能够保障人们消极自由，诸如人类隐私、公平等权利有关的算法技术研发之中。

再其次，实现人的尊严，还需要在社会宏观层面，倡导公平正义的理念。智能算法以技术垄断、流量分配和话语影响等形式，构成了一种与以往否定性的暴力权力、规训权力截然不同的肯定性权力，主导着社会资源和机会的分配，影响到社会公平正义的实现。由于从内在机制上，算法就是一种通过分类和区别对待而运转的数学模型，由此蕴含着不可克服的不公平，我们必须通过算法有效性、算法必要性和算法正当性的考量，用公平的价值理念指导算法的研发和应用，弥补算法内在的天然缺陷，实现算法的公平，而不是公平的算法。

最后，从最底线的“以人为本”出发，算法人文主义主张一种整体主义的思维。一方面，将人自身，以及人与算法技术、人与世界都视为密切联系、相互作用的整体，这样就避免了二元论的身心分离和主客体对立，有利于我们从整体主义的角度理解人的独特性、人的尊严的实现方式；另一方面，将人类视为一个整体，提出算法的研发和应用，要求算法的研发、设计和使用，应当在整体上增进人类福祉，而不是对人类生存造成毁灭和威胁，应当为了大多数人的最大幸福，而不是沦为少数人统治和奴役多数人的工具。

数据主义所体现出来的实用、高效和进步充满了诱惑，但将人和世界计算化、数据化，并不是什么好事。算法分有了人性，却并不足以完全代表人的丰富性和独特性。算法带给我们的好处越多，我们就越应该警惕和反思，在此过程中，我们得到了什么，又失去了什么？而这种自我批判、自我反思的能力，正是人之为人的独特性所在。从这个角度来说，算法人文主义，本身就是人的尊严的重要体现。人类要彰显其为人的独特性和尊严，就不会甘于困在温情脉脉的算法世界之中。我们期望，这种从人出发、以人为本的思维方式，能够通过人文主义教育、科技与人文的对话以及伦理委员会的制度建设，取代数据主义的思潮，成为越来越多人的思考和行动。是的，面对无所不在的算法，人们需要其他的选择和可能性，来彰显人之为人的独特和尊严。

参考文献

一、著作类（中文）

[1] 约翰·穆勒 . 论自由 [M]. 北京：商务印书馆，1959

[2] 马克思、恩格斯 . 德意志意识形态 [M]. 中共中央马克思恩格斯列宁斯大林著作编译局 . 北京：人民出版社，1961

[3] 卢梭 . 论科学与艺术 [M], 何兆武译 . 北京：商务印书馆，1963

[4] 帕斯卡尔 . 帕斯卡尔思想录 [M], 何兆武译 . 北京：商务印书馆，1963

[5] 马克斯·韦伯 . 新教伦理与资本主义精神 [M]. 于晓、陈维钢等译，北京：生活·读书·新知三联书店 . 1987

[6] 埃德蒙德·胡塞尔 . 欧洲科学危机和超验现象学 [M]. 张庆熊译 . 上海：上海译文出版社，1988

[7] 黑格尔 . 精神现象学上卷 [M]. 贺麟、王玖兴译，北京：商务印书馆，1979

[8] 罗尔斯 . 正义论 [M]. 何怀宏等译 . 北京：中国社会科学出版社，1988

[9] 康德 . 历史批判文集 [M]. 何兆武译 . 北京：商务印书馆，1990

[10] 以赛亚·伯林 . 两种自由概念 [M]，陈晓林译，公共论丛第一期，1995

[11] 以赛亚·伯林 . 两种自由概念 [M]，陈晓林译，公共论丛第二期，1996

[12] 高亮华 . 人文主义视野中的技术 [M]. 北京：中国社会科学出版社，1996

[13] 曼纽尔·卡斯特 . 网络社会的崛起 [M]. 夏铸九、王志弘等译。北京：

社会科学文献出版社，2001
[14] 海德格尔．演讲与论文集[J]．孙周兴译．北京：生活·读书·新知三联书店．2005
[15] 康德．道德形而上学的奠基[M]．李秋零译，康德著作全集第四卷，北京：中国人民大学出版社，2005
[16] 尼古拉斯·卢曼．信任：一个社会复杂性的简化机制[M]，瞿铁鹏等译，上海：上海人民出版社，2006
[17] 皮科·米兰多拉．论人的尊严[M]．顾超一、樊虹谷译，北京：北京大学出版社，2010
[18] 克里斯·希林．文化、技术与社会中的身体[M]．李康译，北京：北京大学出版社，2011
[19] 马歇尔·麦克卢汉．理解媒介：论人的延伸[M]．何道宽译，南京：译林出版社，2011
[20] 阿伦·布洛克．西方人文主义传统[M]．董乐山译．北京：群言出版社，2012
[21] 埃尔温·薛定谔．自然与希腊人、科学与人文主义[M]．张卜天译．北京：商务印书馆，2015
[22] 路易斯·芒福德．机器的神话：技术与人类进化(上)[M]．宋俊岭译．北京：中国建筑工业出版社，2015
[23] 史蒂夫·洛尔．大数据主义[M]．胡小锐，朱胜超译．北京：中信出版社集团，2015
[24] 吴国盛．技术哲学讲演录[M]．北京：中国人民大学出版社，2016
[25] 尤瓦尔·赫拉利．未来简史——从智人到智神［M］．林俊宏译．北京：中信出版集团，2017
[26] 瓦尔特·施瓦德勒，论人的尊严——人格的本源与生命的文化[M]，贺念译．北京：人民出版社，2017
[27] 凯西·奥尼尔．算法霸权：数学杀伤性武器的威胁[M]，马青玲译，北京：

中信出版集团，2018
[28] 马克思．资本论（纪念版）第三卷 [M]. 北京：人民出版社，2018
[29] 俞可平．论人的尊严——一种政治学的分析 [M]. 北大政治学评论第 3 辑，北京：商务印书馆，2018.
[30] 贝尔纳·斯蒂格勒．技术与时间——爱比米修斯的过失 [M]. 裴程译，上海：译林出版社，2019
[31] 韩炳哲．精神政治学［M］. 关玉红译. 北京：中信出版集团，2019
[32] 克里斯蒂安·马兹比尔格．意会：算法时代的人文力量 [M]. 谢名一、姚述译．北京：中信出版社，2020.

二、论文类（中文）

[33] 李猛．论抽象社会 [J]. 社会学研究，1999(01)
[34] 吴国盛．科学与人文 [J]. 中国社会科学，2001(4）
[35] 甘绍平．道德共识的形成机制 [J]. 哲学动态．2002(8)
[36] 李建会．走向计算主义 [J]. 自然辩证法通讯，2003(03)
[37] 刘晓力．计算主义质疑 [J]. 哲学研究，2003(04)
[38] 南帆．面容意识形态 [J]. 领导文萃，2005(7)
[39] 郦全民，计算与实在——当代计算主义思潮剖析 [J]，哲学研究，2006（3）
[40] 吴国林．后现象学及其进展——唐·伊德技术现象学述评 [M]. 哲学动态，2009(04)
[41] 李建会．计算主义世界观：若干批评和回应 [J]，哲学动态，2014（1）
[42] 赵小军．走向综合的计算主义 [J]. 哲学动态，2014(05）
[43] 陈凡、贾璐萌．技术伦理学新思潮探析——维贝克“道德物化”思想述评 [J]. 科学技术哲学研究，2015(6)
[44] 蓝江．数字异化与一般数据：数字资本主义批判序曲 [J]. 山东社会科学，2017(08)
[45] 陈勇．人文主义危机与存在问题 [J]，哲学分析，2018（2）
[46] 郭林生．论算法伦理 [J]. 华中科技大学学报（社会科学版），2018.32(2)

[47] 高兆明．“数据主义”的人文批判 [J]. 江苏社会科学，2018(04)

[48] 吴根友．算法、大数据真能消解人文的意义吗？——《未来简史》读后 [J]. 南海学刊，2018, 4(04)

[49] 赵汀阳．人工智能会是一个要命的问题吗 [J], 开放时代，2018（6）

[50] 李伦，黄关．数据主义与人本主义数据伦理 [J]. 伦理学研究，2019(02)

[51] 李凌．智能时代媒介伦理原则的嬗变与不变 [J]. 新闻与写作，2019(04)

[52] 甘绍平．自由与安全的伦理困境 [J]. 湖北大学学报（哲学社会科学版），2020(3)

[53] 喻国明、耿晓梦．算法即媒介：算法范式对媒介逻辑的重构 [J]. 编辑之友，2020(7)

[54] 李凌，陈昌凤．信息个人化转向：算法传播的范式革命和价值风险 [J]. 南京社会科学，2020(10)

[55] 李凌、陈昌凤．媒介技术的社会选择及其价值维度 [J]. 编辑之友．2021（4）.

三、英文类

[56]Ron Westrum.Technologies and Society the Shaping of People and Things[M], Belmont：Wadsworth Publishing Company,1991

[57]Brooks David. The Philosophy of Data [N]. The New York Times，2013-02-04.

[58]Van Dijck, Jos é .Datafication, dataism and dataveillance: Big Data between scientific paradigm and ideology. Surveillance & Society . 2014. 12(2)

[59]Jarrett Kylie. Feminism, Labour and Digital Media: The Digital Housewife. Routledge Studies in New Media and Cyberculture. 2015

[60]Bruno Lepri、Nuria Oliver、Emmanuel Letouze、Alex Pentland、Patrick Vinck，Fair, Transparent, and Accountable Algorithmic Decision-making Processes The Premise, the Proposed Solutions, and the Open Challenges，Springer Science+Business Media B.V. 2017

[61]Been Kim、Martin Wattenberg、Justin Gilmer、Carrie Cai、James Wexler、Fernanda Viegas、Rory Sayres，Interpretability Beyond Feature Attribution: Quantitative Testing with Concept Activation Vectors (TCAV)，ICML 2018，https://arxiv.org/abs/1711.11279v5

[62]Ahmed Abbasi、Jingjing Li、Gari Clifford、Herman Taylor，Make "Fairness by Design" Part of Machine Learning，Harvard Business Review，August 01 2018，

https://hbr.org/2018/08/make-fairness-by-design-part-of-machine-learning

[63]European Connission. General Data Protection Regulation.Article 9. 2018.

[64]Fuchs, C. Karl Marx in the Age of Big Data Capitalism. In: Chandler, D. and Fuchs, C. (eds.) Digital Objects, Digital Subjects: Interdisciplinary Perspectives on Capitalism, Labour and Politics in the Age of Big Data. London: University of Westminster Press. 2019.

[65]Chandler, D. What is at Stake in the Critique of Big Data? Reflections on Christian Fuchs' s Chapter. In: Chandler, D. and Fuchs, C. (eds.) Digital Objects, Digital Subjects: Interdisciplinary Perspectives on Capitalism, Labour and Politics in the Age of Big Data. London: University of Westminster Press.2019

[66]Independent high-level expert group on Artificial Intelligence set up by European Connission，Ethics Guidelines For Trustworthy AI. 2019.

[67]Jamie Susskind，To What Extent Should Our Lives Governed By Digital Systems？ Noema，2019.7.24

下编

报告篇

★ ★ ★ ★ ★

一、智能技术舆情热点及其价值观指向报告

本报告聚焦2020年度与智能技术密切相关的十大热点舆情事件，以微博数据为分析对象，借助词频分析、社会网络分析、内容分析等多元分析方法，呈现并解读了当下中国智能技术的舆情生态。

报告分析了2020年智能技术的舆情特点及其价值观指向，并进一步从应然与实然的角度，分析微博用户关切的智能技术价值维度有哪些、存在何种偏向、智能技术价值观理论框架和微博用户关切的智能技术价值维度及内容存在怎样的差距。本报告还特别聚焦于五类不同价值观类型的典型智能舆情案例，并具体分析了新闻媒体、意见领袖、普通公众三类不同主体对事件的认知及价值观的考察，分析智能时代中国公众对于智能技术应用的认知和态度及其影响因素，探究中国公众的智能价值观及其引领问题。

希望报告能为技术向善、建构新技术环境下人类价值观提供经验依据。

项目主持人：陈昌凤

报告负责人：师　文

报告参撰者：王方（1），张梦、俞逆思（2），林嘉琳（3），师文、陈昌凤（4）

1. 2020年智能技术舆情热点及其价值观分析

随着智能时代的到来，由算法所驱动的智能媒介与信息传播技术应用给人类生活的各个层面都带来了前所未有的改变。一方面，它为人类生活带

来了巨大的便利，但另一方面，它也带来了种种忧虑和争议，如价值观的偏向问题、信息管理的失控问题等，频频引发智能技术相关的舆情。

从整体来看，我国的智能技术价值观的舆情研究存在较大的研究空白。目前，智能技术价值观的研究主要集中在三个方面：一是定义和框架性的研究，二是实证研究、具体媒介形态和产品等的应用研究，三是有关价值观引领（主要是社会主义核心价值观引领）及传播的研究（陈昌凤 & 陈晓静，2019），而较少关注民众对此的认知、态度和意见，关于智能技术舆情及其价值观指向的研究尚处于初步探索阶段，缺乏实证研究数据的支撑。

针对研究空白，本报告在智能时代信息价值观范畴的基础上，聚焦2020年度智能技术相关的热点舆情事件，借助大数据、词频分析、社会网络分析等方法，呈现目前中国智能技术的热点问题、探讨其中的智能技术价值观指向，为舆情研究拓展新的关注领域，也为价值观研究提供新的视角。

1.1 智能相关的舆情类别及分析方法

1.1.1 智能相关的舆情领域

有研究认为，智能时代的信息价值观需要将智能技术放在媒介信息传播的环境下加以研究，通过汇集信息产品具体应用的案例，来探究价值风险等问题（陈昌凤 & 陈晓静，2019）。目前，智能信息技术已深刻影响到信息传播的各个环节以及社会治理的各个方面，有鉴于此，本报告结合抓取的数据情况，将分别从信息传播领域和社会治理两个领域，通过信息价值观的视角对智能技术相关的舆情进行分类：在信息传播领域，从智能技术运用于信息传播的不同环节来确定舆情类别，即有关信息的生产、信息的加工、信息的分发、信息的消费、信息的存储等过程中的舆情；在社会治理领域，从智能技术运用及其价值观争议的社会主要系统来确定舆情类别，即有关政治、经济、法治、社会保障、交通等系统的舆情。

表 1.1 智能技术价值观舆情类别及事件案例

信息传播领域			社会治理领域		
舆情类别	舆情事件	数据抓取	舆情类别	舆情事件	数据抓取
信息生产舆情	美控制机器人账号散布中国制造病毒论	关键词：机器人账号、机器人账户；时间：2020.6.9-18；共 12,645 条；	政治舆情	美国宣布封禁 TikTok	关键词：TikTok+美国；时间：2020.7.1-11.1；共 127,799 条；
信息加工舆情	AI 换脸	关键词：AI 换脸、人工智能换脸；时间：2020.1.1-11.1；共 56,243 条；	经济舆情	《外卖骑手，困在系统里》文章发表	关键词：外卖员+算法；时间：2020.9.8-11.1；共 8,227 条；
信息分发舆情	新浪微博热搜被罚	关键词：新浪微博热搜+停更、新浪微博热搜+被罚；时间：2020.6.10-19；共 5,538 条；	法治舆情	中国人脸识别第一案判决	关键词：中国人脸识别第一案；时间：2020.1.1-12.8；共 4,389 条；
信息消费舆情	《在线旅游经营服务管理暂行规范》禁止大数据杀熟	关键词：大数据杀熟、大数据杀熟+禁令；时间：2020.9.15-25、2020.10.1-10；共 8,900 条；	社保舆情	疫情背景下老人“健康码”的使用困境	关键词：老人+健康码；时间：2020.1.1-12.8；共 44,712 条；
信息存储舆情	多款违法违规收集个人信息 APP 被处罚	关键词：app 违法违规+个人信息；时间：2020.1.1-11.1；共 10,829 条；	交通舆情	自动驾驶汽车试运行	关键词：自动驾驶+安全；时间：2020.1.1-11.1；共 28,928 条；

结合各舆情类别的具体内涵以及事件热度，本报告通过目的抽样，共选取了十件 2020 年度智能技术的热点舆情事件（见表 1.1），深入个体、社会、媒体的信息生产，考察 2020 年度智能技术价值观舆情的总体情况。

1.1.2 数据来源与分析方法

根据中国互联网络信息中心（CCNIC）(2020)《第 46 次中国互联网发展状况统计报告》，截至 2020 年 6 月，微博使用率为 40.4%，仅次于微信朋友圈（85.0%）和QQ空间（41.6%），已构建起较为完善的流量闭环和服务生态。加之微博的公共性和开放性较强，微博已成为人们获取和共享信息的重要平台(李彪, 2013)和重大舆情的策源地和推动器,微博上的信息发布、转赞评等数据被视作是舆情的形成和演变的表征。本报告以新浪微博作为数据来源，利用Python语言分别按指定日期进行关键词的数据抓取，抓取内容包括用户信息、微博内容、转赞评数。为探究舆情扩散过程，本报告还利用微博转发信息查询接口,抓取了上述微博的转发内容和转发账户信息。[1]

在研究方法上，目前关于舆情分析的方法众多，大致可分为大样本定向分析和小样本多元分析两大基本类别。前者需要利用大型舆情软件系统平台进行监测，并依据全量的数据展开舆情主题演化分析、时间趋势分析、话题传播分析等；后者则是需要研究者根据研究需要进行必要的抽样，舆情分析结果更具有针对性(李彪, 2019)。因本报告只关注智能技术价值观的舆情事件，且仅以微博作为数据源，难以覆盖所有的网络数据，故采取舆情小样本多元分析法，分别从“关系”和“文本”两个层面，通过社会网络分析和语料库词频分析两大方法，对十大舆情事件进行呈现和解读。

（1）基于关系的分析：社会网络分析（SNA）

在关系社会中，没有人是一个孤岛，人们的言论和行为会受到其所在的社会关系、社会阶层等“关系”的影响。在社交平台中，“关系”更是成为了基础性的资源和底层架构，借助关注、评论、转发等互动行为，舆论信息能够快速地通过社会关系网进行传导。社会网络分析工具作为测量社会系统中各节点（node）的特征与相互之间的关系（tie），并用网络的形式表示出来的分析工具，能够较为直观地描述虚拟空间中的社会关系网络。近几年，社会网络分析已成为舆论分析的重要手段。

（2）基于文本的分析：语料库词频分析

从根本上来说，舆论是一类特殊的信息文本，文本内词的多寡、词与词

[1] 因微博抓取限制，每条原创微博仅能抓取至多100条转发微博。

之间的关系可以体现出信息文本的基本语意、社会诉求、价值观等信息。因此，近年来很多研究者将词频分析、语义网络分析等方法引入舆情分析之中。

1.2 2020 年智能技术价值观热点舆情事件

1.2.1 舆情热度

目前，已有研究针对微博平台的特性建构出了较为完善的微博舆情热度指标体系（徐旖旎，2017）。微博的舆情热度受到话题效应和传播效应两大维度的影响。话题效应指的是用户在某一舆情事件中参与讨论所产生的效应多少。越多人参与讨论，则可以理解为该事件的话题性越强。传播效应指的是舆情事件传播的广度。评论数、转发数、点赞数是微博舆情热度具体的测量指标（见图 1.1）。

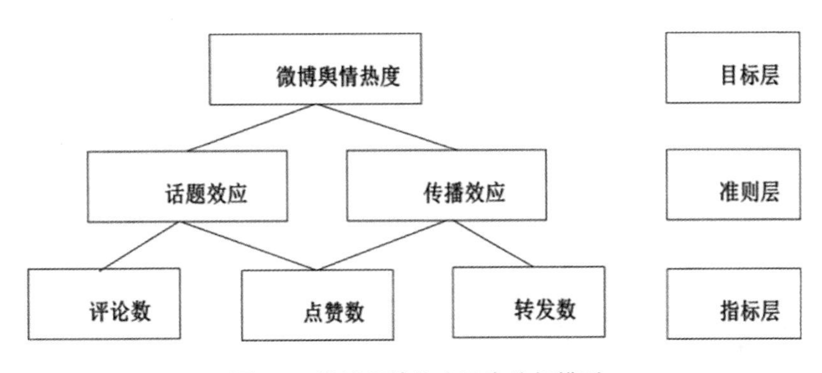

图 1.1 微博舆情热度层次分析模型

根据层次分析法，对各指标权重进行赋值，得出第 n 天微博的舆情热度总和表达式为：

$$H_n = w_1\sum_{i=1}^{n} C_{1,n,i} + w_2\sum_{i=1}^{n} C_{2,n,i} + w_3\sum_{i=1}^{n} C_{3,n,i}$$

* i 为该日相关微博的数量；C_1、C_2、C_3 分别对应评论数、点赞数、转发数，权重系数分别为 w_1=0.219, w_2=0.106, w_3=0.675。

由于本报告的舆情案例有的有着明确的事件指向和时间跨度，如 TikTok 美国风波、新浪微博停更热搜一周等；有的舆情热点则是一个持续性的话题争议，如大数据杀熟、自动驾驶汽车的安全问题等。案例本身性质存在较大的差异。为保证可比性，本报告不考虑时间跨度问题，而仅聚焦单日热度峰值的情况。

表 1.2　2020 年十大智能舆情事件热度一览表

舆情事件	热度峰值	事件概要
美控制机器人账号散布中国制造病毒论	16875.9	6 月 9 日，外交部发言人华春莹在例行记者会回应，美控制机器人账号散布中国制造病毒论。
	41070.1	6 月 13 日，肖战粉丝后援会就 LOFTER 软件使用问题进行辟谣。
AI 换脸	54110.8	3 月 19 日，女艺人刘露因与芒果 TV 解约，其新剧角色被 AI 换脸。
	8472.9	5 月 29 日，中国青年报“2020 两会青年说”第九期举办，介绍 AI 换脸等疫情期间新技术发展。
	8237.8	10 月 3 日，大量媒体报道，一些电商平台以 0.5 元每份的价格出售匹配了身份信息的人脸数据，这极易被用作办理网贷或实施精准诈骗。
新浪微博热搜被罚	17524.4	6 月 10 日，国家网信办指导北京网信办，约谈新浪微博负责人，针对微博在蒋某舆论事件中干扰网上传播秩序，以及传播违法违规信息等问题，责令其立即整改，暂停更新微博热搜榜一周。
《在线旅游经营服务管理暂行规范》禁止大数据杀熟	13410.3	9 月 15 日，文化和旅游部公布《在线旅游经营服务管理暂行规定》，明确在线旅游经营者不得滥用大数据分析等技术手段，侵犯旅游者合法权益。该规定于今年 10 月 1 日起正式施行。
多款违法违规收集个人信息 APP 被处罚	57593.0	5 月 4 日，大量媒体聚焦国家计算机病毒应急处理中心的近期互联网监测结果，曝光 21 款民宿、会议类移动应用涉违法超范围采集个人隐私。
	10194.5	7 月 25 日，大量媒体聚焦 2020 年 APP 违法违规收集使用个人信息治理工作启动会（7 月 22 日召开）。会议指出，2019 年共有 260 款违法违规收集个人信息 APP 被处罚。
	40269.6	9 月 12 日，大量媒体聚焦国家计算机病毒应急处理中心的近期互联网监测结果，曝光 14 款游戏类移动应用存在隐私不合规行为，涉嫌超范围采集个人隐私信息。

美国宣布封禁 TikTok	22643.5	7 月 14 日，外交部发言人华春莹反问回击美国或禁用抖音和微信。
美国宣布封禁 TikTok	15253.7	7 月 23 日（当地时间 7 月 22 日），美国参议院国土安全和政府事务委员会投票通过“禁止在政府设备上使用 TikTok 法案”。
	20197.0	8 月 7 日（当地时间 8 月 6 日），特朗普签署行政命令，宣布将在 45 天后，禁止任何美国个人及企业与字节跳动公司进行任何交易。
	5543.1	8 月 15 日（当地时间 8 月 14 日），美国总统特朗普签署行政令，要求字节跳动公司在 90 天内出售或剥离在美国的 TikTok 业务。
	11523.1	9 月 18 日，美国商务部宣布将在美国境内下架 TikTok 和 WeChat。
《外卖骑手，困在系统里》文章发表	6205.6	9 月 9 日凌晨，官方微博 @ 饿了么 回应会尽快改进软件功能。
	18654.1	9 月 15 日，央视新闻等中央级媒体介入报道，再度引发舆论对外卖骑手生存困境的关注。
中国人脸识别第一案判决	4626.1	6 月 11 日，大量媒体发布报道称“中国人脸识别第一案”将开庭。
	4673.0	11 月 20 日，法院一审判决认为，野生动物世界采集郭兵及其妻子的照片信息，超出了法律意义上的必要原则要求，故不具有正当性。
疫情背景下老人“健康码”的使用困境	19305.4	6 月 20 日，此前因没有手机、无健康码，多次想要乘车被拒，不得不徒步逾半月前往浙江的大爷已被家人接回。
	9450.3	8 月 8 日，官方微博 @ 大连地铁 回应此前老人无健康码乘车受阻一事，表示将采取多种方式帮助老年人乘坐地铁，进一步加强内部管理和培训。
	10901.4	9 月 13 日，央视新闻“主播说联播”栏目评论老人用健康码难问题。
	9140.8	10 月 22 日，官方微博 @ 中国老龄事业发展基金会 联合微博大 V@ 薇娅 viyaaa、@ 添宁 Tena 发起话题：# 让老人不在智能时代“失联”#，触发接力转发。
	6334.5	11 月 24 日，国务院办公厅印发《关于切实解决老年人运用智能技术困难实施方案的通知》，指出，不得将健康码作为人员通行唯一凭证。

<table>
<tr><td rowspan="2">自动驾驶汽车试运行</td><td>4549.1</td><td>4月27日，“聚合打车”平台宣布接入AutoX无人车，并在上海联合启动了体验招募活动；百度宣布全面开放Apollo Robotaxi自动驾驶出租车服务，长沙用户可免费试乘。</td></tr>
<tr><td>19399.6</td><td>6月27日，“滴滴出行”面向公众开放自动驾驶服务，用户可在上海自动驾驶测试路段，免费呼叫自动驾驶车辆进行试乘体验。</td></tr>
</table>

从热度峰值上看，事件关键节点的推进往往会引发微博讨论的小高潮，另外，人民日报、央视新闻等粉丝量较大的中央级媒体的发声也会带动微博上的舆情热度，收获大量网民的互动。事件单日的微博舆情热度与相关微博数、是否出现高热微博有关，相较而言，单条热门微博的高热度值对整体的微博舆情热度影响更大。

1.2.2 舆情类别

（1）信息传播领域智能舆情事件与价值观争议

（i）信息生产中的混沌价值观——对责任价值的挑战

社交机器人（social bots）指的是在线社交媒体中的计算机算法，它能在社交网络中模拟人类用户，自主运行和发布内容，甚至还能和真人互动，具备一定的情绪表达能力和人格属性(高山冰 & 汪婧)。社交机器人参与了将传统媒体生产的新闻分享至社交媒体、推动新闻在社交媒体上扩散这两个环节，其身份多元，表现出对特定新闻的特别兴趣(师文 & 陈昌凤, 2020b)。在2020年新冠疫情的相关讨论中，社交机器人会策略性地凸显特定议题并构建议题之间的关联，以期影响公众议程(师文 & 陈昌凤, 2020c)。对Twitter上中国相关的讨论研究发现，社交机器人经常通过转发、提及的方式与人类用户进行互动(师文 & 陈昌凤, 2020a)。

“社交机器人”的粉墨登场也激起了国内舆论的关注。6月9日，在外交部例行记者会上，有记者提问称，澳大利亚的一项研究发现，5000多个推特账户以协同一致的方式将新冠病毒相关信息转发了近7000次，散布了“新冠病毒是中国制造的生化武器”这一阴谋论，且很多转发该谣言的用户都是被远程控制的“机器人”账号，很多用户群都与美国共和党及右翼势力支持者有关。以“机器人账号”“机器人账户”为关键词共爬取到 6 月 9 日至 18 日的相关微博 12645 条，可见，已有越来越多的网民们注意到，在以社交机器人为代表的现代科技的掩护下，信息生产存在隐蔽性和可操纵性，会受到政治和资本等各种力量的操控。值得注意的是，尽管本报告起初仅把视野聚焦在了中美之间的舆论混战这一舆情事件上，但爬取的数据还透露出了“社交机器人”的影响不仅局限于政治传播，饭圈文化中也同样存在利用机器人进行舆论博弈的情况。数据爬取中发现的最高频词语均与肖战粉丝的辟谣有关，如“粉丝”（6859）、“澄清”（4773）、“肖战”（4587）、“辟谣”（4517）等。

序号	1	2	3	4	5	6	7	8	9	10	11	12	13	14	15
词语	粉丝	转发	澄清	微博	肖战	辟谣	希望	相关	APP	讨论	调整	升级	用户	原因	LOFTER
词频	6859	4781	4773	4670	4587	4517	2704	2374	2239	2229	2219	2195	2146	2100	2096

图 1.2　信息生产类智能舆情事件高频词与词云图

从智能技术价值观的角度上来说，社交机器人带来的价值挑战，不仅包括虚假信息泛滥 (Shao et al., 2018)，还涉及到责任界定的问题。智能技术价值观要求，每一个自主的个体都需要对自己的道德行为和错误行为负责(Day, 2004, p. 29)。到了智能信息时代，问责制（accountability）成为了保障智能技术价值观的核心手段之一。2017 年，美国计算机协会公共政策委员会（USACM）明确将问责原则纳入为算法透明的七大责任原则中，要求加强对平台的法律监督、调查和问责。然而，当社交机器人生产或传播了虚假信息时，谁应该为此负责？是机器人本身，亦或编写算法的程序，还是机器人的“雇主”？目前，这一责任界定的核心问题仍未厘清，责任价值受到挑战。

(ii) 信息加工中的伪造——对真相价值的挑战

AI 换脸技术已非第一次引发舆论热潮。早在 2019 年 8 月，应用软件“ZAO”制作的换脸视频便曾一度霸屏各大社交媒体，#Zao AI 换脸 # 话题登上微博热搜。客观上，这也让国内普通公众开始关注到人工智能换脸背后的“深度伪造”（deep fake）技术。作为一种合成媒体（synthetic media），深度伪造技术能够借助神经网络技术进行大样本学习，操纵个人的声音、面部表情及身体动作等数据，生产出足以以假乱真的音频、视频(陈昌凤 & 徐芳依 , 2020)。除了像 ZAO 这样面向普通公众的娱乐性应用软件外，深度伪造还被情报部门、电影厂商、技术公司等各个领域广泛地使用。

今年以来，AI 换脸技术也多次引发舆论关注，在 2020 年 1 月 1 日至 11 月 1 日，以“AI 换脸”和“人工智能换脸”为关键词共抓取到 56243 条相关微博，涉及的话题领域较广，既包含影视剧角色换脸、网民恶搞视频等娱乐化内容，也包括新兴科技的科普介绍，还包括 AI 换脸技术可能带来的安全风险问题。其中，娱乐化内容的热度明显高于其他主题，搞笑、明星等娱乐要素更能吸引网民的注意。在词频分析中，“哈哈哈”（36839）一词占据首位，体现出网民的“看热闹”心态和娱乐化的态度；其次，“Lisa”（3227）、“朴彩英”（2378）、“徐峥”（2129）等艺人姓名也都为高频词，反映出明星要素对话题热度的显著带动作用。

从智能技术价值观的角度看，AI 换脸等深度伪造技术会对真相价值产生挑战。传播伦理学者克里斯蒂安（Clifford G. Christians）认为，在信息革命的时代中，“真相”不再只意味着单纯的事实或精确的数据，而是应被理解为“真正的公开”，如希腊语中的“无蔽”（Aletheia）概念所表明的那样，要触及到事物的“核心、本质、关键、实质”(克利福德·克里斯蒂安, 2012)。然而，随着深度伪造技术的发展，信息的真实性越来越难以判断，这不仅会带来“眼见不一定为实”的普遍不信任感，还可能会对个人合法权益、政治安全、国家安全造成威胁。

序号	1	2	3	4	5	6	7	8	9	10	11	12	13	14	15
词语	哈哈哈	微博	AI 换脸	转发	换脸	AI	粉丝	视频	Lisa	技术	朴彩英	谢谢	原片	徐峥	卧槽
词频	36839	11681	10997	10185	9855	8875	7906	3768	3227	2881	2378	2175	2166	2129	1877

图 1.3　信息加工类智能舆情事件高频词与词云图

（iii）信息流转中的资本操纵——对透明价值的挑战

2020 年 6 月 10 日，网信办约谈新浪微博负责人，针对微博在蒋某舆论事件中干扰网上传播秩序，以及传播违法违规信息等问题，责令其立即整改，暂停更新微博热搜榜一周。该处罚一出，直接引爆了微博舆论。该处罚公示中提到的“蒋某”，指的是阿里巴巴副总裁蒋凡。2020 年 4 月，其妻子 @ 花花董花花 在微博平台上称其丈夫出轨，该话题却始终未登上微博热搜，@ 花花董花花 还发博称，自己微博评论功能被取消。微博热搜板块上线于 2014 年，它通过阅读次数、讨论次数和原创人数三个指标量化用户的搜索行为(刘胜枝，2020)，并以实时的热度排行呈现微博用户最为关注的信息。运用算法程序能够较好地发挥传播学中的议程设置功能，履行微博热搜的社会公共职责。然而，算法中立、技术客观终究只是乌托邦想象。智能技术可能不会呈现事实真相，反而可能赋予权力复合体更加隐蔽的统治方式，让利益集团能够通过操纵算法程序，操控舆论以及公众对真相的认知。

从词频上看，不少网民将新浪微博戏称作“渣浪”（177），对于热搜被停整改一事则持有幸灾乐祸或拍手叫好的态度，表现为“哈哈哈”（334）、“快乐”（118）等词语的高频出现。也有观点认为相关部门要“严肃处理”（111）资本干预算法、操控舆论的行为，“整顿”（131）网络秩序。

序号	1	2	3	4	5	6	7	8	9	10	11	12	13	14	15
词语	微博	热搜	转发	一周	新浪微博	信息	热搜榜	整改	互联网	传播	办公室	希望	舆论	哈哈哈	蒋某
词频	3262	2461	1453	1345	1187	819	665	582	505	491	491	405	367	334	316

图 1.4　信息流转类智能舆情事件高频词与词云图

从智能技术价值观的角度来看，人为对热搜榜单的干预既是对公众参与和公共性的抹杀，也是对透明价值的挑战。透明度作为新闻伦理学的核心价值，被称为“新的客观性”，是发现社会真理的重要途径。在智能技术领域，透明则意味着要公开智能算法程序设计和交互信息，增强可解释性，减少民众与技术产品、平台之间的信息不对称。只有从数据输入到结果输出，算法程序的各个环节都保障各个社会主体的平等参与和透明开放，才能为“最大多数人”提供“最多的善”(Gangadharan & Niklas, 2019)。

（iv）信息消费中的歧视——对公正价值的挑战

文旅部最新公布的《在线旅游经营服务管理暂行规定》明确要求在线旅游经营者不得滥用大数据分析等技术手段侵犯旅游者合法权益，这再度将“大数据杀熟”问题提上公众议程。

从词频上看，“旅游”(2436)行业的大数据杀熟问题最受到舆论的关注。实际上，早在2018年，就有网民发现不同用户账户在使用票务平台订购同一酒店房间时，价格不统一，“熟客”往往看到的价格会更高，引发舆论哗然。时至2020年，在中秋国庆长假来临之际，不少网民发现，一些线上旅游平台仍会对新老顾客采用差异化定价，存在价格歧视。至于该规定正式施行后，具有平台垄断优势的商家是否会收手，不少网民持观望乃至质疑的态度。有网民调侃：“我们知道他们在杀熟，他们知道他们在杀熟，他们知道我们知道他们在杀熟，但是他们还在杀熟。”

序号	1	2	3	4	5	6	7	8	9	10	11	12	13	14	15
词语	杀熟	微博	大数据	转发	旅游	在线	平台	明令禁止	禁止	视频	价格	服务	利用	旅游者	央视网
词频	4298	4165	4099	3532	2436	1857	1328	1130	851	755	732	683	664	658	614

图 1.5 信息消费类智能舆情事件高频词与词云图

从智能技术价值观的角度看，互利网平台利用掌握的大数据和算法技术对平台的“忠诚用户”进行不正当的利益宰割，既是对消费者隐私的侵犯，也是对公正原则的违背。公正关照的是人与人之间的关系问题。价值观认为，除非有令人信服的理由，否则所有个体都应在他们应得的方面享受同等的待遇，而不能有双重的标准 (Day, 2004, p. 28)。目前来看，保障信息消费中的公正问题仍任重而道远。

（v）信息存储中的越界——对隐私价值的挑战

在信息化的时代中，我们越是要掌握更多的信息，我们所要丧失的信息也就会越多 (李凌 & 陈昌凤, 2020)。例如，当用户想要使用各类应用软件时，就必须同意他们的服务条款，为其开通相机、通讯录、位置等权限，披露个人信息。近年来，虽然我国个人信息保护力度不断加大，但在现实生活中，一些企业、机构甚至个人从商业利益出发，随意收集、违法获取、过度使用、非法买卖个人信息等现象仍比较突出。2020 年 1 月 1 日至 11 月 1 日，以“app 违法违规 + 个人信息”为关键词可抓取到 10829 条相关微博。结合词频结果，涉嫌违法违规收集使用个人信息 APP 的披露，以及相关部门的专项治理工作进展是媒体和网民的关注重点，隐私保护越来越受到重视。

隐私是人的基本权利之一。我国民法典不仅给出了“隐私”的定义，还强调个人信息处理应当遵循合法、正当、必要原则，不得过度处理。目前，国家层面对 APP 违规侵害用户隐私等权益的治理，正在加码：原计划截止到今年 12 月份的专项整治行动，从明年年初开始，将继续开展半年；APP 用户权益保护测评 10 项标准和使用个人信息最小必要评估规范 8 项标准公布；国家网信办就 APP 必要个人信息范围公开征求意见。只有各方共同参与治理，肩负起应有职责，才能扎牢信息安全的篱笆。

序号	1	2	3	4	5	6	7	8	9	10	11	12	13	14	15
词语	APP	微博	转发	版本	违法	个人信息	违规	收集	隐私	个人隐私	国家	信息	采集	治理	超范围
词频	5779	5519	5231	4407	4061	3569	3131	2847	1814	1550	1547	1525	1492	1464	1455

图 1.6 信息存储类智能舆情事件高频词与词云图

（2）社会治理领域智能舆情事件与价值观争议

（i）政治舆情——对主权价值的凸显

近一年以来，美国不断加大对 TikTok 的打压力度，尤其是在新冠疫情在全球爆发后，随着 TikTok 的下载量猛增，美国也加速着施压步伐。2020 年 7 月，美国国会通过法案，禁止联邦政府雇员在政府设备上下载 TikTok。8 月，特朗普签署行政令，要求字节跳动公司在 90 天之内出售或剥离该公司在美国的 TikTok 业务。9 月，美国商务部宣布将禁止在美国境内下载 TikTok。经过 TikTok 的诉讼、中国政府的介入、美国法官的阻止，目前该禁令尚处于“暂缓实施”的状态。以“TikTok+ 美国”为关键词，可在微博上检索到 2020 年 7 月 1 日至 11 月 1 日的相关微博共 127,799 条，热度持续时间长，尤其是在 7 月中旬至 8 月初，舆情热度高峰频繁出现，而后尽管风波不断，但网民对该话题的关注有所冷却，热度渐趋平缓。

从词频上看，舆论不仅关注到了“企业”（13387）与“业务”（12422）上的纷争，也认识到此次的TikTok风波背后，实则是中美“政府”（7660）之间的博弈和“国家”（8951）利益的纠纷。

序号	1	2	3	4	5	6	7	8	9	10	11	12	13	14	15
词语	美国	TikTok	微博	转发	中国	特朗普	字节跳动	企业	业务	公司	视频	交易	国家	美国政府	禁止
词频	73252	70011	50953	46419	26269	20060	19419	13387	12422	11380	10415	9508	8951	8786	8274

图 1.7 政治类智能舆情事件高频词与词云图

可以说，科技界已成为新集权制度的成员之一 (Mumford, 1971, p. 189)。在中美竞争被激发，对抗因素集聚的现实下，美国封禁TikTok之举再度有力证实了了技术内嵌的主权价值。一方面，TikTok成为崛起的中国对美国在科技领域主导地位发起挑战的新象征。另一方面，TikTok不可避免地会涉及到美国公民的数据。“中国跨国公司子公司”+“数据业务”是TikTok随时可能受到美国政府审查和制裁的两个重要标志 (王英良 , 2020)。

（ii）经济舆情——对尊严价值的挑战

9月8日，《人物》杂志社一篇名为《外卖骑手，困在系统里》的文章成为热点。文章指出，在外卖平台系统的算法与数据驱动下，外卖骑手的配送时间被大大压短，而骑手为了避免差评、维持收入，不得不选择逆行、闯红灯等做法，极大限度地压榨着自己的身心健康。随后，关于外卖员处境的讨论不断增加，并在 9 月 15 日达到舆情热度的最高点。

从词频分析来看，舆论普遍把矛头对准了“平台”（2543）及其缺乏人性化的“算法”（2279），指责“资本”（537）对劳动者的“压榨”（307），这也直接倒逼“饿了么”送餐平台改进算法机制，如在结算付款的时候增加一个“我愿意多等 5 分钟 /10 分钟”的小按钮，对历史信用好、服务好的外卖骑手提供一定的鼓励和免责机制等。此外，不少网民立足自身“消费者”（1595）的身份，纷纷表示会“体谅”（676）外卖骑手，给予这一群体更多的宽容。

序号	1	2	3	4	5	6	7	8	9	10	11	12	13	14	15
词语	外卖	外卖员	微博	转发	平台	骑手	算法	分钟	消费者	送餐	违规	系统	美团	时间	必达
词频	3878	3230	2884	2766	2543	2361	2279	1648	1595	1315	1263	1136	1034	1014	851

图 1.8 经济类智能舆情事件高频词与词云图

从智能技术价值观的角度看，将外卖员困住的算法系统已然侵犯了人的尊严和自主。在智能技术使用层面，尊严价值和自主性价值体现为智能技术不应为过度追求效率和便利性而被用来控制人类行为，与智能技术交互的人们理应享有充分的、有效的自我决定权利和能力（顾涧清，2018; Building Australia's Artificial Intelligence Capability, 2019)。但在外卖员的身上，我们看到的却是完全被算法所裹挟和压榨的群体——当薪资与表现数据挂钩，他们只能选择马不停蹄送餐，加快配送速度，避免因超时而被扣钱。他们永远也无法靠个人力量去对抗系统分配的世界。所幸的是，此次舆情的爆发，在一定程度上改善了外卖员的生存困境：资本方承诺将尽快调整平台机制，消费者方也表示将会对外卖员给予更多的谅解。至于在经济利益的驱动下，尤其是当舆情热度褪去后，由资本所创造的算法，还能体现多少人文关怀，还有待考察。

（iii）法治舆情——对自由价值的捍卫

2020 年 11 月 20 日，“人脸识别第一案”作出一审判决。该案起因于 2019 年 4 月，原告郭兵花费 1360 元购买了野生动物世界双人年卡，确定指纹识别入园方式，后野生动物世界将年卡客户入园方式从指纹识别调整为人脸识别，并更换了店堂告示。因双方就入园方式、退卡等相关事宜协商未果，郭兵提起诉讼。由于涉及人脸等个人生物识别信息采集、使用等问题，该案受到舆论广泛关注，被称为“人脸识别第一案”。一审判决中指出，我国法律对于个人信息在消费领域的收集、使用虽未予禁止，但强调对个人信息处理过程中的监督和管理，即个人信息的收集要遵循“合法、正当、必要”的原则和征得当事人同意；个人信息的利用要遵循确保安全原则，不得泄露、出售或者非法向他人提供；个人信息被侵害时，经营者需承担相应的侵权责任。野生动物世界在经营活动中使用指纹识别、人脸识别等生物识别技术，其行为本身并未违反前述法律规定的原则要求。但是，双方在办理年卡时，约定采用的是以指纹识别方式入园，野生动物世界采集郭兵及其妻子的照片信息，超出了法律意义上的必要原则要求，故不具有正当性。另外，野生动物世界在合同履行期间将原指纹识别入园方式变更为人脸识别方式，属于单方变更合同的违约行为，郭兵作为守约方有权要求野生动物世界承担相应法律责任。最终，法院判决野生动物世界赔偿郭兵合同利益损失及交通费共计 1038 元，删除其办理指纹年卡时提交的包括照片在内的面部特征信息；驳回郭兵提出的其他诉讼请求。

结合词频来看，舆论较多关注此案对于中国个人信息和数据保护相关“法律”（1046）可能的推进和完善作用，而原告提起诉讼的行为也被不少网民称作是“勇敢”（878）的，是值得“支持”（368）的。

序号	1	2	3	4	5	6	7	8	9	10	11	12	13	14	15
词语	人脸识别	微博	转发	第一案	中国	关注	法律	当事人	勇敢	郭兵	Repost	野生动物世界	信息	动物园	杭州
词频	2385	1399	1313	1230	1093	1049	1046	899	878	773	657	647	632	487	466

图 1.9 法治类智能舆情事件高频词与词云图

从智能技术价值观的角度看，“人脸识别第一案”的出现不仅反映出我国公民对于隐私价值的重视，也体现了对自由价值的捍卫。“自由”是伦理体系的组成要件之一。自由意味着个体能够在没有任何外界强迫的情况下，依据个人的理性做出选择 (Day, 2004, pp. 28–29)。正如一审判决中提到的，客户在办理年卡时，野生动物世界曾以店堂告示的形式告知购卡人需提供部分个人信息，客户的消费知情权和对个人信息的自主决定权未受到侵害。但之后野生动物世界单方面修改指纹识别为人脸识别，实则是侵害了客户的自由选择权，也是因此，野生动物世界获得了相应处罚。

（iv）社保舆情——对公平价值的挑战

在 2020 年初的疫情猛烈增长期，老人因无智能手机无法展示动态健康码而被拒绝通行的事件接连发生，疫情带来的全面数字化管理使得长年横贯在老年人面前的数字鸿沟问题暴露无遗，如何 # 让老人不在智能时代“失联”# 成为微博上的热门话题。以“老人 + 健康码”作为关键词，共爬取到 2020 年 1 月 1 日至 12 月 8 日的相关微博 44712 条，热度持续时间长，并伴随事件的推进，出现多个舆情热度小高峰。值得关注的是，此次舆情的爆发直接推动了相关政策的出台。11 月 24 日，国务院办公厅发布《关于切实解决老年人运用智能技术困难的实施方案》，其中明确提到，各地不得将“健康码”作为人员通行的唯一凭证，对老年人等群体可采取凭有效身份证件登记、持纸质证明通行、出示“通信行程卡”作为辅助行程证明等替代措施。

从高频词看，舆论普遍认为有必要“关注”（3227）老年人的健康码使用困境。智能手机的普及、社会服务的智能化，都不应成为以科技边缘化老人、差别化提供服务的借口。建设数字化社会，要在“服务”（2509）中注入更多的人文关怀，提升服务的有效性和人性化程度，给予老年人群体更多的“关爱”（1831）和“温暖”（1488）。

从智能技术价值观的层面解读，舆论对“老人健康码使用困境”的关注，本质上是对公平与正义价值的重视。约翰·罗尔斯的《正义论》（A Theory of Justice）指出，正义概念中最根本的就是“公平”(Rawls, 1971, pp. 3–53)。

在罗尔斯看来，为了实现公平，应当采取“无知之幕”的策略，所有人均从现实情况退回到幕后没有角色之分、没有社会分层的“原初状态”（original position）中 (Rawls, 1971, pp. 118-192)，在这种假象的平等条件下，对自身利益行动的理性成员便会从优先考虑保护弱者的角度缔结社会契约，公平和正义方能实现。到了数字时代，公平价值的内涵具体化为人们因数字数据的生成变得可见、被表现和被对待的方式的公平性，尤其要保障好数字弱势群体的权益。在现代社会的信息化程度越来越高的背景下，只有保障了平等的数字技术接触权利，其他社会权利，如社会流动、经济机会、政治平等等权利，才可能实现(郭小平 & 秦艺轩, 2019)。除了老年人群体之外，其他的数字边缘群体，如贫困人口等，他们的数字接触权利保障也亟需受到关注。

序号	1	2	3	4	5	6	7	8	9	10	11	12	13	14	15
词语	老人	健康码	微博	转发	老年人	视频	手机	智能手机	时代	关注	地铁	新闻	疫情	公交	营业员
词频	31773	26394	19306	17139	9595	6738	5779	5303	3914	3227	3044	2952	2944	2709	2616

图 1.10 社保类智能舆情事件高频词与词云图

（v）交通舆情——对安全价值的重视

近年来，乘着政策的东风，自动驾驶发展势头迅猛。上海、北京、长沙等城市加速布局，百度、蔚来、滴滴等企业深度试水，关于高度自动驾驶落地应用的话题也频频成为热点。其中，与智能技术价值观关联最为密切的，则是自动驾驶技术可能带来的安全风险问题。

结合词频结果来看，自动驾驶汽车的面向公众开放的“体验”（1847）活动以及技术“测试”（1650）的结果，是舆论关注的重点。此外，随着自动驾驶技术的不断发展，真正的“无人驾驶”（1606）也逐渐成为可能。9月，百度曾联合央视首次公开展示了去掉安全员的完全无人驾驶技术，该展示当时仅限于封闭园区。12月4日，百度Apollo收到北京市自动驾驶测试管理联席工作小组颁发的无人路测通知书，相关车辆可在脱离安全员的情况下驶入公开测试道路进行测试，这意味着自动驾驶发展已跨越到了“无人驾驶”新阶段。

序号	1	2	3	4	5	6	7	8	9	10	11	12	13	14	15
词语	微博	自动驾驶	转发	汽车	技术	驾驶	车辆	系统	视频	智能	体验	测试	联通	无人驾驶	未来
词频	15804	15354	14880	5485	4661	3622	2577	2437	1981	1863	1847	1650	1615	1606	1562

图 1.11 交通类智能舆情事件高频词与词云图

对于自动驾驶技术来说，保障安全至关重要。作为给驾驶员提供技术便利的驾驶辅助 (闫宏秀 & 宋胜男 , 2020)，处理好复杂多变的道路环境，保障乘车人员、行人的安全，避免“流血的错误”，可以说是自动驾驶技术发展的基础。除了道路安全外，自动驾驶技术作为一种人工智能技术，其安全价值还涉及到数据安全和信息安全的层面。自动驾驶的信息安全关注的是保障车辆与外部信息传递和交互的安全性。因自动驾驶汽车需要保证智能设备联网，实时追踪位置，其中必然会牵涉到诸多个人信息。如何防止黑客的攻击，保障个人信息的数据安全也是自动驾驶企业必须考虑的问题(新华财经, 2020)。

1.2.3 舆情扩散

有研究将微博舆情的基本扩散模式总结为单核爆炸式、层级链接式、多点触发式三类(蒋侃 & 唐竹发, 2015)。受复杂网络情境的影响和多种变量的刺激，上述三类基础元模式交错并存，现实中的网络舆情扩散结构往往更为复杂。本报告聚焦10个典型舆情事件中的转发关系，利用开源绘图软件Gephi0.92进行可视化分析，通过布局算法分别描绘舆情扩散的路径结构，可以发现，2020年智能技术价值观舆情事件的扩散主要表现为核心节点引爆热度、关键节点多点开花的结构。根据各事件本身演变特征的不同，结构内部也呈现出一定的差异。

根据可视化结果，新浪微博热搜被罚（图1.12c）、《在线旅游经营服务管理暂行规范》明令禁止大数据杀熟（图1.12d）、多款违法违规收集个人信息APP被处罚（图1.12e）、《外卖骑手，困在系统里》文章发表（图1.12g）和自动驾驶汽车试运行（图1.12j）等事件的舆情扩散结构较为相似：@人民日报、@央视新闻等中央级官方媒体凭借其报道权威性和巨大的粉丝基础，常常在舆情事件中扮演核心节点的角色，@北京晚报等地方媒体，@第一财经日报、@侠客岛等垂直类媒体，以及@于三羊鲜生等自媒体意见领袖也凭借其较大的舆论影响力，通过发表原创微博，形成了一个个较为独立的舆情扩散圈子，进一步加热着舆情事件。

相比于上述舆情事件，美控制机器人账号散布中国制造病毒论(图1.12a)和中国人脸识别第一案判决（图1.12h）的舆情扩散结构的聚类特征更为明显，类与类之间存在较大的距离。

如前文所述，在美控制机器人账号散布中国制造病毒论这一舆情事件中，因关键词设定较为宽泛，数据抓取的结果不仅涉及政治领域，还牵涉到饭圈文化领域，与之相对应，舆情扩散的关键节点也可清晰地划分为两大阵营，彼此间呈现出明显的区隔，这也再度印证了微博舆论生态的社群化特征。

表 1.3 “美控制机器人账号散布中国制造病毒论”热门微博情况

微博用户名	发布时间	转发数	评论数	点赞数
# 美控制机器人账号散布中国制造病毒论 #				
@ 紫光阁	2020.06.09 20:47	1359	255	4236
@ 人民日报	2020.06.09 16:27	972	942	11682
@ 钧正平	2020.06.09 21:01	222	188	2313
# 肖战粉丝澄清辟谣 #				
@- 战粉辟谣澄清 bot-	2020.06.13 10:19	22417	1648	54147

针对中美之间的舆论战，@ 人民日报（《人民日报》官方微博）、@ 紫光阁（中央和国家机关工作委员会旗帜杂志社官方账号）、@ 钧正平（钧正平工作室官方账号）等国家级媒体账号先后发布了外交部发言人华春莹的相关回应，得到了较多的关注和转发。针对饭圈文化中的机器人“水军”账号，6 月 13 日，肖战粉丝后援会的官方账号 @– 战粉辟谣澄清 bot– 发布微博称，发现一些账号疑似机器人，发布大量重复的、不真实的内容“恶意引战”。在独特的饭圈生态中，大量粉丝、“数据女工”转发该微博，进行“控评”，部分“大粉”的转发微博也被其他用户再次转发，使得 # 肖战粉丝澄清辟谣 # 相关微博的热度远超于 # 美控制机器人账号散布中国制造病毒论 # 的舆论热度（详见表 3）。可见，在微博平台的舆论生态中，粉丝文化影响巨大，娱乐内容，尤其是涉及到流量明星的内容，热度常常让其他社会事件难以望其项背。

至于中国人脸识别第一案判决事件的聚类特征，则是因为该事件本身的发展存在多个时间节点，从案件开庭到一审判决，事件本身的时间区隔造成了舆情扩散结构的聚类化。相比于开庭时，多个微博大 V 纷纷发声解读、预测，舆论观点呈现出多点开花的模式，一审判决的“一锤定音”则让舆情结构变得“一枝独秀”，表现为@财经网 作为舆情扩散核心的“单核爆炸”模式。

在 AI 换脸（图 1.12b）、美国宣布封禁 TikTok（图 1.12f）和老人健康码的使用困境（图 1.12i）这三个舆情事件中，还能发现明显的层级链接式结构，原始微博经过较有影响力的或其他垂直领域的大 V 转发后，传播范围能够进一步扩展，并波及到不同领域的网络社群，使可见度大大提升。以老人健康码的使用困境为例，官方微博 @中国老龄事业发展基金会曾联合微博大 V@薇娅 viyaaa、@添宁 Tena 发起话题 # 让老人不在智能时代“失联”#。@薇娅 viyaaa 和 @添宁 Tena 两大网络红人的转发，大大扩大了 @中国老龄事业发展基金会 原始微博的传播广度，实现了优势话语权的转移，形成层层相连、环环相扣的持续爆发式扩散。

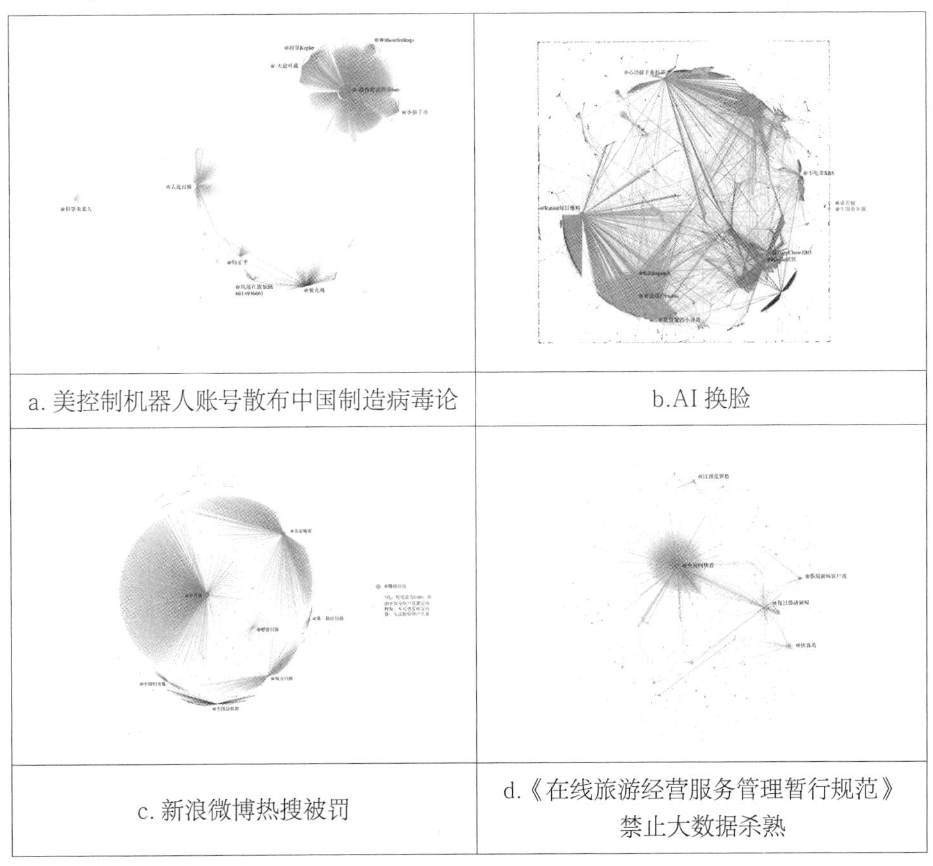

a. 美控制机器人账号散布中国制造病毒论

b.AI 换脸

c. 新浪微博热搜被罚

d.《在线旅游经营服务管理暂行规范》禁止大数据杀熟

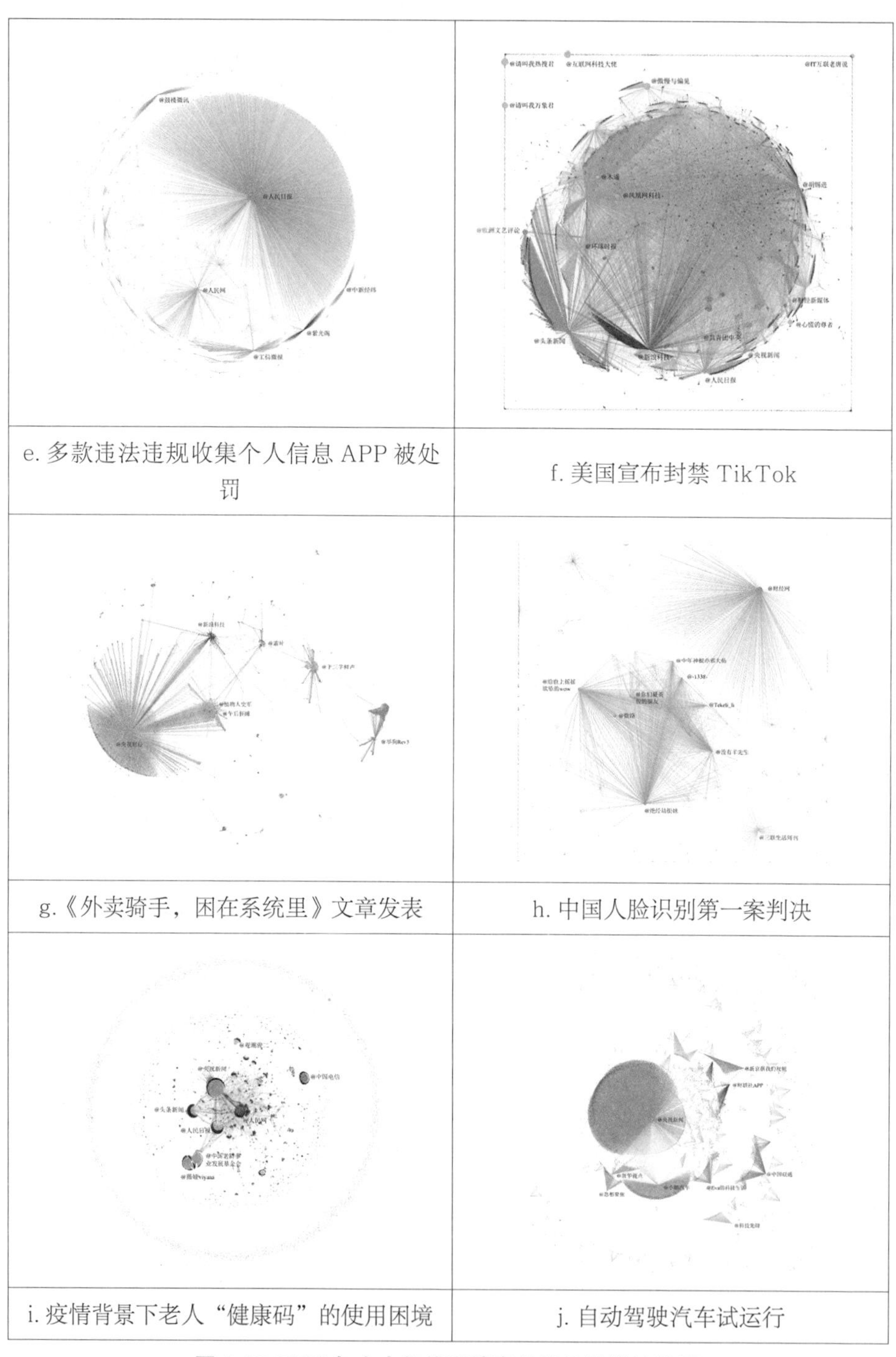

e. 多款违法违规收集个人信息 APP 被处罚

f. 美国宣布封禁 TikTok

g.《外卖骑手，困在系统里》文章发表

h. 中国人脸识别第一案判决

i. 疫情背景下老人“健康码”的使用困境

j. 自动驾驶汽车试运行

图 1.12 2020 年十大智能舆情事件舆情扩散结构图

1.3 结论和讨论

1.3.1 2020 年智能舆情的整体图景

随着人工智能、大数据、人脸识别、算法等各种智能技术的纵深发展，新技术引发的争议性问题日益凸显，贯穿在信息传播的各个环节以及社会治理的各个领域之中，多次成为媒体、公众关注的焦点。

从热度上看，“多款违法违规收集个人信息 APP 被处罚”事件最受到舆论关注，多次单日热度值超过 40000，“隐私”这一价值观的重要性得到凸显。其他智能技术价值观，如自由、公平、尊严等关键词，均鲜少见于微博言论之中，往往需要研究者透过字里行间进行解读，而公众自身则缺少直接从技术伦理或价值观的角度对舆情事件进行反思的能力。与之相比，公众对于“隐私”的重视则显得更为显性和明确，在相关微博中，“隐私”一词常被提及，属于高频词，不少网民还明确提出了保护个人隐私的诉求。

从事件发展过程上看，智能技术的舆情事件同样呈现出“模式化认知中的事件链现象”，即一个舆情事件会引发多件同类事件，此伏彼起，舆情弥漫与叠加效应明显 (张佰明 , 杨雅 , & 李彪 , 2018)。例如 APP 违法违规收集个人信息、老年人的健康码使用困境、大数据杀熟问题、外卖员被压榨的现状等，在情绪上引发互文效应，形成全国多地持续热议的舆情事件链。舆情事件链反映出部分社会治理问题存在普遍性，在一定程度上能够推动社会治理制度和法律法规的完善。例如，2020 年 11 月 24 日，《关于切实解决老年人运用智能技术困难的实施方案》发布；12 月 2 日，《天津市社会信用条例》获表决通过，明确规定，企事业单位、行业协会、商会等不得采集人脸、指纹、声音等生物识别信息。

在公共性议题上，即便是在微博这样的社交平台上，人民日报、央视新闻、半月谈等传统的主流媒体仍扮演着强势的把关人的角色，常常成为舆情热度爆发的导火索或核心节点，舆论影响力显著高于其他的网络意见领袖或网络红人，议程设置功能有所回归。但较遗憾的是，从整体上看，相比于公共性议题，当智能技术涉及到娱乐领域，尤其是流量明星时，舆情热度会出现激增，呈现出断层式的领先。例如在社交机器人账号对舆论生态的影响这一议题中，肖战粉丝辟谣事件的热度远远高于外交部指责美方利用机器人账号散播谣言事件的热度；在AI换脸这一议题中，影视剧中明星换脸的搞笑视频等娱乐化内容，较其他的公共性议题，如AI换脸可能会引发新型诈骗等，也对网民更具有吸引力。

1.3.2 未来智能舆情的研究方向

本报告聚焦2020年与智能技术相关的十大舆情事件，分别探讨了各个舆情事件的热度情况、词频结果以及扩散结构，以点代面，描摹并分析了2020年度的智能技术舆情及其价值观指向。未来的研究可考虑在以下三个方面展开进一步探索：一是开展大样本报告。可通过获取全量的舆情数据，以更丰富的热点事件和更加多样化的信息平台，展开舆情主题演化分析、时间趋势分析、话题传播分析等。二是增加纵深的角度，选取近年来与智能技术及其价值观相关的典型舆情事件，在横向解读的基础上，通过年度间的纵向比较，分析智能舆情及其信息价值观的特点变化与发展脉络。三是探索智能舆情及其信息价值观的新范式，并且有必要增加跨学科的视角，探索舆情研究的新范式。

参考文献

陈昌凤，& 陈晓静．(2019). 改革开放以来信息价值观研究及智能时代的新课题．中国编辑 (08), 27−31.

陈昌凤，& 徐芳依．(2020). 智能时代的“深度伪造”信息及其治理方式．新闻与写作 (04), 66−71.

高山冰，& 汪婧．(2020−10−22). 社交机器人治理：从平台自治到全球共治，p. 003.

顾润清．(2018). 广州媒体转型融合创新之路．传媒 (12), 62−64.

郭小平，& 秦艺轩．(2019). 解构智能传播的数据神话：算法偏见的成因与风险治理路径．现代传播（中国传媒大学学报）, 41(09), 19–24.

蒋侃, & 唐竹发. (2015). 微博情境下网络舆情关键节点识别及扩散模式分析. 图书情报工作, 59(20), 105–111.

克利福德·克里斯蒂安. (2012). 论全球媒体伦理：探求真相. 北京大学学报（哲学社会科学版）, 49(06), 131–140.

李彪. (2013). 微博中热点话题的内容特质及传播机制研究——基于新浪微博 6025 条高转发微博的数据挖掘分析. 中国人民大学学报, 27(05), 10–17.

李彪. (2019). 大数据时代舆情的内涵与分析方法. 青年记者 (19), 9–11.

李凌, & 陈昌凤. (2020). 信息个人化转向：算法传播的范式革命和价值风险. 南京社会科学 (10), 101–109.

刘胜枝. (2020). 微博热搜的价值、问题与完善. 人民论坛 (31), 100–102.

师文, & 陈昌凤. (2020a). 分布与互动模式：社交机器人操纵 Twitter 上的中国议题研究. 国际新闻界 (05), 61–80.

师文, & 陈昌凤. (2020b). 社交机器人在新闻扩散中的角色和行为模式研究——基于《纽约时报》"修例"风波报道在 Twitter 上扩散的分析. 新闻与传播研究 (05), 5–20+126.

师文, & 陈昌凤. (2020c). 议题凸显与关联构建:Twitter 社交机器人对新冠疫情讨论的建构. 现代传播（中国传媒大学学报）(10), 50–57.

王英良. (2020). TikTok 在美的回旋空间还有多大？. Retrieved from https://mp.weixin.qq.com/s/FIEsW6a7o–3IRXqRV9EOhQ

新华财经. (2020). 自动驾驶实现特定场景商业化应用 还需迈过哪些关？. Retrieved from http://www.xhsyww.com/2020–11/20/c_139522282.htm

徐旖旎. (2017). 基于微博的媒体奇观网络舆情热度趋势分析. 情报科学, 35(02), 92–97+125.

闫宏秀, & 宋胜男. (2020). 智能化背景下的算法信任. 长沙理工大学学报（社会科学版）, 35(06), 1–9.

张佰明, 杨雅, & 李彪. (2018). 中国社会伦理舆情场域空间素描——基于

2010—2016 年度社会热点伦理事件的分析 . 新闻大学 (01), 50-58+150.

Building Australia' s Artificial Intelligence Capability. (2019). Retrieved from https://www.industry.gov.au/data-and-publications/building-australias-artificial-intelligence-capability/ai-ethics-framework/ai-ethics-principles

CCNIC. (2020). 第 46 次中国互联网发展状况统计报告 . Retrieved from http://www.cnnic.net.cn/hlwfzyj/hlwxzbg/hlwtjbg/202009/P020200929546215182514.pdf

Day, L. A. (2004). Ethics In Media Communications: Cases and Controversies (4 ed.). Beijing: Peking University Press.

Gangadharan, S. P., & Niklas, J. (2019). Decentering technology in discourse on discrimination. Information, Communication & Society, 22(7).

Mumford, L. (1971). 机器神话（下）（宋俊岭 , Trans. 2017 ed.). 上海 : 上海三联书店 .

Rawls, J. (1971). A Theory of Justice, . Cambridge, MA: Harvard University Belknap Press.

Shao, C., Ciampaglia, G. L., Varol, O., Yang, K.-C., Flammini, A., & Menczer, F. (2018). The spread of low-credibility content by social bots. Nature Communications, 9(1).

2. 2020 年智能技术舆情与价值观的伦理剖析

人工智能的多元嵌入已然引发了诸多价值和伦理争议。“皮尤研究中心”2018 年的调查显示，58% 的受访者认为作为人工智能核心的算法总是会反映设计者的偏见，超过半数的受访者认为使用算法为人类做出某些具有现实后果的决策是不可接受的，且他们关注的议题包括隐私、歧视、决策的有效性和公平性以及缺少人类参与等（Pew Research Center，2018）。

然而，一方面，既有研究更多采用思辨方法，且主要关注应然层面的价值和伦理原则遭受的挑战，鲜少对智能技术价值观包含的维度及具体内容进行系统的梳理和界定；另一方面，既有研究较少采用实证研究方法，且鲜少关注实然层面公众普遍关切的智能技术价值维度及内容。然而，要研究智能技术造成的价值和伦理难题，不仅需要就具体情境中的相关价值和伦理原则进行更加深刻的讨论，更需要“一种新的复杂的伦理学理论来取代传统的简单伦理学”，需要“重新反思和检讨传统的道德思维、伦理学理论和道德规范体系的合理性”（曹刚，2013）。

因此，为回答在2020年信息传播领域和社会治理领域的十大舆情事件/话题中，“微博用户关切的智能技术价值维度有哪些、存在何种偏向”以及“智能技术价值观理论框架和微博用户关切的智能技术价值维度及内容存在怎样的差距”三个研究问题，本部分先通过梳理学术和实践场域以及国内和国外两种文化场域中与智能技术价值观、智能技术伦理相关的文献，归纳得出了智能技术价值观的核心理念即“人本主义”以及其包含的“人类尊严”“人类自主”“公平”“透明”“个人信息保护”“安全”“责任”“真实”和“可持续发展”九个维度；其次，利用内容分析法对2020年信息传播和社会治理领域中的智能技术相关的十大舆情事件/话题的热门微博进行分析，发现：除“真实”之外的八个价值维度都有被用户关切，且在与人工智能有关的不同舆情事件/话题中，微博用户关切的智能技术价值维度及偏向存在差异；应然层面的价值观维度及相应内容在舆情讨论中并不能总是被微博用户完整地关注到，而实然层面微博用户关切的智能技术价值内涵及偏向，确实可以为建构符合多元意志的智能技术“开放伦理”提供现实可能。

本部分的研究价值主要有三：第一，应然层面归纳了智能技术价值观理论框架以及智能技术价值争议的分析路径；第二，实然层面探究了微博用户关切的智能技术价值维度、具体内涵及相应的偏向；第三，通过应然和实然的对比分析，发现了智能技术价值观理论框架和微博用户关切的智能技术价值维度及具体内涵之间的差距，进而阐述了这些差距为建构智能技术“开放伦理”提供的可能性。

2.1 建构智能技术“开放伦理”

沃德（Ward）和沃瑟曼（Wasserman）曾提出“封闭伦理”和“开放伦理”（Open Ethics）一对概念，认为“‘封闭’和‘开放’是伦理的一般特征，主要指如何使用、讨论、批判和改变伦理规范”以及“谁控制讨论”，而二者之间的区别标志着“伦理行为方式的不同”(Ward & Wasserman, 2010)。“‘封闭伦理’的指导原则主要（或仅）针对相对较小的人群，并对非成员参与讨论、批评和修改指导原则的意义进行了实质性限制”，而“‘开放伦理’的指导方针是为了更大的群体，且对非成员的有意义参与，包括影响内容变化的能力，设置了越来越少的实质性限制”，“鼓励对所讨论的伦理话语采取更加开放和参与的方式”。(Ward & Wasserman, 2010) 因此，要建构智能技术“开放伦理”，完善既有的伦理理念和伦理决策程序，需要探究应然的价值原则和多元主体实际关切的价值之间的差距，并将这种差距纳入考量。为此，我们需要先构建应然层面的智能技术价值观理论框架，进而归纳智能技术价值争议的分析路径以探究实然。

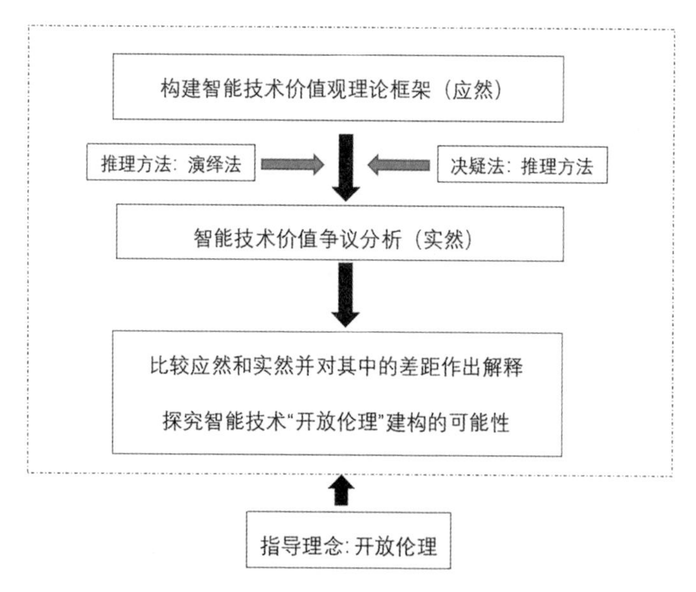

图 2.1：智能技术的“开放伦理”建构环节

2.2 智能技术价值观理论框架与价值争议分析路径

2.2.1 智能技术价值观的概念及特征

国内外很多学者都曾对“价值观”的概念进行过界定。克拉克洪和斯多特贝克（Kluckhohn & Strodtbeck）（1961）认为，价值观是一种或外显或内隐的、关于什么是“值得的”看法，是个人或群体的特征，会影响人们对行为方式、手段和目标的选择；罗克奇（Rokeach，1973）则认为价值观是一种持久的信念，不仅是评价性的还是规范性，是行动和态度的指导。施瓦茨（Schwartz,1992）认为价值观是令人向往的某些状态、对象、目标或行为，价值观超越具体情景而存在，可作为在一系列行为方式中进行判断和选择的标准。陈昌凤和虞鑫（2019）认为，“价值观是主体对主客体之间价值关系、客体有无价值和价值大小的立场与态度的总和，是对价值及其相关内容的基本观点和看法”。概言之，价值观是“行为主体内化社会生活行为规范的结果”，受到文化价值观和社会价值观的影响(刘晓红 & 孙五三，2007)，具有综合性、稳定性、系统性、规范性和一定的客观性（罗国杰，2013）。

陈凡和张国明（2002）认为，“在如何对待技术问题上，人们会表现出一定的心理取向，即形成有关技术的社会心理过程和心理现象行为”，这也就是所谓的“社会的技术心理”。在这两位学者看来，“社会的技术心理”又可包括人们对技术的“社会认知”“社会情感”“社会动机”和“社会态度”(陈凡 & 张明国，2002)。具体而言，人们对技术的“社会认知”是指“人们对技术形象的认识和理解，对技术价值的认同和评价”，“社会情感”是指“人们对技术的一种内心体验、感受和由此产生的情绪反应”，“社会动机”是指“推动人们趋向于技术活动及目标的内在动力、行为动因”，“社会态度”是指“人们对技术的综合心理倾向”，主要“由社会认知、社会情感和社会动机构成”。(陈凡 & 张明国，2002)

通过归纳上述概念，本报告将“智能技术价值观”界定为个体对人工智能价值及其相关内容的基本观点和看法，这套观念体系包括个体对其与人工智能之间价值关系、人工智能有无价值和价值大小等方面的认知、判断、立场、情感和态度等，其下又可包括人们对智能技术的“社会认知”“社会情感”“社会动机”和“社会态度”。

2.2.2 智能技术价值观理论框架

由于与“人工智能”有关的价值观讨论很多都集中在“伦理”领域，因而在学术维度上，本部分将分析“人工智能”与“价值观”和“伦理”有关的文献，归纳学界讨论的智能技术价值观维度。另外，通过观察和研究可以发现，在人工智能领域，业界的技术创新、实践与反思在很多时候是领先于学界的价值观与伦理讨论的，因此，面对“经验为先理论居后”的现实情况，我们还必须在实践维度上对国家、跨国组织、企业、行业协会、研究机构和非营利机构等业已提出的旨在规范“人工智能”发展的各种指南、守则等进行归纳，看业界讨论的智能技术价值观维度。最后，将学术层面和实践层面的智能技术价值观维度进行整合，就是应然层面的智能技术价值观理论框架。

以“人工智能”并含“价值观”在“中国知网”数据库中搜索，共获得相关文献 123 篇。以“人工智能”并含“伦理”在“中国知网”数据库中搜索，共获得相关文献 1043 篇。以“TS=(artificial intelligence* AND human values) ”为搜索条件在“web of science”中搜索，共获取相关论文 8177 篇，其中高被引论文 53 篇。以“TS=(artificial intelligence* AND ethics)” 为搜索条件在“web of science”中搜索，共获取相关论文 1728 篇，其中高被引论文 7 篇。（上述数据截至 2020 年 11 月 14 日）另外，结合“链接人工智能准则平台”[1] 上对全球 76 项人工智能准则的分析，我们发现当下学术和实践领域关切的“智能技术价值观”的核心理念可以被归纳为“人本主义”（People Oriented），而其下又可包含“人类尊严”（Human Dignity）、“人类自主”（Autonomy）、“公平”（Fairness）、“透明”（Transparency）、“个人信息保护”（Individual Information Protection）、“安全”（Security）、“责

[1] http://linking-ai-principles.org/cn

任”（Responsibility）、“真实”（Authenticity）和“可持续发展”（Sustainable Development）共九个维度。

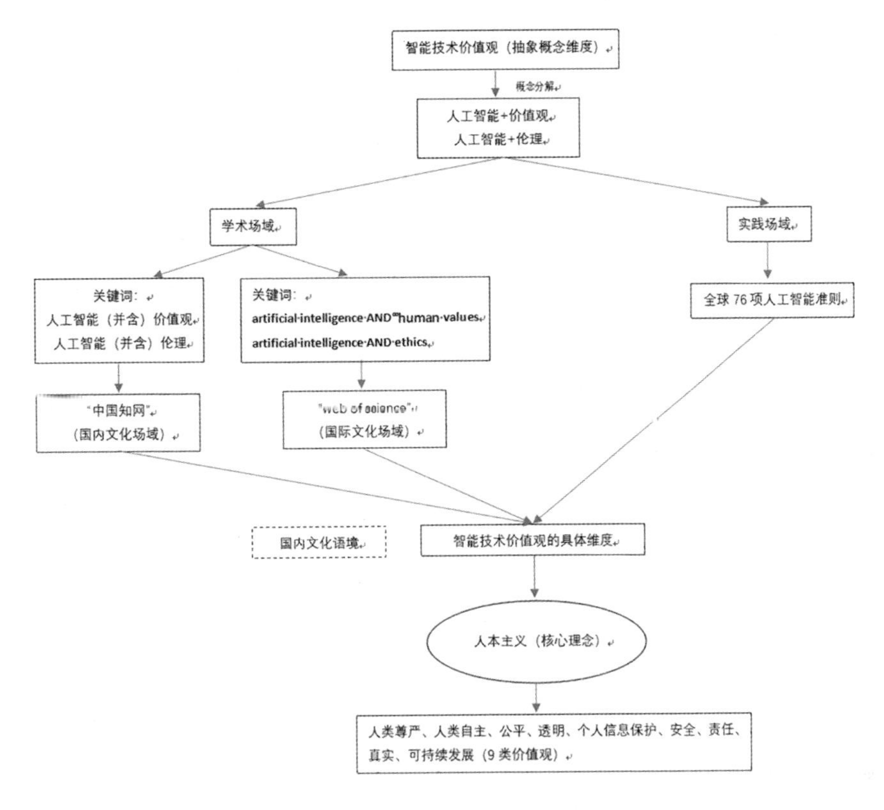

图 2.2：智能技术价值观理论建构的过程

“人本主义”可包含“本体论”“认识论”和“价值论”三层次(赵敦华，2004)，本报告探讨的则是后者。“价值论”层面的“人本主义”源自以理性和人道主义为精神内核的 “文艺复兴”，而经过“休漠和 18 世纪法国唯物主义者的锤炼和提高”，以及康德和费尔巴哈的继承与发扬，较为完整的近代形态的人本主义思潮最终形成(张奎良，2004)。“人本主义作为人的自我意识的体现，从价值意义上来表征对人的重视和善待”，它“强调人是哲学的出发点和归宿，要求尊重人的生命、情感、意志、本能的意义和价值，把人当作世界的本真的最高的存在”，同时明确终极追求是人的全面发展(张奎良，2004)。在解读“人本主义”的时候我们要采取马克思的理解路径，即将“人的本质”理解为“一切社会关系的总和”，“关心现实社会中的人”(赵敦华, 2004)，而不是抽象概念层面的人。因此，在研究路径上，要探讨智能技术设计及应用的诸多环节中，人们如何认识“人本主义”以及人们的“人本主义”价值诉求是否得到满足，需要将人置于特定的社会生活情境中，分析社会事实中人类与其他主体互动产生的相关价值判断。而作为智能技术价值观核心的“以人为本”，强调在智能技术的整个生命周期中要尊重人的生命、尊严、情感、意志、本能的意义、价值和其他权利等，强调在“技术与人类的关系”方面要坚持“以人为中心”，坚持技术的终极追求为改善人类福祉以促进人的全面发展。而通过对人工智能相关伦理准则的梳理，我们发现所有的伦理原则都体现了“以人为中心”的价值理念，因此，我们将“人本主义”界定为智能技术价值观的核心理念。

（1）人类尊严（Human Dignity）

人类尊严可包含两层含义，其一为“每一个人都有内在的尊严，这是不可让渡的，对每一个人都平等的”，其二为“人类的尊严是脆弱的，需要社会的保护”(托马斯·博格, 2011)。综合文献分析，本报告将智能技术伦理中的“人类尊严”界定为“研发层面”和“使用层面”两个角度，其中前者主要指应确保人工智能为人类服务，符合人类的价值观和整体利益；后者则包括不应通过过度追求效率和便利性来将人工智能用于控制人类行为，人的地位不能被人工智能的地位削弱或取代，人工智能不应被用来对抗、利用或伤害人类以及以人工智能为工具的人能够在物质上和精神上过着有活力的生活四项内容。

（2）人类自主（Autonomy）

康德从人的理性和尊严角度来界定“自主”，认为每个人都有绝对的价值和决定自己命运的能力，自主意味着要将他人作为目的而不是手段去尊重(庄晓平, 2011)。具体而言，人类自主的核心理念就是在尊重人的基础上尊重人的自我决定权，而在人工智能的整个生命周期中确保“个体自主”的实现，意味着所有与人工智能系统交互的人应该能保持充分、有效的自我决定。

表 2.1：“人类自主”价值观的相应维度 [1]

<table>
<tr><td colspan="2" rowspan="4">研发层面</td><td>人工智能的研发应尊重人类的自主性，尤其是开发与人脑和身体联系的人工智能系统时，开发人员应特别考虑到尊重人的自主性，并考虑到生物伦理学等。</td></tr>
<tr><td>应设计人工智能系统以增强、补充人类的认知以及其社会和文化技能。</td></tr>
<tr><td>人工智能必须服从其创造者，只要它们不与人的自主性、个人和共同利益发生冲突。</td></tr>
<tr><td>人工智能的发展必须避免通过捕捉或模仿人类特征（外观、声音等）来制造依赖关系，从而造成人工智能和人类之间的混淆。</td></tr>
<tr><td rowspan="9">使用层面</td><td rowspan="9">消极自主</td><td>人工智能系统不应威胁、减少、限制或误导人的自主性，如欺骗、无理监视以及未能保持公开目的与实际行动之间的一致性。</td></tr>
<tr><td>所有“自主”技术都必须尊重人类选择是否、何时以及如何将决定和行动委托给它们（如人工智能系统的消费者或用户要求有权决定接受直接或间接的人工智能决策，有权了解与人工智能系统的直接或间接互动，有权选择退出，并有权退出）。</td></tr>
<tr><td>人工智能的使用不能损害人类的价值标准和伦理规范（如重视受影响的人或社区的价值判断，并符合受影响人民或社区的价值观和道德原则）。</td></tr>
<tr><td>不应通过非法和秘密的方式减少公民的选择和知识而损害人类的自由和自主性。</td></tr>
<tr><td>人们可以通过民主手段实现自决权。</td></tr>
<tr><td>不能侵犯言论自由。</td></tr>
<tr><td>不能干涉人们接收和传递信息的权利。</td></tr>
<tr><td>应促进全人类的自主性并以负责任的方式控制计算机系统的自主性。</td></tr>
</table>

[1] http://linking-ai-principles.org/cn

使用层面	消极自主	允许用户保持对正在使用的数据的控制。
	积极自主	应增加个人获得知识和机会的可能性。如通过确保获得相关形式的知识、促进基本技能（数字和媒体素养）的学习以及促进批判性思维的发展，增强公民在数字技术方面的能力。
		人工智能系统应支持个人根据其目标做出更好、更明智的选择。
		可以增加公民的精神自治。
		应代替人做危险的工作以保障人类安全。
监管层面		需要政府或非政府组织的援助，以确保个人或少数群体获得与现状类似的机会。
		为了确保人代理，应建立制度，确保责任和问责制。
		“自主”制度只能以符合审议民主的方式开发和使用。
		不应超越人类的自主性，人类应该能够监测、评估人工智能技术的发展和决策以及可能给人类自主性造成的威胁，并在必要时进行干预和处理。
		各主体不得通过实施压迫性的监督、评估或激励机制，直接或间接地发展或利用人工智能并将特定的生活方式强加于个人。
监管层面		公共机构不得使用人工智能来宣传或诋毁良好生活的特定概念

（3）公平（Fairness）

从哲学意义上对公平的研究可以追溯到苏格拉底、柏拉图和亚里士多德(孙伟 & 黄培伦，2004; Osoba et al., 2019)。事实上，不同的领域及理念下公平的概念界定可能有所不同，甚至很多时候这些不同的“公平”内涵还可能发生冲突甚至互补兼容(Osoba et al., 2019)。本报告采取洋龙（2004）对“公平” 的概念界定，将其视为“人们对人与人之间的地位及相互关系的一种评价”，是一种人们对人与人之间利益关系的合理性的认同，即认为自己和他人受到了同等对待，并综合“平等主义”和“自由主义”的相关理念(洋龙，2004; Osoba et al., 2019)，借鉴亚当斯公平理论对结果公平的论述、瑟保特(Thibaut) 和沃尔克 (Walker) 提出的程序公平的概念以及毕斯 (Bies) 和格林伯格 (Greenberg) 等人对互动公平的强调(孙伟 & 黄培伦，2004)，结合孟天广

（2012）、孙伟和黄培伦（2004）等学者的相关论述，将智能技术价值观中的“公平原则”分为四个层次，即“程序公平”“机会公平”“互动公平”和“结果公平”。其中，“程序公平”强调人工智能相关的政策或制度制定的过程、步骤以及相应的保障程序等具备公平性。“机会公平”指社会中所有人都应拥有人工智能及相关产品的平等接触与使用的机会。“互动公平”主要是指执行人工智能相关的决策时，人际互动方式要能够增加人们的公平感，具体而言，其可包括“人际公平”即决策执行方要与决策接受方处于平等的状态，决策接受方的尊严要被考虑到并被足够尊重；可包括“信息公平”即决策执行方要给决策接收方传递解释类信息，如阐明为什么要用某种形式的程序或为什么要用特定的方式分配结果。“结果公平”则“追求实质公平”(孟天广，2012)，要求与人工智能及相关产品有关的有价资源在社会成员之间相对均等分配。按照马克思的观点，公平需要置于特定的社会关系下进行考量，其标准是历史的、动态的、实践的(洋龙，2004)。因此，分析具体案例中人们对智能技术应用的公平感知具有重要意义。具体而言，智能技术价值观中的“公平”价值可包含以下诸多维度。

表 2.2：“公平”价值观的相应维度[1]

监管层面	参与人工智能的政策制定者和企业管理者必须对人工智能有一个准确的理解，在社会中正确使用人工智能的知识和人工智能伦理，需要确保个人和少数群体保持免受偏见、污名化和歧视的自由。
	使用人工智能的雇主需要定期测试人工智能。
	政府应审查使用人工智能的场所。
	符合反歧视法律。
	与可能在整个生命周期中直接或间接受到人工智能系统影响的利益相关者进行适当的咨询，以及确保人们获得平等的访问和待遇。

[1] http://linking-ai-principles.org/cn

监管层面	应当尽早检测、报告和消除用于训练和运行人工智能系统的数据集中的歧视性偏见。
	制定新的公平分配和利益共享模型，以应对自动化、数字化和人工智能带来的经济转型，确保对核心人工智能技术的可及性。
	制定与人工智能发展同步的法律以确保公平。
	各国政府应采取步骤，包括通过社会对话，确保在部署人工智能时工人的公平过渡，例如通过工作生活的培训方案，为受流离失所影响的人提供支持，以及在劳动力市场获得新机会。
研发层面	建立多元化的设计团队并建立确保特别是公民参与人工智能开发的机制。
	避免开发人工智能系统的方式（例如编写算法代码的方式）存在偏差。
	人工智能的模型架构包括特征、分析过程和结构是合理的。
	人工智能系统的设计必须达到非歧视性伤害的最低阈值。
	人工智能应该采取包容性的设计工作，避免存在可能无意中排除某些人员的潜在设计。
	人工智能系统应考虑人类能力、技能和要求的全部范围，并通过通用设计方法确保可访问性，以努力实现残疾人的平等访问。
使用层面	人工智能利用的数据集是公平的。
	人工智能系统应该为具有相似特征或资格的每个人提供相同的建议。
	人工智能用户应该了解人工智能的特征，并被教育正确地使用它。
	建立教育环境，以消除了解人工智能技术的人与不了解人工智能技术的人之间的差距；在幼儿教育和中小学教育中广泛提供人工智能素养等教育机会；应该为老年人和劳动力一代提供学习人工智能的机会；针对弱势地区和社会团体展开培训。
	保持公平的竞争环境，通过集中人工智能资源，在特定国家的主导地位下，不得进行不合理的数据收集或侵犯主权；通过集中人工智能资源，在特定公司的主导地位下不得存在不合理的数据收集或不公平竞争； 通过使用人工智能，对财富和社会的影响不应过分偏向社会中的某些利益相关者。
	确保公平分配人工智能技术创造的利益。

结果层面	避免因年龄、身体健康状况、种族、族裔、国籍、能力、性别、性别认同、性取向、宗教、政治信仰、收入和家庭状况等因素而导致的对特定群体（少数群体或弱势群体）、社区或个人的偏见和歧视，以致让弱势群体更加处于不利的地位。
	人工智能造成的积极和消极因素应均匀分配，避免使弱势人口群体处于更加脆弱的地位，并争取在人之间不受歧视地获得教育、货物、服务和技术方面的平等机会。
	人工智能系统必须在发生损害时向用户提供有效的补救，如果数据做法不再与个人或集体偏好保持一致，则必须向用户提供有效的补救。
	构建公平的发展环境。
	人工智能应该为全球正义做出贡献。

（4）透明（Transparency）

“透明”理念根植于康德对“人的尊严”和“责任”的相关论述中，他将行动的完整性和人的尊严的完整性联系起来，强调“说真话”的重要性，并为作为一种伦理主张的“说真话”提供了关键的哲学基础；而透明度的概念中本身包含着限制欺骗和错误信息的内容，而这与康德的“责任观”紧密相连 (Plaisance, 2007)。从一系列理论家的观点来看，透明可以被定义为一种行为，这种行为假定了交流的开放性，并在当事方与交流行为的可能结果或影响有合法利害关系时，可以为直接交流提供合理预期；而当某种程度的欺骗或不作为有可能妨碍接收者应有的尊严或行使理性的能力时，这种积极主动的道德参与态度体现了对人的明确关注即坚持了以人为目的原则。(Plaisance, 2007) 透明理念对任何关心伦理道德的人来说都至关重要的，因为它不仅涉及我们向他人传递信息的内容，而且要求我们思考我们与他人互动的形式和性质；不仅是一个关于我们说什么的问题，而且是一个关于我们为什么说，甚至是我们如何说话的问题。(Plaisance, 2007) 也就是说，透明度不仅包括信息的可访问性（信息的公开可见）和可理解性 (Mittelstadt, Allo, Taddeo, Wachter, & Floridi, 2016)& Floridi, 2016。由于算法是所有人工智能的核心，人工智能决策的实质就是嵌入了多元意志的算法的“自动化决策”，因此本报告将“智能技术价值观”中的“透明原则”划分为三个层次，即“信息透明”“理念透明”和“程序透明”(陈昌凤 & 张梦, 2020)。其中，“信息透明”是指人工智能利用的各类数据或非数据信息、人工智能的内部结构信息、人工智能自动化决策原理信息、人工智能与其他主体的互动信息以及人工智能相关信息公开过程中涉及的信息等内容的透明；“理念透明”是指落实人工智能“透明度”过程中涉及到的价值和伦理理念的抉择应该透明；“程序透明”是指落实人工智能“透明度”的相关操作程序应该保持透明。

（5）个人信息保护（Individual Information Protection）

“个人信息保护”产生的基础为“人格权”，保护个人信息就是为了维护人格尊严和人格平等(王利明, 2012)。作为“人格权”的重要组成部分，“个人信息保护权”所涉及的信息范围及相应的权利保护类型远多于“信息隐私权”的范围。《中华人民共和国民法典》[1]在“总则”的第一百一十一条中明确规定，“自然人的个人信息受法律保护，任何组织或者个人需要获取他人个人信息的，应当依法取得并确保信息安全，不得非法收集、使用、加工、传输他人个人信息，不得非法买卖、提供或者公开他人个人信息”；在第四编《人格权》的第六章《隐私权和个人信息保护》中“个人信息”也得到了明确的界定，即“以电子或者其他方式记录的能够单独或者与其他信息结合识别特定自然人的各种信息，包括自然人的姓名、出生日期、身份证件号码、生物识别信息、住址、电话号码、电子邮箱、健康信息、行踪信息等”。人工智能技术的运用便利了人类信息的数字化表达、存储和利用，无疑对“个人信息”的保护造成了挑战，而通过对文献、人工智能伦理指南以及相关法律条文的梳理，本报告界定“智能技术价值观”中的“个人信息保护”价值理念可包含以下层次。

---

[1] http://www.npc.gov.cn/npc/c30834/202006/75ba6483b8344591abd07917e1d25cc8.shtml.

表 2.3："个人信息保护"价值观的相应维度

收集和处理的知情同意	各类主体收集个人信息前，需要以明确易懂的方式就收集和处理信息的目的、类型、规则、方式和范围征求信息主体的同意。
收集和处理的知情同意可撤回	信息主体有权随时撤回其对信息收集和处理的授权，且撤回同意应当和表达同意一样简单。
可访问	信息主体可以依法向信息处理者查阅其个人信息。
可获取	信息主体可以依法向信息处理者获取其个人信息。
可更正	信息主体发现其个人信息有错误的，有权提出异议并请求信息处理者及时采取更正等必要措施。
可删除	个人发现信息处理者违反法律、行政法规的规定或者双方的约定处理其个人信息的，有权请求信息处理者及时删除。
限制处理	信息主体有权要求信息处理者对存储的个人数据进行标记，以限制此后对该数据的处理行为。
保密性	各类主体需要对收集到的个人信息，作以抽象化匿名化处理，或是辅之以加密措施和权限设置。
安全性	信息处理者应当采取技术措施和其他必要措施，确保其收集、存储的个人信息安全，防止信息泄露、篡改、丢失。
不篡改	信息处理者不得篡改其收集、存储的个人信息。

（6）安全（Security）

综合"链接人工智能准则平台"[1]上的各项人工智能伦理指南我们可以发现，就国际关系角度而言，"安全"意味着本国对国内的人工智能技术及相关产品拥有绝对的控制权和所有权。就技术系统与系统外诸要素的关系而言，"安全"又可分为"内部安全"（security）和"外部安全"（safety）：其中"内部安全"意味着相关主体要在人工智能整个生命周期中对其运行

[1] http://www.linking-ai-principles.org/cn

进行测试、验证，确保人工智能在各个环节中都能正常运行，具有鲁棒性和可控性；而“外部安全”则主要是指能够通过技术提升的方式增强人工智能系统的安全性以及相关信息的保密性，避免被外部势力攻击。（曾毅，皇甫存青，鲁恩萌 & 阮子喆等，2020）具体而言，智能技术价值观中的“安全”价值可包含以下诸多维度。

表 2.4：“安全”价值观的相应维度 [1]

安全识别与评估	识别、评估人工智能运用过程中可能存在的潜在风险。
安全能力提升	不断提高系统成熟度、鲁棒性、防篡改能力和对抗攻击的恢复能力，研究降低风险的办法。
数据 / 信息安全	加强技术手段，确保数据 / 信息安全，防范数据 / 信息泄露、篡改和丢失等风险，确保人工智能系统处理、存储和传输信息的机密性、完整性和可用性。
环境安全	确保人工智能系统部署的外部环境的安全性。
系统安全	确保人工智能系统本身的安全性。
国家安全	保护国家安全和国防。
抵抗攻击	人工智能系统需要可靠、安全，足以抵御公开攻击和更微妙的操纵数据或算法的企图。
后备计划	确保在出现问题时有一个后备计划。
可核查的安全	人工智能系统应通过设计机制将安全和安保结合起来，以确保其每一步都是可核查的安全。
人类安全	相关人员的身心安全放在核心位置（包括最小化系统运行中的意外后果或错误，以及在可能情况下的可逆性）。
交互安全	确保人机交互的情感安全性以及人工智能与其环境（数字或物理）的安全交互，并按预期运行。
设计安全	人工智能开发者必须考虑到安全的所有方面，并在发布前进行严格测试，以确保人工智能系统不会侵犯人类的身心健康和安全环境。

[1] http://linking-ai-principles.org/cn

（7）责任（Responsibility）

“在词源上，责任来自于拉丁文 respondeo，‘负责任的’与‘可回答的’是一致的，意味着有能力履行义务，可以承担，使之满意等”。(孙君恒 & 许玲，2004) 在 18 世纪时，“责任”主要是个法律概念，但时至今日，其已拓展成为蕴含更丰富伦理内容的概念，而责任问题自 20 世纪下半叶以来能够引发伦理学的广泛而深切的关注，则“既是伦理理论发展的一种需要，也是对当今现实对伦理规范提出的新要求的一种回答”（毛羽，2003)。在当今的社会生活中，各类主体最常涉及的责任主要包括“法律责任”和“道德责任”。其中，法律责任规定了“底线伦理”，是由“国家立法机关所指定、司法机关来实施的责任，具有强制性”(孙君恒 & 许玲，2004)。道德责任则是一种“向往的道德”，体现了对行为主体更高的要求，“以道德情感和评价为基础，要求行为主体依靠精神上的自制力，主动对自己的过错或过失行为承担不利后果”，“表现为行为主体对责任的自觉认识（责任感、责任心）和行为上的自愿选择”（孙君恒 & 许玲，2004)。通过对相关文献的归纳，我们可以发现“智能技术价值观”中的“责任原则”也可包含“法律责任”和“道德责任”。

（8）真实（Authenticity）

“真实”价值理念植根于对人类尊严和自主性的尊重，希望得到真实的信息是人的基本诉求(科瓦奇 & 罗森斯蒂尔，2011)，唯有获取真实的信息，人们才可以更加自主地作出符合自身价值理念的选择。在现实社会中，践行“真实原则”已成为各类主体履行职能承担责任的必由之路。而在新闻传播领域，“真实性”则是新闻职业理念的首要原则，无论是新媒体还是传统媒体的新闻工作者都主动将“发现真相”作为自己的首要使命（科瓦齐 & 罗森斯蒂尔，2011）。因此，本报告认为，各类主体在设计和使用人工智能进行各类生产活动时，也应坚持真实原则，且尤其需要注重“程序真实”和“内容真实”。其中，“程序真实”主要是指设计和使用人工智能的各类程序步骤以及公开相关信息的程序环节需要确保真实。“内容真实”主要是指人工智能生产的内容要保证真实性。

（9）可持续发展（Sustainable Development）

1987 年联合国环境与发展委员会在《我们共同的未来》一书中正式提出“可持续发展”的概念和模式，其核心要义是“正确处理人与人、人与自然之间的关系”，自此之后，“可持续发展”迅速成为各国环境、经济、社会、法律和教育等学科研究的重点课题和相关领域的重要指导理念 (吴冠岑，刘友兆 & 付光辉 , 2007)。当下，人工智能技术已在政治、经济、文化等诸多维度深刻地嵌入并重塑了人们的生活，而“可持续发展”理念也相应地增加了技术维度的内容。本报告认为“智能技术价值观”中的“可持续发展”理念提醒人们，需要审视如何利用人工智能实现经济增长，强调人工智能的设计、发展和使用需要与环境承载能力相协调，能够真正提升人的生活质量，实现人类、技术、自然和社会的协同持续进步。

2.2.3 智能技术伦理争议的分析路径

随着社会和技术的发展，面对“人机交互”“集体协作”以及由此产生的因果关系链条不再清晰、新型伦理难题层出不穷、既有的伦理原则已不能起到很好的解释和规范作用等现实和理论困境，伦理形态也发生了相应的变化，而这种变化可概括为从“权威伦理”到“境遇伦理”再到“程序伦理”的转变 (曹刚 , 2010)。由于“权威伦理”遵循的演绎推理逻辑能够发挥普遍伦理原则的规范作用，而“境遇伦理”遵循的“决疑法”推断方式则能比较好地分析特殊的伦理争议个案，因此，本报告认为结合这两种伦理推断方式，才是适合分析智能技术伦理争议的路径。

2.3 研究方法

2.3.1 舆情事件及话题的选择

我们根据目标抽样的方法，选取了 2020 年信息传播和社会治理领域中智能技术相关的具有代表性的十大舆情事件 / 话题，舆情事件 / 话题以及对应的领域如表 2.5 所示。

表 2.5：2020 年信息传播和社会治理领域中的智能技术十大舆情事件 / 话题

领域	环节 / 维度	舆情事件 / 话题
信息传播	信息加工环节	AI 换脸
	信息生产环节	美国控制机器人账号散布“中国制造病毒论”
	信息消费环节	大数据杀熟
	信息分发环节	新浪微博热搜停更一周
社会治理	经济维度	外卖员“困在”算法系统里
	社会保障维度	老年人使用“健康码”存在困境
	法制维度	中国人脸识别第一案
	政治维度	TIKTOK 美国风波
	交通维度	自动驾驶安全问题
	教育维度	直播平台借助免费网课向学生推广网游

2.3.2 数据抓取和筛选

我们通过对微博的广泛阅读以及对各舆情事件 / 话题发展脉络的梳理，确定了各舆情事件 / 话题的关键词和基本能涵盖舆情发展全貌或高潮的时间段，关键词以及检索获得的数据总量等相关信息如表 3 所示。之后，我们用 python 编程进行数据抓取，具体步骤如下：通过 weibo.cn 网站分析得到高级搜索接口，利用该接口，获取关键词在指定日期内的搜索结果，包括微博正文、相应微博的点赞量、评论量和转发量以及用户名等信息；鉴于“点赞量”“评论量”和“转发量”代表着微博用户对相关内容的参与度，相应的数值越高，说明对应微博愈加容易引发微博用户的赞同、讨论和传播，因此，为挑选微博用户参与度较高的微博进行分析，我们获取“点赞量”“评论量”和“转发量”分别排名前 50 的微博正文并根据 tweet_id 进行去重（同一个用户发布的同一条微博只留一条）进行分析。但需注意，微博数据抓取量存在限制，每天最多只能抓取某关键词相关的 1000 条微博。

表 2.6：2020 年信息传播和社会治理领域智能技术舆情事件 / 话题的数据抓取条件及结果[1]

舆情事件及话题	数据抓取关键词	时间段	数据量（条）
AI换脸	“AI换脸”/“人工智能换脸”	2020.01.01-2020.11.01	56786
美国控制机器人账号散布“中国制造病毒论”	“机器人账号”/“机器人账户”	2020.06.09-2020.06.18	12646
大数据杀熟	“大数据杀熟”/“大数据杀熟”并含“禁令”	2020.09.15-2020.09.25; 2020.10.01-2020.10.10	9096
新浪微博热搜停更一周	“新浪微博热搜”并含“停更”/“新浪微博热搜”并含“被罚”	2020.06.10-2020.06.19	5713
APP违法违规与个人信息泄露	“app违法违规”并含“个人信息”	2020.01.01-2020.11.01	11073
外卖员“困在”算法系统里	“外卖员”并含“算法”	2020.09.08-2020.11.01	8282
老年人使用“健康码”存在困境	“老人”并含“健康码”	2020.01.01-2020.12.08	45552
中国人脸识别第一案	“中国人脸识别第一案”	2020.01.01-2020.12.08	4412
TIKTOK美国风波	“TIKTOK”并含“美国”	2020.01.01-2020.11.01	127803
自动驾驶安全问题	“自动驾驶”并含“安全”	2020.01.01-2020.11.02	28508
直播平台借助免费网课向学生推广网游	“直播平台”并含“网课”并含“推广网游”	2020.06.08-2020.06.17	508

2.3.3 智能技术价值理论分析类目的构建与使用

本报告以九类智能技术价值为基础制定编码表，每一项价值维度为一个类目（共 9 个类目），编码表如表 2.4 所示。把每一舆情事件 / 话题作为单独的案例并借助 Nvivo 进行编码分析，代表案例的分析情况如图 3 所示。

表 2.7：智能技术价值理论分析类目的构建

维度	层面
人类尊严	研发层面的尊严
	使用层面的尊严
人类自主	研发层面的自主
	使用层面的自主
	监管层面的自主

[1] 说明：子报告 2 将子报告 1 中的“多款违法违规收集个人信息 APP 被处罚”案例，替换为“直播平台借助免费网课向学生推广网游”，原因是前者多是事实报道、难以做价值分析。

公平	程序公平
	机会公平
	互动公平
	结果公平
透明	信息透明
	理念透明
	程序透明
个人信息保护	收集和处理的知情同意
	收集和处理的知情同意可撤回
	可访问
	可获取
	可更正
	可删除
	限制处理
	保密性
	安全性
	不篡改
安全	内部安全
	外部安全
责任	法律责任
	道德责任
真实	程序真实
	内容真实
可持续发展	经济增长可持续
	环境发展可持续
	人类生存和发展可持续

图 2.3：利用 Nvivo 分析“外卖员‘困在’算法系统里”案例的截图

2.4 研究发现

2.4.1 信息传播领域中微博用户对智能技术价值的关切

（1）AI 换脸

从 2019 年 9 月国内首款以人工智能换脸为主要技术手段的娱乐 APP——Zao 推出以来，与 AI 换脸技术相关的讨论持续不断。从研究样本来看，大部分网民将则技术与“娱乐方式”挂钩，认为 AI 换脸是一项“十分有趣的技术”。比如有网友指出：“把 xxx（某位明星）的脸换到恶搞视频上真的是太有趣了！！！”（C2–S40）。也有网友认为人工智能换脸让自己“想当明星的梦想终于得以实现”（C2–S23）。

仅存的两条涉及价值判断的微博关涉了“个人信息保护”和“责任”价值。在“个人信息保护”方面，一位网友对 AI 换脸可能引发的个人信息泄漏和不正当使用表示忧虑：“虽然人工智能换脸是一种‘黑科技’，但如果是别人随意拿我的照片放到负面的视频上，对我肯定会造成困扰”（C2–S35）。

在“责任”层面，网友担忧平台不能很好地落实保护用户个人信息的责任，“我一直不敢把自己的照片传到网上换脸，因为我根本不知道我的照片会不会被平台给泄漏出去”（C2-S24）。

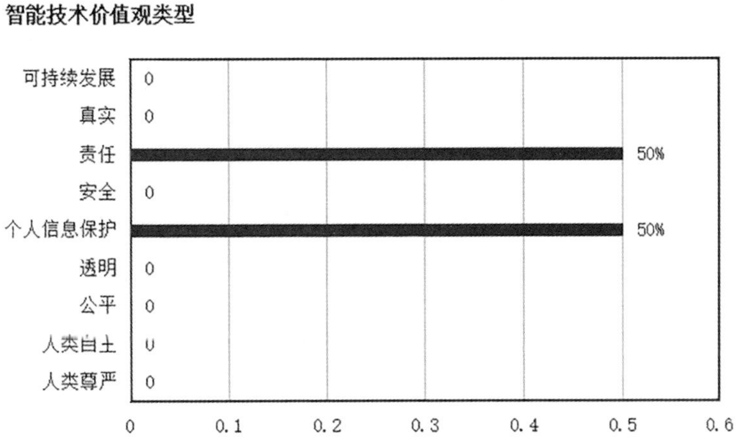

智能技术价值观类型

价值观类型	比例
可持续发展	0
真实	0
责任	50%
安全	0
个人信息保护	50%
透明	0
公平	0
人类自主	0
人类尊严	0

0　0.1　0.2　0.3　0.4　0.5　0.6

图 2.4：“AI 换脸”舆情话题中关涉的智能技术价值维度及相应的比例

大部分微博用户对该技术的价值判断停留在了工具理性的层面，而有关个人信息保护、平台责任等技术价值理性层面的内容却不太受关注。究其原因主要是人们往往会在技术应用的初期，为其全新功能给人类生活带来的正面效益所惊喜，而伴随着资本控制下的技术企业的庞大宣传攻势，主导舆论可能倾向于赞美和“拥抱”这一技术。但随着技术应用的深入，社会需要更加警惕技术逻辑本身可能带来的伦理隐忧。特别是在目前阶段，很多时候 AI 换脸技术对使用者本人肖像信息的获取、访问、更正和删除机制还不足够透明，对非使用者本人肖像信息的获取也没有明确的限制和管理机制，这大大提升了个人信息被非法盗用、滥用的风险。此外，AI 换脸技术也为信息的深度造假提供了便利。借助 AI 换脸技术，深度造假者可以替换了不同乃至完全相反的视觉内容和意涵，造成文本的自我颠覆，从而从根本上颠覆了信息的客观性和真相的生产机制，将严重影响社会治理和传播秩序。

从“Zao”被国家网信办迅速约谈和下架这一结果可以看出，对人工智能技术应用的监管和责任主体人的落实已经受到了政府部门的高度重视。

我们确实需要肯定人工智能技术应用的创新性和社会价值，但与此同时，社会也迫切希望能够拥有建立在完善的道德伦理评价机制上的政策法规，保障人工智能技术合法合理的使用。

另外，AI 换脸技术明确关涉人脸和身份信息的真实性，也对相关平台提升自身数据存储系统的安全性提出了要求。但微博用户并未关涉“真实”和“安全”这两类价值。

（2）美国控制社交机器人散布“中国制造病毒论”

与社交机器人相关的大规模讨论始于 2020 年 6 月 9 日，当时外交部新闻发言人华春莹在新闻发布会上针对“美国控制社交机器人散布中国制造病毒”一事作了回应。在研究样本中，共有 31 条微博涉及价值判断，其中关注“安全”的微博有 26 条，另有 5 条微博关涉了“人类自主”。

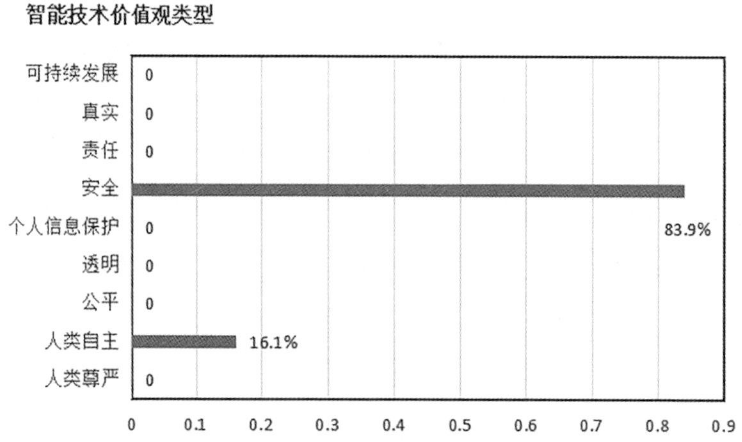

智能技术价值观类型

可持续发展 0
真实 0
责任 0
安全 83.9%
个人信息保护 0
透明 0
公平 0
人类自主 16.1%
人类尊严 0

0 0.1 0.2 0.3 0.4 0.5 0.6 0.7 0.8 0.9

图 2.5：“社交机器人”舆情话题中关涉的智能技术价值维度及相应的比例

在强调智能技术可能带来的“外部安全”问题时，网民们首先关注到了社交机器人可能对中国国家形象造成危害。如网民“司马平邦”就指出：“美国控制机器人水军目的就是传播虚假信息、诽谤和抹黑中国形象，十分可耻”（C2-S11）。进一步的，有网民意识到涉及国家形象的攻击有可能危害在外中国人的个人安全，“最担心的不是抹黑而是外国人信以为真，如果是这样的话，那可真为我们的同胞担心”（C2-S15）。另外，有网友将社交机器人与国家安全联系在了一起，“操控舆论也是一场无形的战争，如果哪天美国人向中国（国内）投放社交机器人，那就很危险了”（C2-S18）。

从涉及“外部安全”的微博数量和内容可以看出，由于受到国际新闻事件的影响，舆论的关注点主要集中在了智能技术与人类“外部安全”（人身安全、国家安全）的关系上。另外，有网友担忧用户的“个体自主”问题，“社交机器人通过私信与我对话，聊了两句之后才发现是个机器人，我完全不能决断是否和机器人说话！”（C2-S32）。也有网友表示与社交机器人互动后有受到欺骗的感觉。例如网友“寂星”就说到，“我在浏览微博的时候，常常看到帖子的阅读量很高就点进去看，结果发现点赞、评论的全是机器人，非常无语”。

事实上，社交媒体的出现从根源上破坏了人类的自主性，一方面，社交机器人通过模仿人类的信息反馈行为，使人类常常无法自主决定是否及何时与人工智能技术进行沟通互动；另一方面，社交机器人也会通过生产内容的方式，扭曲人类对信息真实性的判断。但从对样本的分析可以看到，受到国际纷争的影响，网友将关注点主要放在了“外部安全”这一层次，而忽视了社交机器人对“人类自主”和“内容真实”可能会造成不良影响等本质问题。

（3）大数据杀熟

2020年9月3日，国家文旅部印发《在线旅游经营服务管理暂行规定》，明确指出在线旅游经营者不得滥用大数据分析等技术手段侵犯旅游者的合法权益。网络电商利用数据分析的手段通过低价吸引“新客”，再用高价欺瞒“熟客”，误导其消费的现象屡见不鲜。分析发现，网友表现出了对国家部门出台规范相关政策的支持，以及对大数据杀熟行为的批评。其中，明确涉及价值判断的微博有29条，相应地体现出了用户对“人类自主”（16条）和“人类尊严”（13条）的关注。

在关照“人类自主”的微博中，网友们认为大数据杀熟是技术进行“商业欺诈”的方式，智能算法影响了人类的判断力，从而影响了消费者自主决断的过程和结果，“技术被用来欺骗，而我们中的大部分人无力反抗，甚至根本不能自知”(C3-S19)，“虽然看上去像是我们自己在购物，但实际上是公司的机器人操纵着你在购物”（C3-S23）。

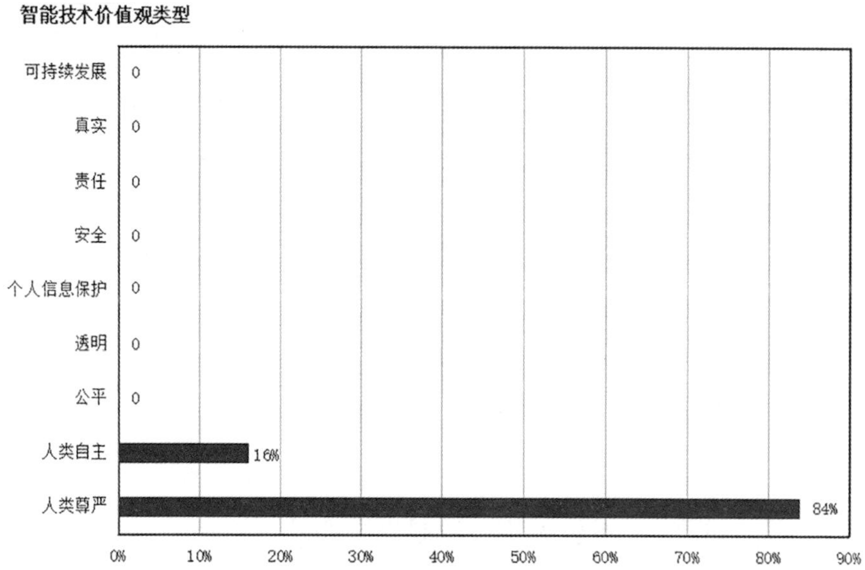

图 2.6：“大数据杀熟”舆情话题中关涉的智能技术价值维度及相应的比例

与此同时，有网友也认为“大数据杀熟”现象的出现，是因为企业过分追求商业利益从而使得技术成为了控制人类的手段，消费者在买卖关系中的地位被技术削弱甚至取代，人类占据主体地位的尊严被削弱，“技术通过欺骗的方式直接削弱了我们在消费中的地位，使我们完全成为了被商家摆弄的对象”（C5-S8）。

以维护人类尊严和自主为原则，意味着人工智能技术应当将人类作为目的而不是手段去尊重，就是要在尊重人类各项权利的基础上，尊重人类作为自由个体的决定权，而商家的“大数据杀熟”行为从根本上颠覆了上述智能技术价值的核心要义。

另外，“大数据杀熟”这种针对不同消费者制定差异化定价策略的行为，严重违背了“公平”价值理念，而商家定价规则的不透明、商家对消费者合法权益的漠视以及企业对自身社会责任的逃避等，都是导致这种现象出现的重要原因。但是微博用户并未关涉“公平”“透明”和“责任”这三类价值。

（4）新浪微博停更一周

2020 年 6 月 10 日，国家互联网信息办公室指导北京市互联网信息办公室约谈新浪微博负责人，针对微博在蒋某舆论事件中干扰网上传播秩序以及传播违法违规信息等问题，责令其暂停更新热搜榜一周。在研究样本中，与价值判断相关的微博有 26 条，与技术公平相关的微博有 19 条，关注算法透明的微博有 7 条。

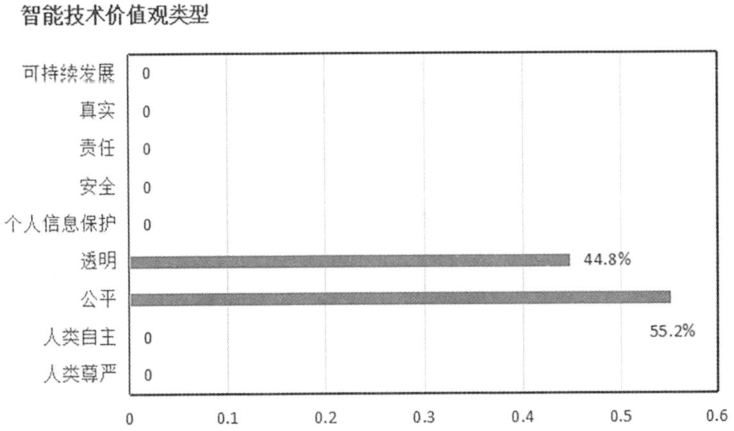

图 2.7：“新浪微博停更一周”舆情事件中关涉的智能技术价值维度及相应的比例

其中，绝大多数网友对新浪微博热搜榜算法自动化决策的非公平性进行了批评，“新浪热搜榜近几年已经发展成为了一个黑色产业链，有钱就可以操控舆论、颠倒黑白”（C4–S9），“微博热搜只服务于有钱人和明星，其他群体只能被流量抛弃”（C4–S38）。此外，也有用户对微博热搜榜算法的程序公平性提出质疑，认为算法对热度的计算方式“有失公允”（C4–S12）。

在社交媒体上，用户的注意力是一种稀缺“资源”，而热搜榜往往是关注度的风向标，引导着受众的注意力分配。微博热搜榜能够成为用户依赖的日常信息信源，本质上潜藏着这样一个伦理命题：技术能够以人类的媒介行为数据作为基础，公正地评价人类社会中各种信息的重要性程度。而当这一伦理命题在商业逻辑的操纵下被打破时，技术也自然失去了它的公正性。

另外，也有网友关注微博热搜榜算法的“信息透明”和“程序透明”，“我们很想知道微博到底采用什么样的加权比重来计算热搜榜的”（C4–S31），也有网友指出，“微博如果要撤热搜的话必须详细地解释清楚为什么才行”（C4–S38）。

事实上，微博热搜榜作为一种信息过滤机制，直接作用于微博用户获取的信息内容，从而间接作用于微博用户对世界的认知和判断。而个人自由地获取全面的信息以及据此形成的对世界的认知和判断，又可为其自由自主地采取符合自身意志的行动提供了知识基础。微博热搜榜在某种程度上的“不透明”和“非公平”，很可能会影响用户对事件 / 世界的真实、全面认知，以致于用户不能真正自主地作出符合自身价值观的判断，甚至是采取了不恰当的行动。另外，在保证微博热搜榜的公平性和透明度等方面，新浪微博平台负有直接、主要的责任。但微博用户并未涉及这“人类自主”和“责任”这两类价值的讨论。

2.4.2 社会治理领域中微博用户对智能技术价值的关切

（1）外卖员“困在”算法系统里

共有 30 条与该舆情事件相关的微博明确涉及价值判断，包括“人类尊严”“安全”“责任”“可持续发展”“人类自主”和“公平”六个维度。

29 条微博涉及“人类尊严”，且涵盖了“研发层面”和“应用层面”的诸多维度。在“研发层面”，有微博用户期待外卖平台可将影响配送时间的各种现实因素考虑在内以优化算法进而避免外卖员遭遇安全威胁（C5–S10，C5–S32）。在“应用层面”，有用户关涉“人类自主”，认为外卖员应该有申诉的渠道（C5–S9），应该有个工会替他们发声（C5–S7），应该打破平台方对算法规则的垄断，让更多的人参与到算法规则的制定和协商中，建立算法协商机制（C5–S8）。三条微博关涉到了“人之为人”的存在条件，如有微博用户认为“外卖行业的大数据算法，压根就没考虑过骑手作为‘人类’的这一部分，因为在算法的调度里，他们都是数据”，认为“算法应该更具人情味”。有 14 条微博关涉“不应通过过度追求效率和便利性来将人工智能用于控制人类”（C5–S17，C5–S32）。有 16 条微博关注外卖员的劳动状况、安全和社会保障等其他权益问题，认为企业逐利的本质、资本的压榨、算法和数据的逻辑等因素导致外卖员在工作情境中面临安全威胁，权益也无法得到有效保障（C5–S35，C5–S6，C5–S32），“在算法驱动下，在劳动自由的假象下，外卖员的价值被榨到最后一滴血汗”（C5–S83）。

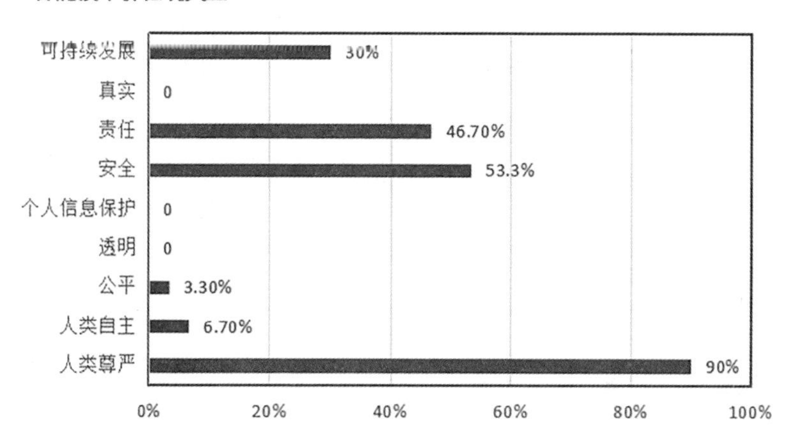

图 2.8：“外卖员困在算法系统里”舆情话题中关涉的智能技术价值维度及相应的比例

也有微博质疑与外卖员相关的分配原则并不“公平”，认为“外卖员创造了数十亿利润，却难从这些价值中分一杯羹”（C5–S15）。

14 条微博关注责任落实问题，认为外卖平台让消费者多等几分钟，是将矛盾转移到了外卖员与消费者之间（C5–S10，C5–S54，C5–S41）。而有微博用户恰恰认同是消费者造成了外卖员艰难的生存和工作处境（C5–S4），这表明在算法与人类交织互构的社会技术系统中，当出现价值和伦理争议时，存在难以确认责任主体的问题，而责任主体的不明确会导致问题出现时难以追责。

8 条微博关涉“可持续发展”，反思外卖平台的盈利模式，认为企业/平台追求经济利益不能以压榨外卖员或威胁外卖员的人身安全为代价（C5-S23，C5-S32）。

“算法透明度”被认为是解决算法所致偏见和歧视的重要解决方法，也被认为是增强多元主体参与相关讨论的重要手段，但该舆情事件的讨论并未涉及“算法透明度”。而虽然大量讨论都关涉“人类尊严”，但更多讨论集中在算法的使用层面而非算法的研发层面，真正关注改进外卖算法研发以关切外卖员作为人类的生存和生活价值的微博极少。其次，在算法的应用层面，更多微博关注平台对利润和效率的过度追逐，很少有微博关注相关利益群体和个人、尤其是弱势群体和个人运用民主手段参与算法规则制定和协商的可能；很少有微博关注外卖员自我价值的实现。但微博用户对“人类尊严”“安全”“责任”“可持续发展”“人类自主”和“公平”的强调，也提醒设计和使用算法的主体要更加注重人工智能设计和应用的过程中要重视劳动者尊严的尊重、安全的保护和自主性的保障等问题。

（2）老年人使用“健康码”存在困境

共有 23 条与该舆情话题有关的微博明确涉及价值判断，且这些微博关涉的智能技术伦理主要是“公平”“责任”以及“可持续发展”。

有 20 条微博明确涉及“公平”，且其中有 16 条微博关涉“机会公平”，强调老年人在智能技术及相关产品方面缺少足够的认知、接触与使用的机会和能力，而智能技术相关政策的制定也并未为老年人提供参与公共生活的足够机会。有 8 条微博涉及“互动公平”。在“正面事件”中，有两条微博赞许相关部门/主体采取相关措施帮助老年人学习使用智能技术及相关产品；在“负面事件”中，只有一条微博认为政策执行者有做到“互动公平”，有 5 条微博强调政策执行者可以采取更“人性化”的方式对待老年人。有 7 条微博关涉“程序公平”，在正面事件中，有两条微博认为政策制定者在制定相关政策时有对老年人的切实关怀（C6-S65，C6-S6），在负面事件中，有 5 条微博认为相关部门制定公共政策时需要将老年人的实际情况和需求考虑在内，切实保障老年人的权益（C6-S5，C6-S17）。有 6 条微博讨论的内容涉及“结果公平”，讨论认为，智能技术的发展、政策制定的不完善、政策执行过程中的僵化以及大众普遍关注的缺失等各种因素，在结果层面导致了老年人在数字生活中处于一种“不公平”的状态和地位。

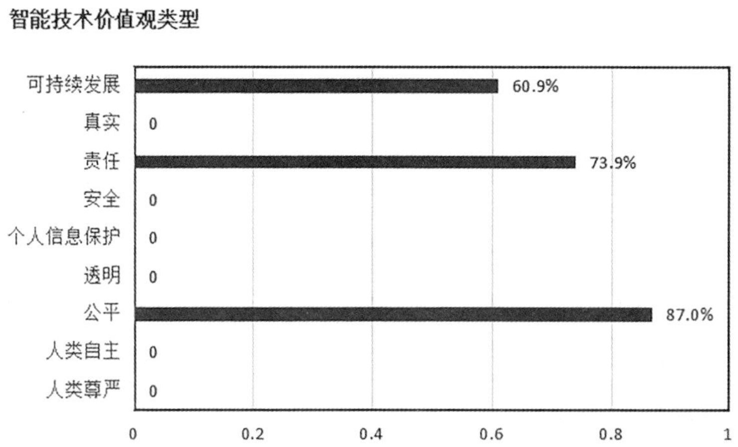

图 2.9：“老人使用‘健康码’的困境”舆情话题中关涉的智能技术价值维度及相应的比例

有 20 条微博涉及“责任”，其中 14 条微博具体关涉到相关主体的“道德责任”。有两条微博认为政策执行者在落实相关举措时没有履行好“道德责任”（C6-S1）（C6-S20），有 12 条微博认为社会整体 / 普通民众在关照老年人方面具有“道德责任”（C6-S3）。有 5 条微博认为政府相关部门在制定相关政策时具有关照老人的“行政责任”（C6-S5）。

有 14 条微博明确涉及“可持续发展”，这些微博呼吁数字社会的发展应该和老年人在智能技术方面的认知、接触、使用以及良好体验同步，老年人不应该被数字技术抛在边缘（C6-S29，C6-S63，C6-S65）。

事实上，老年人在认知、接触和使用智能技术及产品的过程中存在困难且由此遭遇生活中的诸多不便，很可能直接导致老年人生存的尊严和自主性在某种程度上难以实现，但相关微博并未有直接关涉这二者的讨论。而通过上述分析我们可以发现，在该舆情话题中，微博用户特别关切“公平”

价值理念且尤其关注“机会公平”“互动公平”和“程序公平”，因此相关主体在制定智能技术相关政策、法律和其他规范或是研发推广相关技术和产品时，也应特别关注这三个方面。另外，在“责任”价值观方面，微博用户尤其关注“道德责任”和“行政责任”，因此相关主体在确保履行好“法律责任”这一最低限度的责任的同时，也应该追求“责任”维度上的更高目标，即“道德责任”的践行。而微博用户对“行政责任”的强调也意味着对政府部门在政策制定和执行方面有着更高的期待。最后，该舆情话题中微博用户对“可持续发展”价值观的强调，体现了人们对理想中数字社会和文明社会的追求，即一定要发动多元主体的力量帮助特殊群体如老年人能够享受技术和社会发展带来的便利和福利，从而促进人与技术、人与人以及人与社会之间的协调发展。因此，相关主体在制定“可持续发展”规范时，要注重多元主体的参与以及对弱势群体需求的满足和利益的保障。

（3）中国人脸识别第一案

共有 42 条与该舆情事件有关的微博明确涉及价值判断，且其中关涉的维度包括“个人信息保护”“安全”“责任”“透明度”以及“人类尊严”。

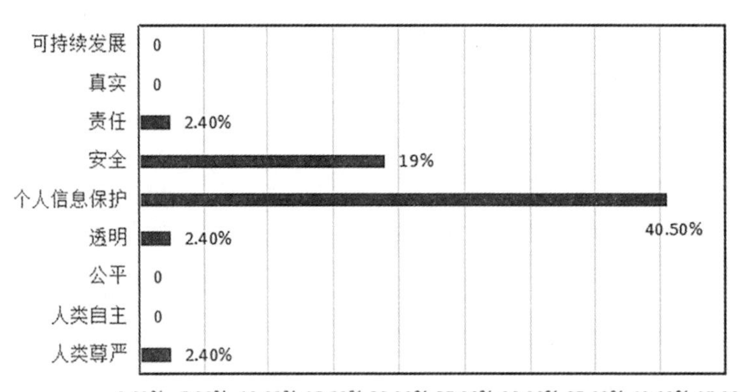

图 2.10：“中国人脸识别第一案”舆情事件中关涉的智能技术价值维度及相应的比例

17 条微博关涉“个人信息保护”，其中有 3 条微博强调个人信息收集的知情同意，认为相关主体应赋予用户知情权（C7–S44）。有 15 条微博强

调当涉及两种情况 / 条件的时候，首先要明确个人信息收集的必要性以及边界。第一种是当涉及个人敏感信息尤其是人脸之类的“生物特征信息”时，如有微博用户认为“收集、使用人脸特征等生物特征信息，应符合正当、合法、必要的原则”（C7–S15，C7–S40，C7–S85）。第二种是需要辨析收集数据的主体，从而决定个人信息收集的必要性以及边界（C7–S17，C7–S12，C7–S3）。另外，有微博直指中国民众普遍缺乏隐私保护意识（C7–S20）。

8 条微博关涉 “安全”，相关微博用户十分担忧信息被收集之后可能不会被安全存储从而遭遇泄露的风险（C7–S15，C7–S48，C7–S15）。

也有微博关涉“责任”，追问“泄密会负责吗”（C7–S12）。有微博强调“透明”，认为数据收集主体“需要公开收集、使用规则，明示收集、使用信息的目的、方式和范围”（C7–S15）。另有微博用户强调科技发展过程中人类尊严的实现（C7–S46）。

事实上，个人信息保护本质上可以归于个人对自我信息的掌握即个体自主的实现，但微博用户的讨论并未从根本上触及这一层次。而微博用户对公民智能技术价值观有待提升、未成年人保护、信息安全、个人信息收集必要性、责任体系和信息透明等方面的强调，意味着各类主体在收集用户信息尤其是“人脸”等生物识别信息时需要将这些因素考虑在内。而相关伦理原则的制定，更是要注重有助于提升公民对智能技术伦理的认识，也要专门设置针对弱势群体和少数群体的规定，且需要明确说明当保护弱势群体或少数群体的原则和个人信息保护原则发生冲突时，应该如何根据特定的情境和语境进行抉择。

（4）TIKTOK 美国风波

共有 28 条与该舆情事件有关的微博明确涉及价值判断，且这些微博关涉的维度主要是“安全”“公平”和“透明”。

12 条微博关涉“安全”，这些微博主要认为美国以维护国家安全的名义行霸权之实，且美国对“字节跳动”的打压已威胁到了中国在经济、技术和数据等方面的安全。有 6 条微博关涉“公平”，这些微博认为美方对字节跳动的一系列限制措施包括过程中进行的谈判和签订的协议都是不公平的。而有的微博认为，中国企业在海外市场的生存已然艰难，因此，当面对外国的攻击时，即使这些企业应对不当，民众也不应对其抱以舆论鞭挞和惩罚，否则是对企业的不公平（C8–S13）。

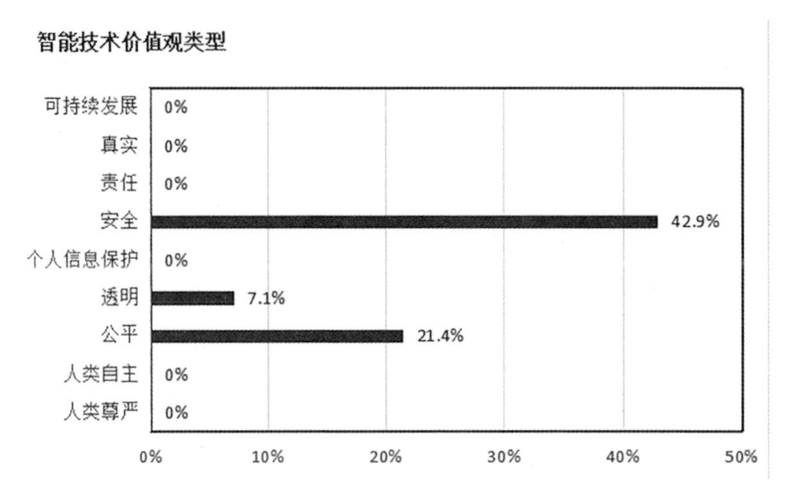

图 2.11：“TIKTOK 美国风波”舆情事件中关涉的智能技术价值维度及相应的比例

有两条微博关涉“透明”，一方面，有微博认为，“美方在拿不出任何证据的情况下，对中国企业做有罪推定并发出威胁……违反了世贸组织开放、透明、非歧视的原则”（C8–S34），另一方面，我国多次修订技术进出口管理条例被认为是“朝着建立更加自由、便利和透明的技术贸易管理体制迈进”（C8–S76）。可见，“透明”是技术商贸领域中的重要价值理念。

有两条微博关涉“可持续发展”，这些微博认为“美国对 TikTok 的围猎以及对华为的全球追杀是在泯灭世界各国高科技公司拥有全球一流技术并且独立发展的希望”（C8–S4），不利于世界各国高科技公司的持续发展。

通过上述分析我们可以发现，“网络 / 数据 / 国家安全”很可能成为“技术民族主义”（technonationalist）的借口，而相关的科技霸权之实可能违背国际关系或国际贸易中的“公平”“透明”和“可持续发展”伦理理念。

而民族主义情绪和国际争端，很可能会掩盖了智能技术本身事实上会牵涉的价值和伦理争议，如本案例中人们本应对 TIKTOK 平台算法是否真的会违背个人信息保护和安全理念这一事实进行论辩。因此，在智能技术的设计、使用与贸易等方面，排除意识形态，基于全面的事实作出正确的价值判断，就显得非常重要。

（5）自动驾驶安全问题

微博用户对“自动驾驶”的讨论相对较少，且其中明确涉及价值判断的微博只有 13 条，而这些讨论都集中在“安全”方面。

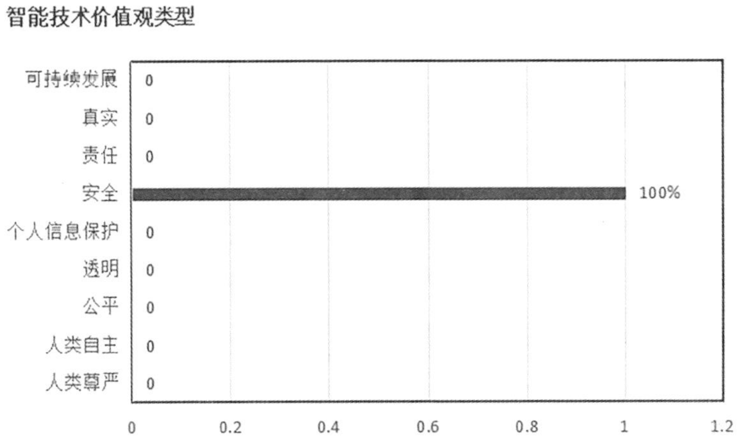

图 2.12：“自动驾驶”舆情话题中关涉的智能技术价值维度及相应的比例

其中有 4 条微博对“自动驾驶”技术及其普及抱有肯定态度，认为“自动驾驶比人为驾驶安全，是符合科学的”（C9–S20），能够缓解堵车情况（C9–S27），“减少交通事故提升交通效率”（C9–S44）。而另外的 9 条微博则对“自动驾驶”抱有怀疑和审慎的态度，他们怀疑“自动驾驶”技术在目前以及未来很长的时间段内的成熟度和可靠性（C9–S219，C9–S25）。值得注意的是，两条微博强调该项技术的进一步提升需要考虑特定情境如要区分被撞和撞其他车（C9–S42），需要考虑现实中的混合交通情况（C9–S62）。

通过上述分析我们可以发现，虽然在“自动驾驶”相关舆情话题上，微博用户对“外部安全”和“内部安全”价值已有关注，但相关的讨论还主要集中在“自动驾驶”的初级和基础安全方面的讨论上，且讨论具有概括性，缺乏更加宏观和深层的关注，并未真正意识到“安全”价值可能具有的多维层次，如“环境安全”“国家安全”以及“可核查安全”等。另外，通过对文献和伦理指南的梳理，我们发现“安全”与“可持续发展”“责任”“个人信息保护”“透明”“人类自主”和“人类尊严”六项价值密切相关，该六项价值指导下相应操作化措施的实现被认为是确保人工智能在整个生命周期中安全运行的重要条件。然而，该舆情话题中的讨论并未涉及该六项价值观。结合现实分析，这可能是因为“自动驾驶”在中国并未大范围实现商用，在民众中的应用普及率并不高，人们对其认知和了解有限。然而，这种对“自动驾驶”技术及其应遵守的应然价值的有限关注又与近些年来该技术在中国的“火热推行”形成鲜明的对比。因此，提升民众对“自动驾驶”技术的认知以及相关应然价值的关注迫在眉睫。

（6）直播平台借助免费网课向学生推广网游

2020 年 6 月 8 日，央视新闻爆料直播平台“虎牙”借助免费网课向学生推广网络游戏引起舆论哗然。在抽取的样本中，有 19 条微博明确涉及价值判断，且其中 13 条关涉技术平台的责任落实，6 条则与技术的可持续发展观念有关。

在平台责任层面，网友们普遍对平台缺失社会责任的承担进行批评。也有用户认为游戏直播企业是商业公司，在免费网课上推广游戏并没有违背社会责任。有的用户则将焦点放在了“向未成年人兜售游戏产品上”，认为技术应当用来保障人类的可持续发展，“技术不是用来毁灭下一代的，而是用来帮助下一代成长，促进整个社会进步的”（C10-S27）。

应当看到，技术公司不仅要践行“法律责任”，也应该努力落实“道德责任”。而教育本质是促进人类全面、健康、可持续发展的重要途径，不负“道德责任”地使用技术，恰恰严重违背了人类可持续发展的伦理理念。

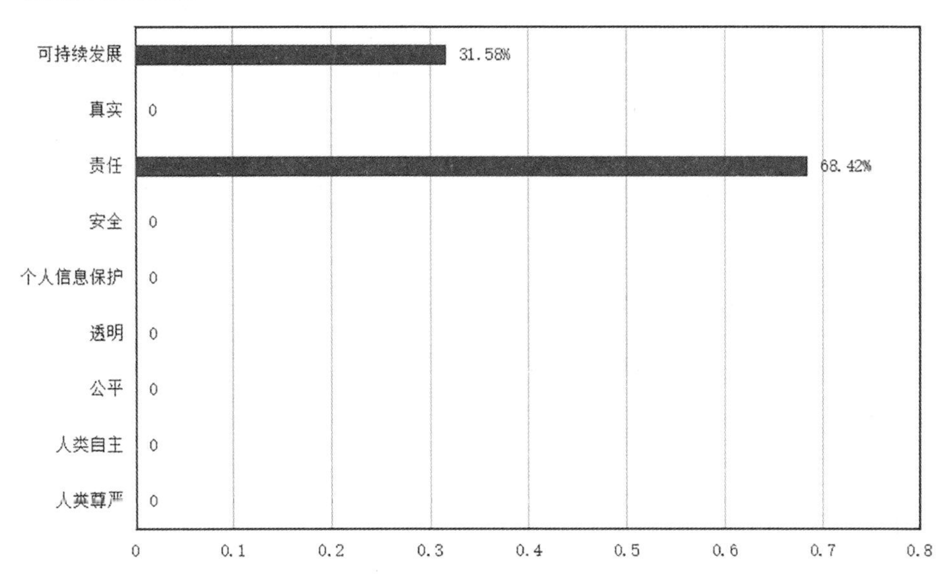

图 2.13：“直播平台借助免费网课向学生推广网游”舆情话题中关涉的智能技术价值维度及相应的比例

2.5 研究结论

2.5.1 微博用户关切的智能技术价值维度及偏向

通过归纳我们可以发现，在 2020 年信息传播领域和社会治理领域的十大舆情事件 / 话题中，微博用户关切的智能技术价值维度及相应的偏向如表 5 所示，在与人工智能有关的不同舆情事件 / 话题中，微博用户关切的智能技术价值维度及相应的偏向存在差异，但与此同时，“人类尊严”“人类自主”“公平”“透明”“个人信息保护”“安全”“责任”和“可持续发展”价值多次出现在不同的舆情事件 / 话题中，显示出了这些智能技术价值理念的丰富性、关涉范围的宽广性和相应的重要性。

图 2.14 显示，在 2020 年信息传播和社会治理领域的十大舆情事件 / 话题中，“安全”（5）和“责任”（5）是被关切频次最高的智能技术价值维度，其次是“公平”（4），再次是“人类尊严”（3）、“人类自主”（3）、“透明”和“可持续发展”（3），之后是“个人信息保护”（2），而“真实”

维度并没有被关切。

表 2.8：微博用户关切的智能技术价值维度、偏向及忽略的价值维度

领域	环节 / 维度	舆情事件及话题	微博用户关切的智能技术价值维度及相应的偏向（百分比为关涉相应价值的微博数占关涉价值判断微博数的比重）	事件 / 话题理应涉及但用户却并未关涉的价值
信息传播	信息加工环节	AI 换脸	个人信息保护（50%）责任（50%）	真实、安全
	信息生产环节	美国控制机器人账号散布“中国制造病毒论”	安全（83.9%）、人类自主（16.1%）	真实
	信息消费环节	大数据杀熟	人类自主（16%）、人类尊严（84%）	公平、透明、责任
	信息分发环节	新浪微博热搜停更一周	公平（55.2%）、透明（44.8%）	人类自主、责任
社会治理	经济维度	外卖员“困在”算法系统里	人类尊严（90%）、安全（53.3%）、责任（46.7%）、可持续发展（30%）、人类自主（6.7%）、公平（3.3%）	透明
	社会保障维度	老年人使用“健康码”存在困境	公平（87）、责任（73.9%）、可持续发展（60.9%）	人类尊严、人类自主
	法制维度	中国人脸识别第一案	个人信息保护（40.5%）、安全（19%）、责任（2.4%）、透明（2.4%）、人类尊严（2.4%）	人类自主
	政治维度	TIKTOK 美国风波	安全（42.9%）、公平（21.4%）、透明（7.1%）	个人信息保护

社会治理	交通维度	自动驾驶安全问题	安全（100%）	可持续发展、责任、个人信息保护、透明、人类自主、人类尊严
	教育维度	直播平台借助免费网课向学生推广网游	责任（68.4%）、可持续发展（31.6%）	无

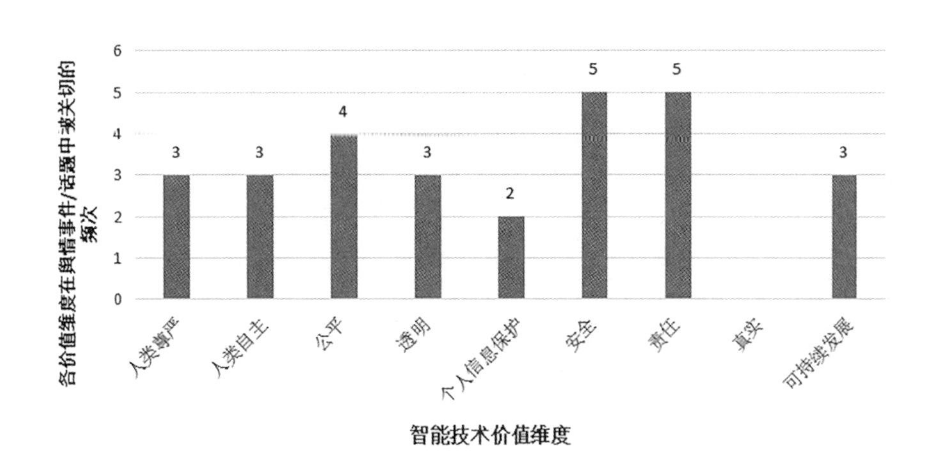

图 2.14：各智能技术价值维度在舆情事件 / 话题中被关切的频次

2.5.2 应然与实然的对比

“安全”价值方面，与智能技术相关的“人身安全”和“国家安全”备受微博用户的关注，尤其当人工智能技术与国际关系和国家利益交织在一起时，民众对后者尤其关注。但是“安全”理念也容易被一些国家利用，从而成为意识形态和技术霸权的话语工具。而在民族主义情怀的裹挟下，与智能技术有关的伦理讨论最终极易成为政治利益之争。

“责任”价值方面，微博用户虽然也会关注“法律责任”，但更多还是讨论“道德责任”这一高维价值目标，而与“行政责任”有关的呼吁则表明，微博用户对政府相关部门在解决智能技术相关的价值和伦理争议方面的作用抱有较高的期待。

“公平”价值方面，微博用户对“机会公平”“互动公平”“程序公平”和“结果公平”都有关注，且已关注到前三者的落实有利于“结果公平”的最终实现。

“透明”价值方面，微博用户最关注“信息透明”，对“程序透明”的关注次之，鲜少关注“理念透明”。然而，“理念透明”才是一种更为本质意义上的透明。

另外，“人类尊严”和“人类自主”更多涉及人类高层级的精神价值，关涉“人本”思想，难以被人们直接关切到，且即便被关切到，人们讨论较多的还是一种被动的人类尊严和自主的维护，鲜少关切以何种主动方式才能更好地保持个人尊严和自主的良好状态并保证二者在本质价值上的积极引导作用。

“可持续发展”涉及人类的长远利益，是一种“未来导向”的价值关切，也很容易被人们忽视，但微博用户已然关注到“公平”“透明”等价值理念的落实，有助于各类主体与社会的协调可持续发展。

虽然涉及“个人信息保护”理念的案例较少，但微博用户对该价值内容的维度及规范范围的掌握度却较高。近些年来非法收集和利用个人信息的负面事件频发且相关的保护政策、法规频繁出台，而这可能在无形中增加了民众对个人信息保护的理解。

在信息生产和传播领域，信息/内容的“真实”与否，直接关涉到信息接收者能否对事件/世界形成符合其自主意志的认知和态度并采取符合其价值观的行为。另外，“真实信息–事实判断–价值判断”是信息接收者作出价值判断的重要推断路径，这一“认知–态度–行动”链条能最终作用于真实的世界并在实质上推动智能技术价值和伦理的讨论，必须建立在真实信息的基础上。然而，微博用户并未对此抱有足够的关注。

总体而言，很多微博用户对智能技术的探讨更多集中在“工具理性”的维度但却忽略了“价值理性”的维度，这可能与智能技术在人们生活中仍处于创新扩散的初期阶段、人们缺乏对该技术的相应认知等因素有一定的关系。而随着相关技术在人们生活中嵌入程度的加深，增加民众对技术的认知以及相关应然价值的认识迫在眉睫。

2.5.3 构建智能技术“开放伦理”的方向

理念构建方面，民众对各类智能技术价值的关切，体现了人们对符合人类普遍价值和根本利益的智能社会、数字社会和文明社会的追求。因此，将民众在具体舆情事件 / 话题中关切的价值维度及内容纳入伦理规范的制定中，有助于建构符合多元主体意志的“开放伦理”。程序构建方面，必须设置民众可接触、理解和参与的伦理讨论渠道和平台，从而让民众有发声的机会且相关意见能有效、平等地转化到伦理讨论和决策的过程中。但需注意，由于民众在不同的舆情事件 / 话题中关切的价值维度及偏向存在差异，因此，伦理讨论必须置于具体情境中才更有意义。因此我们提倡结合演绎法和决疑法来建构伦理推断的方式。而以“人本主义”为指导，贯彻“尊重人类尊严”“尊重人类自主”“维护公平”“实现透明”“确保个人信息保护”“保证安全”“落实责任”“坚持真实”和“秉持可持续发展”九项原则并注重价值理念之间的联动辅助作用，则有望成为建设“人本主义”导向的智能社会的基本价值理念。

研究局限方面，本报告对智能技术价值具体维度的划分仍待商榷，各价值维度的内涵可能有重叠之处；在具体的价值和伦理争议情境中，价值判断和伦理抉择往往并非是在“‘是’与‘非’”或“‘好’与‘坏’”等二元对立关系中产生，在多个均符合伦理理念的行为之间进行选择，或许是人们更常遇到的复杂道德 / 伦理困境。另外，各类价值之间可能存在理念的冲突，因此，未来针对具体情境，探讨各智能技术价值维度因理念冲突而可能导致的各主体行为的价值冲突并进行伦理判断十分重要。

参考文献

曹刚 . (2010). 当代伦理学发展的三维向度 . 中国人民大学学报 , 24(03), 31 –

37.
曹刚 . (2013). 责任伦理 : 一种新的道德思维 . 中国人民大学学报 , 27(02), 70 – 76.
陈昌凤 , & 虞鑫 . (2019). 智能时代的信息价值观研究 : 技术属性、媒介语境与价值范畴 . 编辑之友 , 5 – 12.
陈昌凤 , & 张梦 . (2020). 智能时代的媒介伦理：算法透明度的可行性及其路径分析 . 新闻与写作 , 75 – 83.
陈凡 , & 张明国 . (2002). 解析技术 :" 技术社会文化" 的互动 . 福建人民出版社 .
科瓦奇・比尔 , & 罗森斯蒂尔・汤姆 . (2011). 新闻的十大基本原则 : 新闻从业者须知和公众的期待 (刘海龙 & 连晓东译) . 北京 : 北京大学出版社 .
刘晓红 , & 孙五三 . (2007). 价值观框架分析——研究媒介和价值观变迁的可能途径 . 新闻与传播研究 , 04, 51−59+96.
罗国杰 . (2013). 马克思主义价值观研究 . 北 京 : 人 民 出 版 社 .
毛羽 . (2003). 凸显"责任"的西方应用伦理学——西方责任伦理述评 . 哲学动态 , 09, 20−24+42.
孟天广 . (2012). 转型期中国公众的分配公平感 : 结果公平与机会公平 . 社会 , 32(06), 108 – 134.
孙君恒 , & 许玲 . (2004). 责任的伦理意蕴 . 哲学动态 , 09, 18 – 21.
孙伟 , & 黄培伦 . (2004). 公平理论研究评述 . 科技管理研究 , 04, 102 – 104.
托马斯・博格 . (2011). 阐明尊严 : 发展一种最低限度的全球正义观念 (李石译) . 马克思主义与现实 , 19 – 22
王利明 . (2012). 论个人信息权在人格权法中的地位 . 苏州大学学报 (哲学社会科学版), 33(06), 68−75+199−200.
吴冠岑 , 刘友兆 , & 付光辉 . (2007). 可持续发展理念下的资源型城市转型评价体系 . 资源开发与市场 , 01, 28 – 31.
洋龙 . (2004). 平等与公平、正义、公正之比较 . 文史哲 , 04, 145 – 151.

曾毅，皇甫存青，鲁恩萌 & 阮子喆等.（2020）. 链接人工智能准则平台. 取自 2020 年 12 月 1 日，从 http://linking-ai-principles.org/cn.
张奎良. (2004). “以人为本”的哲学意义. 哲学研究, 05, 11－16.
赵敦华. (2004). 西方人本主义的传统与马克思的“以人为本”思想. 北京大学学报(哲学社会科学版), 06, 28－32.
中国人大网.（2020）. 中华人民共和国民法典. 取自 2020 年 12 月 1 日，从 http://www.npc.gov.cn/npc/c30834/202006/75ba6483b8344591abd07917e1d25cc8.shtml.
庄晓平. (2011). 康德的自主理论：能否成为生命伦理学的自主原则. 学术研究, 26-30+159.
Kluckhohn, F. R., & Strodtbeck, F. L. (1961). Variations in value orientations. Evanston, IL: Row, Peterson.
Mittelstadt, B. D., Allo, P., Taddeo, M., Wachter, S., & Floridi, L. (2016). The ethics of algorithms: Mapping the debate. Big Data & Society, 3, 2053951716679679.
Osoba, O. A., Boudreaux, B., Saunders, J., Irwin, J. L., Mueller, P. A., & Cherney, S. (2019). Algorithmic Equity: A Framework for Social Applications. RAND Corporation.
Plaisance, P. L. (2007). Transparency: An assessment of the Kantian roots of a key element in media ethics practice. Journal of Mass Media Ethics, 22(2－3), 187－207.
Rokeach, M. (1973). The nature of human values. Free press.
Schwartz, S. H. (1992). Universals in the content and structure of values: Theoretical advances and empirical tests in 20 countries. Advances in Experimental Social Psychology.
Smith, A. (2018). Public attitudes toward computer algorithms. Pew Research Center. Retrieved December 2, 2020，http://www.pewinternet.

org/2018/11/16/public-attitudes-toward-computer-algorithms/

Ward, S. J., & Wasserman, H. (2010). Towards an open ethics: Implications of new media platforms for global ethics discourse. Journal of Mass Media Ethics, 25, 275 - 292.

3. 我国公众的智能价值观评估与引领研究

3.1 研究背景

2020 年是智能技术广泛推进的一年。健康码在全国范围内的普及、门禁系统推广使用人脸识别技术、无人驾驶汽车试运营、被困在算法中的外卖员、人工智能换脸技术的应用、大数据杀熟禁令的颁布、人脸识别第一案的开庭与审理……与人工智能相关的数据使用与技术应用总是能引发公众的广泛关注与热烈讨论。

人工智能技术的广泛应用对人们的行为模式、思维模式、乃至价值判断产生着潜移默化的影响。为了解中国民众对于人工智能相关议题的认知与态度，进一步考察中国公众的智能价值观，本文选取了五个人工智能价值观热点议题，以舆情热度、事件代表性等标准从 2020 年发生的热点智能技术的舆情事件中筛选五类代表性案例，以微博作为分析文本，通过分析不同事件下用户的微博内容，考察不同类型的用户对于各类事件的基本认知及价值取向，分析智能时代中国公众对于智能技术应用的认知和态度，探究中国公众的智能价值观及其引领问题。

3.1.1 2020 年的人工智能舆情热点

本文在前期通过目的抽样，对 2020 年我国人工智能舆情进行数据挖掘与分析的基础上，[1] 总结梳理了 2020 年发生的 11 起与人工智能技术及运用相关的舆情事件（如表 1 所示）第三列为各事件的舆情争议。这些事件中

[1] 该部分的调研结果以《我国公众智能价值观的现状评估与引领研究——基于 2020 智能技术的热点舆情分析》为题发表于《当代传播》2021 年第 3 期（2021 年 5 月 15 日），作者，林嘉琳，师文，陈昌凤，页码为 33-38 页。

的争议焦点可以集中归纳为三大问题：算法“黑箱”、个人信息权利侵犯、算法偏见，这些问题在同一事件中既可能单独存在，也可能共同出现。算法“黑箱”带来的问题具体体现为透明度过低所导致的用户知情权无法保障、技术方责任承担不明确等，如案例1“美国控制社交机器人账户散布‘中国制造病毒论’”事件中，算法程序制造的虚假账户及其所发布的虚假信息占领特定议题，扰乱大众试听。个人信息权利侵犯具体表现为大数据环境下对用户数据的收集、存储、使用、转让的合理性与合法性问题，如案例8“中国人脸识别第一案”，动物园在未经消费者、业主的同意的前提下，擅自收集并使用消费者的个人信息，本质上是对于个人信息安全的侵犯。算法偏见可体现为不同对象接收到不同的信息，也可体现为相同、相似对象接收到相异信息，如案例5“《在线旅游经营服务管理暂行规定》明令禁止大数据杀熟行为”事件中，同时存在算法“黑箱”和算法偏见两重问题，事件所反映的部分在线旅游经营者滥用算法技术侵犯旅游者合法权益，实为利用技术的不透明制造算法偏见，欺骗消费者，有违公平与正义。

表3.1：2020年人工智能相关舆论事件及其争议焦点

序号	案例	涉及争议	智能价值观
1	美国控制社交机器人账号散布“中国制造病毒论”	算法“黑箱”、虚假信息	责任价值
2	人工智能换脸	信息真实/深度伪造	真实性、个人信息权利
3	网课直播平台推广网游	低质/不当内容的管理	责任价值
4	新浪微博热搜被罚	算法“黑箱”	公众知情权
5	《在线旅游经营服务管理暂行规定》明令禁止大数据杀熟行为	算法“黑箱”、算法偏见	公平价值
6	《外卖骑手，困在系统里》	资本压榨、主体尊严	人的尊严

7	老人与健康码之争	技术鸿沟、弱势群体关切	公平价值
8	中国人脸识别第一案	用户信息安全	个人信息权利、人的自由
9	美国“封禁”TikTok	政治层面的技术主权	主权
10	滴滴汽车自动驾驶试运行	技术安全、用户信息安全	责任价值；个人信息权利
11	APP 违法违规收集使用个人信息系列事件	用户信息安全	个人信息权利、隐私权

舆情争议折射出了人工智能价值观问题，上表第四列内容为各事件的争议内容所反映的智能价值观，包括：责任价值，包括责任主体追溯及责任承担分配；真实性；公民权利，包括公民的知情权、隐私权、个人信息安全；人的尊严；公平价值；人的自由价值。下文将以舆情热度、事件代表性等标准从上述热点舆情事件中筛选出代表性案例，结合当前业界与学界对于人工智能伦理问题及价值导向的探讨展开研究。

3.1.2 人工智能的伦理问题与价值观导向研究

学界对于人工智能技术应用所涉及的伦理问题有诸多研究，讨论最为广泛的有以下三大问题：一是算法“黑箱”，即算法透明度问题。缺少足够的“透明度”加剧了技术鸿沟的负面影响，这也被很多学者认为是讨论算法自动化决策所涉伦理问题的关键障碍 (Diakopoulos, 2014; Kitchin, 2017)。对用户而言，知识壁垒、使用算法主体的保密政策、算法机制本身的复杂性等因素都可能导致算法自动化决策的“透明度”难以实现。对于设计者或其他专业从业者而言，算法的很多设置无法将他们的意志纳入其中，这种完全自动化的操作对于他们而言是不透明的。另外，透明度的实现可能与用户体验、组织对商业机密的保护以及组织的盈利目的产生冲突 (Mittelstadt, Allo, Taddeo, Wachter, & Floridi, 2016)，这也加剧了算法透明度问题的复杂性。

二是用户信息权利侵犯。大数据是算法自动化决策的基础，对用户个人数据的收集和处理直接决定了算法推荐的精准性。但在实践中，技术方可能在未经用户授权或强制用户选择授权的情况下收集用户的个人信息，已经实际构成了对用户个人数据的侵犯。此外，在超出规定的情况下过度搜集用户个人数据（如将个人敏感数据纳入收集范围、随意流转用户个人数据）也都可能导致个人数据泄露 (张超 , 2018)。

三是算法偏见。在数据收集阶段，算法对特定数据的使用、数据本身的质量（如完整性、代表性和真实性等）等不仅可能致使算法的自动化决策加固既有的人类偏见或社会偏见，还可能造成新的机器偏见（Machine Bias） (Bozdag, 2013)。在数据处理阶段，算法工程师、数据科学家及其他相关人类主体或组织主体的意志就嵌入在了算法设计方案中 (Jaume–Palas í & Spielkamp, 2017)。算法的自动化决策功能，如排序、分类、筛选和关联等，都可能因决策标准的偏见而产生偏见 (Diakopoulos, 2014)。

人工智能伦理规范所反映的是人类共同的价值追求和利益取向，针对上述已产生的现实问题，业界与学界都对伦理准则的确立与价值观的引领做了诸多探索。2016 年开始，电气电子工程师协会（IEEE）就开始着手制定并连续两次发布《人工智能设计的伦理准则》，确立了人权、幸福优先、可问责、透明、智能技术不被滥用等人工智能设计的伦理准则。2019 年 4 月欧盟委员会发布了《关于可信赖人工智能的伦理准则》（2018）率先归纳总结了人类应普遍遵守的五大基本人权，并提出了人工智能和相关价值背景下构建可信赖人工智能的三大主要组成部分、四大伦理原则、七大关键要求、五个需要被坚守的基本人权。当前中国新闻与传播领域的价值观研究存在两个问题：首先，价值观这个概念本身在中国新闻传播领域并没有统一的界定；其次，研究经常是在不提供经验证据的情况下大而化之地讨论。 (陈昌凤 & 陈晓静 , 2019) 这就使得在分析我国公众的价值观、尤其是智能价值观时，缺乏明确的分类依据。国内外学界对于人工智能技术应用具体应该包含哪些伦理准则已初具共识，包括尊重人类尊严、保护人的主体性、平等与非歧视、公平与正义、保护公民权利（隐私与信息安全）等。

人的尊严具有绝对价值 (康德 & 李秋零 , 2005, pp. 435–436)，从最低限度来说，人的尊严为人权理论提供了合法性证明 (俞可平 , 2018)。算法善用，首先要尊重人的尊严。人的尊严，是一切人权的基础，也是算法善用的价值源泉，决定了算法善用的自主性、透明度、公平正义、可解释、可问责等基本伦理原则。算法作为一种对海量大数据进行筛选、聚合、标签、分类、匹配的技术，稍不注意就会因为数据在标签、分类、匹配等方面的偏差导致错误的结果，将人仅仅当做了分类、操纵的对象化存在。在任何时候，都应当将人当做目的和最高价值，而不能将人仅仅当做手段或工具使用。

主体性蕴含的伦理观念是在尊重人的基础上尊重人的自我决定权。每个人都有绝对的价值和决定自己命运的能力，人应该被作为目的而非手段获得尊重 (庄晓平 , 2011) 。人类开发的人工智能技术实现了一部分行动自主权的让渡，以致在某种程度上放任了算法的“失控”。算法实际上拥有的是简化的自主权，即行动自主权，而自主性的深层内涵——道德自主，仍然牢牢掌握在人类手中。也就是说，即便人工智能已经展现出与人类智能相似的能力——自我归纳和自我学习，并且具备相当的决策能力，但这些操控决策的程序仍然是由人类设定的。

公平与正义是维系社会制度最基本的价值。算法在互联网平台公司获取和行使信息新权力过程中扮演着重要的作用和角色，也潜藏着加剧社会不公平的危机。要重视与算法息息相关的技术公平与正义，尤其对于弱势人群要考虑智能技术时代的人文关怀，例如普及健康码使用的同时考虑到老年人对新技术适应困难。

平等与非歧视是人工智能技术应用的重要价值理念。算法的不当使用，如大数据杀熟、搜索引擎的竞价排名算法等，在本质上都是违反了平等与非歧视准则。算法的研发和使用，应是为提高人们的工作、生活效率，在技术的客观层面尽可能地实现平等与非歧视。

公民权利是人类主体性和独立性的重要体现。在有关于算法对公民权利的诸多质疑中，隐私侵犯首当其冲。人工智能带来了更多的隐私获取性，增强了对隐私的直接监控 (direct surveillance) 能力，甚至其本身也可能成为隐私信息的载体 (郑志峰 , 2019), 这一切对现有隐私保护制度提出了新的挑战。同样受到挑战的还有公民的知情权、参与权等等。算法的发展应以考虑公民权利保护为前提，将公民权利保护作为基础价值。

3.2 研究设计

3.2.1 研究问题

上述研究表明，人工智能技术的应用正在影响着人们的行为模式、思维模式、价值判断，也对新的技术背景下的价值观导向提出了新的需求。回应这一需求，首先需要对公众的智能价值观有所认识。为了解中国公众对于人工智能技术应用及其相关事件的认知、态度、价值判断，以及不同主体在不同主题事件中的价值取向差异，本文以微博数据作为分析对象，提出以下研究问题：

RQ1：在与人工智能技术应用相关的事件中，当前中国公众持有怎样的价值观？

本文将微博用户分为新闻媒体、意见领袖（微博大 V）和普通公众 3 类展开对比研究。根据微博对用户的官方认证分类和标识，红 V 和黄 V 为个人认证，红 V 的月阅读量高于 1000 万，黄 V 的月阅读量低于 1000 万（当黄 V 用户月阅读量高于 1000 万时会自动转换为红 V 用户）。蓝 V 为机构认证，没有月阅读量限制，涵盖用户包括政府部门、企业、学校、媒体等。本文将意见领袖定义为获得微博红 V 认证的用户，对研究所涉及的 5172 个蓝 V 用户进行人工筛选，最终确定新闻媒体用户 918 个。基于上述用户分类，本文提出以下研究问题：

RQ2：媒体、大 V 和公众这三类用户的智能价值观是否存在差异?

3.2.2 案例选取

本报告结合包括欧盟《关于可信赖人工智能的伦理准则》在内的已有规

则（2018），确立了本文所研究的智能时代的五个基本价值观：①人类尊严；②人的主体性；③平等与非歧视；④公平与正义；⑤保护公民权利：尊严、隐私与信息安全。基于2020年的智能舆情态势，本研究以舆情热度、事件代表性为标准，对11个人工智能热点舆情事件进行了筛选，确定了与人工智能五类价值观主题对应的五个舆情事件。

表3.2：五类智能价值观对应舆情热点事件的基本信息（微博数据）

智能价值观	事件 / 话题	数据抓取说明	数据量（单位：条）
人类尊严	“《外卖骑手，困在系统里》事件”	关键词：外卖员 and 算法 时间：2020.9.8-11.1	8282
人的主体性	“中国人脸识别第一案”	关键词：中国人脸识别第一案 时间：2020.1.1-12.8	4412
平等与非歧视	“《在线旅游经营服务管理暂行规定》明令禁止大数据杀熟行为”	关键词：大数据杀熟、大数据杀熟 and 禁令 时　间：2020.9.15-25、2020.10.1-10	9096
公平与正义	“老人与健康码之争”	关键词：老人 and 健康码 时间：2020.1.1-12.8	45552
保护公民权利：尊严、隐私与信息安全	“APP违法违规收集使用个人信息系列事件”	关键词：app违法违规 and 个人信息 时间：2020.1.1-11.1	11073

如表3.2所示，本研究按照5个事件各自发生及发酵的具体时间节点，在微博上抓取了网民讨论热度最高的时间区间的数据，共获得78415条原创微博，其中“《外卖骑手，困在系统里》事件”8282条、“中国人脸识别第一案”4412条、“《在线旅游经营服务管理暂行规定》明令禁止大数据杀熟行为”9096条、“老人与健康码之争”45552条、“《APP违法违规搜集使用个人信息行为认定方法（征求意见稿）》公布”11073条。

3.2.3 研究方法

本研究主要采用共词分析（Co-word Analysis）方法。共词分析是指通过对一组词在一篇文本中共同出现的次数统计，并以此对这些词进行聚类，从而反映出这些词之间的关联强弱，进而分析这些词所反映的文本的主题结构 (Wettler & Rapp, 1993)。本研究以微博作为分析文本，通过分析不同事件下用户的微博内容，确定各类事件中公众的基本认知。在共词分析结果的基础上，本研究通过绘制高频关键词社会网络关系图，从用户视角对不同用户发布的内容进行比较，判断不同类型的用户之间对同一事件是否存在认知差异、态度差异。

3.3 数据结果与分析：基于微博数据的公众智能价值观及用户差异

本研究以每一篇原创微博为共词单元，使用 Python 的中文分词工具“jieba”，在清洗停用词后，对文本内容进行分词，并计算词频，作为基本分析语料库。由于数据量较大，本研究将提及频率最高的前 50 个词语作为高频词汇构建共现词矩阵，将共词矩阵导入 Gephi 软件绘制高频关键词的关系图谱，以此对高频关键词之间的共现关系进行分析。

我们将微博用户分为新闻媒体、意见领袖（微博大 v）、普通公众三类，对不同事件中中国公众的智能价值观进行了分类考察。总体上看，新闻媒体发布的微博以呈现事实本身为主，带有较强的客观性、专业性，为舆论形成奠定了健康的基础；意见领袖发布的微博内容在呈现客观事实之外，同时关注事件的深层问题及矛盾焦点，在扩大事情的传播、引导公众讨论方向层面有显著作用；普通用户所发布的微博主题更多样化，带有较强的主观情绪特征。

3.3.1 智能价值观之“人的尊严”：困在算法里的外卖骑手事件

9 月 8 日，《人物》杂志发表了一篇名为《外卖骑手，困在系统里》的文章，描绘了数字时代受平台公司的算法系统所困而不得不挣扎于派送规定时间越来越短、工作环境缺乏安全保障、超时惩罚体系设计严重不合理等多重生存矛盾中的外卖员。此文引发舆情大发酵，饿了么、美团两大外卖平台在 9

日分别回应整改，其中饿了么“结算付款时增加‘愿意多等5分钟/10分钟’的新功能”，却再度引发新一轮舆论争议。

（1）新闻媒体

词频分析显示，新闻媒体的微博内容以陈述事实为主。50个高频词中48个词都是陈述事件的名词、动词，可以展示舆情过程，并从“‘违反’‘交通’‘规则’”“‘超时’‘配送’‘差评’”等关键词中读取舆情的主要争议点。专业展示对于理性的舆论引导有正向的作用。

表3.3：“《外卖骑手，困在系统里》事件”新闻媒体微博文本高频词

词性	高频词
名词	“外卖”（825）[1]、“骑手”（476）、“系统”（285）、“分钟”（269）、“算法”（258）、“美团”（161）、“平台”（128）、“文章”（122）、“数据”（113）、“央视”（93、）“配送”（86）、“时间”（81）、“交规”（80）、“职业”（79）、“送餐”（74）、“视频”（71）、“全过程”（66）、“死神”（61）、“一篇”（61）、“员成”（57）、“功能”（55）、“超时”（50）、“网络”（49）、“规则”（45）、“微博”（44）、“题为”（43）、“近日”（42）、“弹性”（40）、“上海”（40）、“研究”（39）、“差评”（39）、“记者”（37）、“2.5”（37）、“伤亡”（37）
动词	“违反”（113）、“困在”（88）、“投诉”（72）、“刷屏”（63）、“收到”（62）、“赛跑”（60）、“被扣”（58）、“导致”（56）、“驱动”（54）、“违规”（53）、“指出”（52）、“回应”（45）、“留出”（41）、“揭秘”（37）
形容词	“高危”（71）、“疲于奔命（的）”（58）

（2）意见领袖（微博大v）

词频分析显示，意见领袖（微博大V）的微博内容呈现出鲜明的主体性关注，从商家、骑手、消费者等不同特定主体的角度出发，有针对性描述其在事件中的角色定位和行为立场。他们的微博中，“骑手”“小哥”“消

[1] 作者注：括号中的数字为词频数，下同。

费者”“商家”均进入了高频词排名前50。大V们各有针对性地关注其中的某一个群体，包括对骑手在工作中的安全和保障问题、商家的成本与利润问题，或消费者的投诉、差评等行为表达观点，引发主题性讨论。

表3.4：“《外卖骑手，困在系统里》事件”意见领袖微博讨论文本高频词

词性	高频词
名词	“外卖”（702）、“骑手”（247）、“平台”（190）、“算法”（179）、“央视”（125）、“分钟”（123）、“全过程”（113）、“时间”（109）、“系统”（109）、“美团”（93）、“消费者”（75）、“数据”（57）、“微博”（43）、“差评”（41）、“事儿”（40）、“文章”（40）、“小哥”（39）、“职业”（36）、“企业”（34）、“伤亡”（33）、“规则”（30）、“上海”（30）、“交规”（29）、“2.5”（28）、“行业”（28）、“商家”（24）、“视频”（24）、“一篇”（23）、“网络”（22）、“利润”（22）
动词	“送餐”（184）、“揭秘”（102）、“违规”（76）、“投诉”（70）、“调整”（47）、“违反”（45）、“能扣”（43）、“困在”（39）、“配送”（38）、“驱动”（35）、“希望”（28）、“改变”（24）、“收到”（24）、“被扣”（23）、“转发”（23）、“刷屏”（23）、“导致”（22）
形容词	“简单”（43）、“高危”（34）、“疲于奔命（的）”（27）

我们对微博意见领袖所发布的微博做了进一步定性文本分析。从修辞的角度看，微博意见领袖所发布的评论用词多带有较强的负面情绪，例如：

更好笑的是外卖平台还在努力营造出一种消费者不够体谅的氛围。（@午后狂睡）。

并且，微博意见领袖也倾向于采用设问、反问的句式对对立见解直接质疑，例如：

这个跟当年讨论的货车超载的问题何其相似……这个送餐时限是谁制定的呢？……最终是用快递员的违规和生命买单吗？（@植物人史军）

这些内容引发了网民的强烈共鸣，从而引起大量转发。

（3）普通用户

普通微博用户的微博更为口语化、情绪化。词频分析显示，普通用户更

倾向于推测事件的表面及本质原因，用反讽等修辞方法发表自己的看法。“资本”和“压榨”等成为高频词，并被视为外卖员性命危机的主要原因。例如：

原来都是吃外卖人的错啊。资本家这么委屈可以别干了啊。没外卖人类也能生存的。（作者：@星期天早上的 Poulenc）

表 3.5：“《外卖骑手，困在系统里》事件”普通微博用户微博文本高频词

词性	高频词
名词	“外卖”（4463）、“微博”（2680）、“平台”（2120）、“算法”（1625）、“消费者”（1445）、“骑手”（1209）、“分钟”（993）、“时间”（772）、“商家”（621）、“快递”（552）、“资本”（512）、“时限”（509）、“美团”（507）、“系统”（500）、“20”（464）、“半小时”（45）、“植物人史军”（436）、“一条”（431）、“生命”（428）、“广告”（417）、“一种”（405）、“氛围”（382）、“狂睡”（380）、“午后”（380）、“小哥”（363）、“矛盾”（337）、“央视”（276）、“顾客”（268）、“企业”（260）
动词	“转发”（2669）、“违规”（1022）、“送餐”（921）、“必达”（829）、“体谅”（653）、“制定”（486）、“挣钱”（481）、“买单”（462）、“讨论”（454）、“剩下”（427）、“打出”（419）、“努力”（409）、“营造”（387）、“压榨”（276）
形容词	“何其相似”（434）、“更好”（411）

在对平台的不满的同时，普通微博用户表达了对外卖员强烈的同情，“体谅”“生命”“努力”等皆进入了其词频排名前 50 位。而这种对比性的冲突，在“饿了么”公司 9 日发表回应之后被进一步激化，质疑平台将责任推卸给消费者，而不是优化算法。

（4）新闻媒体、意见领袖、普通公众三类用户之间的信息价值观差异

从微博文本的高频关键词社会网络关系图的对比可见，新闻媒体、意见领袖、普通公众三类主体的关注点分布差异还是比较明显的。新闻媒体的高频词社会网络关系图由 50 个节点和 1127 个边构成，词与词之间存在共现关系的频率较高，大多数词汇都聚集在“外卖”“骑手”“系统”“分钟”“算法”等陈述的词汇附近（橙色中心区），形容词、偏程度性词汇占比非常少。

专业新闻媒体的文本建构较为一致，主要是陈述“是什么”，很少价值评判与情感偏向。

意见领袖的高频词社会网络关系图由 50 个节点和 985 个边构成，词与词之间存在共现关系的频率较高，但明显低于专业新闻媒体。意见领袖的微博虽然也以名词、动词为主，但呈现出鲜明的主体性关注，其中，外卖员最受强调；他们较媒体更多表达观点，并常以“为什么”的质疑方式，引发网民的跟帖与讨论。

普通公众的高频词社会网络关系图由 50 个节点和 1036 个边构成，词与词之间存在共现关系的频率较高。其讨论明显集中于两个主题：对外卖员的同情（紫色区域）和对平台压榨外卖配送员的不满（橙色区域）。他们多直抒胸臆、指陈原因，带有强烈的主观色彩。

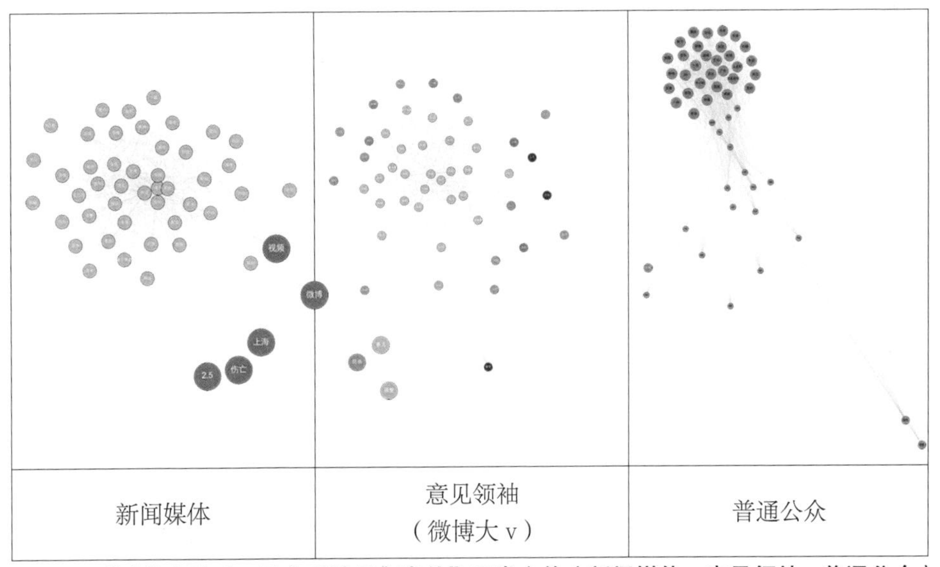

图 3.1：“《外卖骑手，困在系统里》事件”三类主体（新闻媒体、意见领袖、普通公众）微博文本高频词社会网络关系图

在智能价值观建设的过程中，强调人的尊严至关重要。人的尊严具有绝对价值 (康德 , 2013, pp. 435–436)，人的尊严决定了主体性、透明度、公平正义、可解释和可问责等基本伦理原则，也是公民隐私保护的伦理要件 (顾理平 & 杨苗 , 2016)。“《外卖骑手，困在系统里》事件”中，意见领袖和普通公众的微博内容都体现出了对外卖员的权利和尊严的人本主义关怀。互联网平台型企业的成熟使得零工经济（Gig Economy）迅速扩张，算法的应用又进一步加剧了法律层面的劳动保障缺失和制度层面明确的劳动关系的缺位所导致的员工与平台之间长期存在的紧张关系。未来人工智能技术必然越来越多地运用于生产与生活，在这个过程中，这次舆情爆发是消费者在技术便利生活的途中一次人本精神的觉醒，为技术设计者、生产者在前期环节关注人的尊严敲响了警钟。

3.3.2 智能价值观之“主体性与人类自由”案例：“中国人脸识别第一案”

2019 年 10 月 17 日，杭州野生动物世界将入园年卡闸机系统替换为人脸识别系统。浙江理工大学特聘副教授郭兵认为，面部特征等个人生物识别信息属于个人敏感信息，一旦泄露、被非法提供或者滥用将极易危害包括他在内的消费者的人身和财产安全，故此拒绝接受人脸识别，同年 10 月 28 日以杭州野生动物世界作为被告向杭州市富阳区人民法院提起了诉讼。2020 年 11 月 20 日，法院以被告“收集人脸识别信息，超出了必要原则要求，不具有正当性”为由，判决野生动物世界赔偿郭兵 1038 元，删除郭兵办理指纹年卡时提交的包括照片在内的面部特征信息等。这一年间，相关话题多次引发网民的热议。

（1）新闻媒体

表 3.6：“中国人脸识别第一案”新闻媒体微博文本高频词

词性	高频词
名词	“人脸识别”（256）、“郭兵”（176）、“世界”（169）、“野生动物”（165）、“第一案”（134）、“杭州”（120）、“信息”（102）、“中国”（93）、“富阳”（79）、“动物园”（76）、“视频”（66）、“法庭”（61）、“法院”（58）、“浙江”（56）、“11”（50）、“1038”（49）、“人脸”（46）、“方式”（46）、“合同”（45）、“个人信息”（43）、“消费者”（41）、“年卡时”（38）、“2019”（38）、“该案”（38）、“副教授”（23）、“人民法院”（36）、“照片”（34）、“20”（33）、“ “面部”（32）、“服务”（32）、“此案”（32）、“杭州市”（31）、“微博”（30）、“原告”（28）、“特征”（26）、“正当性”（26）

动词	“入园”（95）、“赔偿”（52）、“告上”（52）、“删除”（46）、“办理”（45）、“采集”（42）、“宣判”（34）、“判决”（33）、质问”（32）、“强制”（30）、“开庭”（32）、“采用”（31）、“刷脸”（28）、“超出”（27）
形容词	/

词频分析显示，新闻媒体的相关微博主要为描述案情及案由，排名前50的高频词全部为客观性的名词与动词，从中能清晰地复原涉案主体，识别案件主要争议为对用户个人敏感信息的侵犯，并判断案情进展。

（2）意见领袖

词频分析显示，意见领袖的微博内容主要围绕两个关键点：一是关注案件具体案情及事件进展情况，二是联系国外个人隐私泄露及个人信息滥用的事件[1]，对比分析中国的个人隐私保护情况。

在微博意见领袖的影响下，个人信息安全和保护环节中主体的适格性问题受到了关注。动物园作为单一民事主体被放到了居民的对立面，其在个人数据收集、使用层面的法律资格和技术能力都遭到了质疑。

表 3.7：“中国人脸识别第一案” 意见领袖微博文本高频词

词性	高频词
名词	“人脸识别”（314）、“第一案”（170）、“中国”（158）、“动物园”（80）、“视频”（74）、“隐私”（66）、“该案”（58）、“消费者”（58）、“富阳”（54）、“世界”（51）、“信息”（50）、“杭州”（49）、“郭兵”（48）、“野生动物”（47）、“微博”（37）、“技术”（35）、“人脸”（33）、“浙江”（31）、“法庭”（31）、“京报”（30）、“副教授”（29）、“原告”（28）、“11”（27）、“某大学”（20）、“2019”（26）、“2020”（26）、“商家”（26）、“国内”（25）、“区法院”（25）、“高科技”（25）、“15”（24）、“人民法院”（23）、“代价”（23）、“判例”（23）、“便利性”（23）

[1] 2020年6月11日亚马逊暂停面向美国警方出售的面部识别软件，IBM宣布退出面部识别业务等事件。

动词	“开庭”（74）、“入园”（55）、“刷脸”（42）、“强制”（32）、“告上”（31）、“起诉”（30）、“开庭审理”（26）、“带来”（26）、“保护”（24）、“泄露”（24）、“受理”（24）、“升级”（23）、“转发”（23）、“超出”（23）、“牺牲”（23）
形容词	/

（3）普通公众

从排名前50的词汇中，剔除了量词、介词及因转发微博而产生的用户账号昵称词之后，剩余的名词、动词、形容词具有各自的内容属性和情感属性。结合词频分析与具体的微博文本，本研究发现，微博用户主要关注点在于个人信息保护、个人数据安全以及其中多个主体的责任承担方面。从主体角度看，除了案件主体外，“消费者”一词尽管未能列入前50，但被提及也达118次；从高频动词的相关内容来看，“强制”提供个人信息往往伴随着批评性的观点，而对此进行反抗与维权的行为往往伴随着微博用户的“关注”与“支持”。

表3.8：“中国人脸识别第一案”普通用户微博文本高频词

词性	高频词
名词	“人脸识别”（1813）、“法律”（1005）、“第一案”（926）、“当事人”（890）、“TA”[1]（859）、“中国”（842）、“郭兵”（490）、“信息”（480）、“世界”（478）、“野生动物”（435）、“动物园”（331）、“人脸”（310）、“杭州”（297）、“个人信息”（265）、“朋友”（238）、“视频”（234）、“技术”（234）、“富阳”（224）
动词	“关注”（1030）、“支持”（352）、“强制”（292）、“入园”（246）、“开庭”（218）、“滥用”（202）
形容词	“勇敢”（877）、“英俊”（236）、“中年”（205）、“没脸”（202）

普通用户微博共现分析显示，网民除了关注个人面部体征作为个人信息

[1] 互联网用语中“他”“她”统称为“TA”。

保护之外，也针对本案中原告的维权行为表达积极乐观的态度。值得注意的是，事件中一些普通网民的诉求也被广泛转发，如以下微博被转发936次：

请关注每一位勇敢的当事人，法律的进步需要TA们（@到圣巴巴拉去）

（4）新闻媒体、意见领袖、普通公众三类用户之间的信息价值观差异

从微博文本的高频词社会网络关系图的对比可见，三类主体各自内部的关注点虽都有两到三类，但在分布上存在明显差异：新闻媒体所讨论的议题最为集中，意见领袖所讨论的议题内容存在一定主题差异、但联系较为紧密，而普通公众关注议题的主题明显有差异。

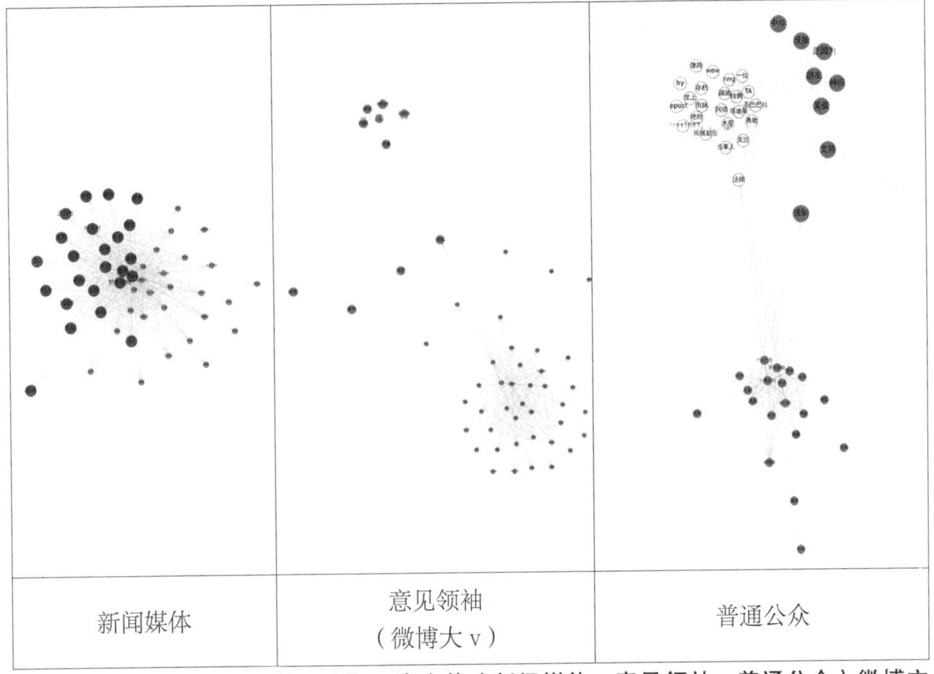

图3.2：“中国人脸识别第一案”三类主体（新闻媒体、意见领袖、普通公众）微博文本高频词社会网络关系图

新闻媒体所发布的微博内容主要集中于对“中国人脸识别第一案”的事实性陈述，其差异体现为从两个不同阶段对案件进行文本建构，一是事件进入司法程序之前的基本事由（橙色区域），二是案件进入司法程序之后的基本情况报道（紫色区域），均从事实出发还原案情。而意见领袖的文本建构在案情原本的事实（红色区域）之外，增加了结合其他案例的观点性陈述（蓝

色区域）。普通公众的关注点最为分散，除了关注案件事实、个人信息保护的立法及现实保护情况外，还包含着对案件原告及其所代表的群体的支持。

算法自主权对用户主体性的侵犯一直是大众的隐忧。当我们讨论技术层面的算法自主权时，往往包含两层含义：一是自我管理，即行动的自主性；二是自我立法，即道德的自主性(邬桑, 2018)。目前算法用于的自主权尚且属于简化的自主权，即行动自主权，这是由于人类开发的人工智能技术实现了一部分行动自主权的让渡，以致在某种程度上放任了算法的“失控”。但不论技术如何发展，都必须以保护用户的主体性为原则，将道德自主掌握在人类手中。“中国人脸识别第一案”中，新闻媒体一如既往地保持了客观中立的态度，但意见领袖却展现出了对于自主性的高度敏锐，对案件中作为技术方代表的动物园是否可以对消费者的个人信息进行收集和使用提出了法律层面与技术层面的双重质疑。

3.3.3 智能价值观之“平等与非歧视”案例：《在线旅游经营服务管理暂行规定》明令禁止大数据杀熟行为

9 月 3 日，国家文旅部发布《在线旅游经营服务管理暂行规定》，明确规定禁止在线旅游经营者“滥用大数据分析等技术手段，基于旅游者消费记录、旅游偏好等设置不公平的交易条件，侵犯旅游者合法权益”，即明令禁止大数据“杀熟”。此举引发微博大量讨论。

（1）新闻媒体

词频分析结果显示，新闻媒体的相关微博主要包含两方面的信息：一为对《在线旅游经营服务管理暂行规定》的文本性解读。高频动词中含有大量“经营”“服务”“管理”等指导性指向词汇，及“明令禁止”“滥用”“赔偿”“侵犯”等禁止类指向词汇。其次，高频名词中包含了“国庆”“中秋”“假期”等指代时间节点的词汇，适逢九月，新闻媒体结合时间背景对《在线旅游经营服务管理暂行规定》进行了时政性解读。

新闻媒体的微博文本主要为名词、动词，形容词使用的也是偏客观、中性的形容词，以陈述事实为主。

表 3.9：“《在线旅游经营服务管理暂行规定》明令禁止大数据杀熟行为”引发的新闻媒体微博文本高频词

词性	高频词
名词	“数据”（435）、“10”（214）、“微博”（157）、“视频”（153）、“平台”（137）、“央视网”（135）、“旅游者”（112）、“杀熟”（438）、“旅游”（370）、“在线”（263）、“市民”（102）、“暂行规定”（94）、“经营者”（90）、“新规”（88）、“技术手段”（85）、“客户”（83）、“文化”（76）、“合法权益”（74）、“旅游部”（73）、“差异化”（68）、“酒店”（66）、“国庆”（64）、“顾客”（61）、“长假”（60）、“中秋”（57）、“价格”（56）、“线上”（56）、“南宁”（56）、“假期”（56）、“消费者”（55）、“网上”（54）
动词	“施行”（112）、“管理”（109）、“服务”（107）、“经营”（106）、“明令禁止”（104）、“滥用”（82）、“实施”（81）、“数据分析”（78）、“赔偿”（76）、“侵犯”（75）、“定价”（68）、“公布”（67）、“禁止”（62）、“出游”（55）、“采用”（55）、“发现”（54）
形容词	“正式”（113）、“最新”（58）

（2）意见领袖

表 3.10：“《在线旅游经营服务管理暂行规定》明令禁止大数据杀熟行为”意见领袖微博文本高频词

词性	高频词
名词	“杀熟”（470）、“数据”（450）、“旅游”（248）、“平台”（231）、“在线”（195）、“10”（114）、“日起”（94）、“微博”（93）、“视频”（81）、“价格”（61）、“客户”（51）、“旅游者”（47）、“用户”（46）、“央视网”（46）、“酒店”（42）、“市民”（41）、“机票价格”（40）、“200”（40）、“消费者”（34）、“经营者”（34）“技术手段”（30）、“合法权益”（30）、“顾客”（30）、“商品”（28）、“暂行规定”（27）、“南宁”（26）、“差异化”（25）、“文化”（24）、“新规”（24）、“线上”（23）

动词	"禁止"（151）、"利用"（134）、"明令禁止"（75）、"发现"（43）、"服务"（42）、"赔偿"（39）、"施行"（30）、"定价"（29）、"经营"（29）、"滥用"（29）、"侵犯"（28）、"管理"（28）、"转发"（28）、"数据分析"（27）、"实施"（25）、"采用"（23）、"公布"（23）
形容词	"没商量"（34）、"真的"（28）、"正式"（27）

从微博意见领袖的文本高频词可见，意见领袖集中关注了"技术手段"带来的"大数据杀熟"差异化的体现和阐释，包括"机票价格""酒店服务""商品定价"等等。我们进一步溯源微博内容并进行了定性文本分析，发现意见领袖对于"滥用用户数据""侵犯顾客合法权益"等"大数据杀熟"的具体危害结果皆发表大量观点。可见，意见领袖在总结事件要点、捕捉问题关键、政策的应用场景等层面，发挥了重要作用。

（3）普通公众

表 3.11："《在线旅游经营服务管理暂行规定》明令禁止大数据杀熟行为"普通用户微博文本高频词

词性	高频词
名词	"微博"（3198）、"数据"（2222）、"旅游"（947）、"在线"（703）、"10"（701）、"平台"（699）、"日起"（591）、"价格"（434）、"酒店"（311）、"手机"（233）、"消费者"（229）、"客户"（219）、"携程"（217）、"视频"（211）、"用户"（198）、"旅游者"（196）、"两个"（185）、"央视网"（171）、"市民"（150）、"暂行规定"（143）、"堵冬筝"（142）、"文化"（137）、"经营者"（133）、"旅游部"（132）、"合法权益"（132）、"链接"（130）、"技术手段"（129）、"机票"（119）、"国庆"（119）
动词	"转发"（3045）、"杀熟"（2360）、"明令禁止"（512）、"禁止"（484）、"利用"（350）、"服务"（210）、"赔偿"（171）、"发现"（164）、"经营"（160）、"施行"（157）、"管理"（153）、"侵犯"（146）、"欺诈"（142）、"滥用"（138）、"数据分析"（132）、"实施"（126）、"公布"（126）
形容词	"正式"（174）、"真的"（163）、"最深"（128）

语气词	"哈哈哈"（305）

词频分析结果显示，微博普通公众对于本事件的关注点主要集中于"大数据杀熟"现象被官方认证确实存在，及公权力对于实际使用了"大数据杀熟"平台的具体处罚措施上。但结合文本修辞的角度不难发现，在普通用户的微博中，大量含有"真的"一类程度性词汇和"哈哈哈"等主观情绪性词汇，例如：

……真的，国航APP就是！我买第一单是630，紧接着下单第二单就800了，我没买过一会再来刷又出630的……（@麦子_WANG）

换言之，普通用户在表达对于此事的看法时带有强烈的情绪性特征，似乎困扰已久、积怨颇深，甚至当用户从自身出发列举实际经历时，也会泄愤式点名辱骂平台"该死""好贱"之类。

（4）新闻媒体、意见领袖、普通公众三类用户之间的信息价值观差异

下图为微博文本的高频词社会网络关系图，对比可见，三类用户的关注点差异并不大——皆是从对一个中心主题（"大数据杀熟"的具体表现）的讨论出发，延伸出对次级主题（对酒店平台的不正当经营行为的规制）的讨论。相较于新闻媒体，意见领袖的政策应用场景更为具体，对社会矛盾的捕捉也更为锐利；相较于普通公众，意见领袖的讨论焦点更为集中。

"算法偏见"的治理是数字化社会中无法回避的显性议题。在"《在线旅游经营服务管理暂行规定》明令禁止大数据杀熟行为"事件中，不同对象有不同的输出结果，相同、相似对象输出了相异结果，皆属于典型的算法偏见（Algorithmic Bias），即因训练数据错误、不完整、偏差或算法设计者主观程序操纵导致的可重复出现的不公平、不合理结果的系统性错误(Chander, 2016)。商业行为中，商家利用算法制造偏见、设置贸易壁垒，属于进行不正当竞争，是破坏自由市场的行为。(刘友华, 2019)"《在线旅游经营服务管理暂行规定》明令禁止大数据杀熟行为"能够引发网民关注并在微博上形成舆论事件，体现出公众对于算法偏见问题的敏锐度，以及对平等与非

歧视的价值认同。

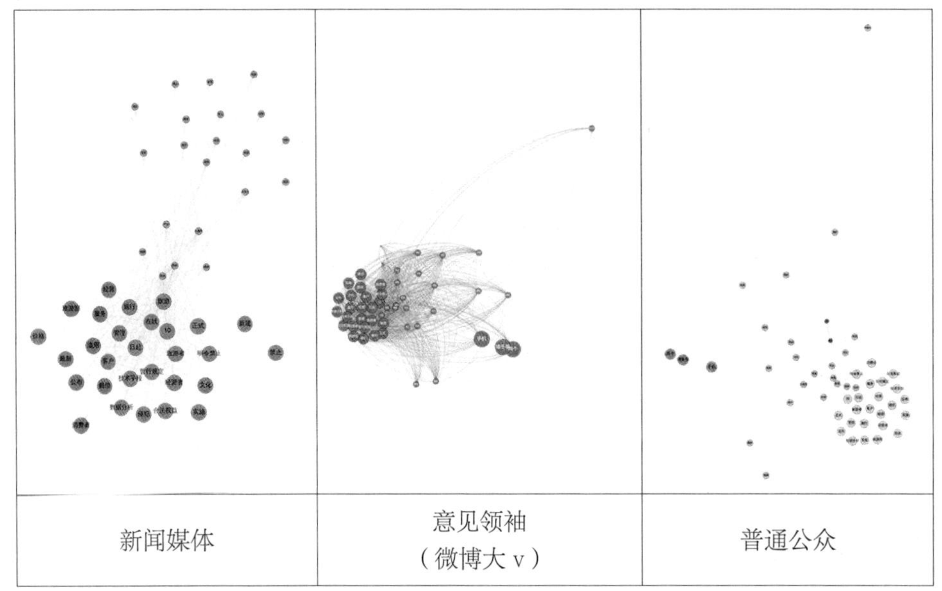

图 3：“《在线旅游经营服务管理暂行规定》明令禁止大数据杀熟行为”引发的三类主体（新闻媒体、意见领袖、普通公众）微博讨论高频词社会网络关系图

3.3.4 智能价值观之“公平与正义”：“老人与健康码之争”

2020 年全球新冠疫情期间，2 月 11 日，杭州率先推出了“健康码”对居民身份、行踪、健康情况等个人信息进行统一收集和管理，这一模式很快在全国范围内得以推广。与此同时，各地接连爆发“老人没有健康码，搭公交被劝下车”等事件，引发热议如“不会用健康码的老人是谁之过”“老年人被被时代抛弃”“科技进步以抛弃弱势群体的需求为代价加速向前”等。事件使得长期以来暗藏于科学技术与人文关怀之间的深层矛盾终于暴露了出来。11 月 24 日，国务院办公厅印发《关于切实解决老年人运用智能技术困难实施方案》，再次引起舆论关注。

（1）新闻媒体

词频分析显示，新闻媒体的相关微博内容主要由描述事实的名词构成，包括主体性名词（“老人”“老年人”“大爷”“小孩”“乘客”）、场所名词（“地铁”“公交”“火车”）、场景性名词（“疫情”“防控”“智能手机”）。结合文本高频词中的大量个人行为性动词（“注册”“扫码”“出行”“出示”），我们基本可以直接还原具体事件的全场景。

表 3.12：“老人与健康码之争”引发的新闻媒体微博文本高频词

词性	高频词
名词	“健康”（4787）、“老人”（4203）、“视频”（1681）、“微博”（841）、“手机”（774）、“老年人”（769）、“智能手机”（741）、“新闻”（676）、“疫情”（644）、“人员”（600）、“营业员”（579）、“浙江”（567）、“香蕉”（473）、“网友”（447）、“功能”（446）、“通道”（427）、“大爷”（403）、“安徽”（360）、“乘客”（356）、“火车站”（305）、“央视”（303）、“无锡”（301）、“老年大学”（299）、“培训班”（298）、“工作人员”（294）、“社区”（294）、“南京”（287）、“地铁”（287）、“老年”（285）、“今日”（279）、司机”（276）、“市民”（275）、“智能”（269）、“18”（268）、“千里”（267）、“公交”（262）、“旅客”（261）
动词	“注册”（575）、“防控”（425）、“扫码”（409）、“出行”（408）、“服务”（385）、“乘车”（359）、“关注”（329）、“出示”（423）、“发布”（332）、“打工”（316）、“感谢”（315）
形容词	/

（2）意见领袖

表 3.13：“老人与健康码之争”意见领袖微博文本高频词

词性	高频词
名词	“老人”（1398）、“健康”（1378）、“老年人”（370）、“视频”（345）、“智能手机”（249）、“手机”（234）、“微博”（221）、“浙江”（181）、“公交”（146）、“大爷”（126）、“地铁”（120）、“营业员”（120）、“新闻”（111）、“安徽”（110）、“香蕉”（105）、“人员”（105）、“老年”（102）、“时代”（99）、“功能”（98）、“大连”（97）、“司机”（97）、“医院”（93）、“社会”（90）、“疫情”（88）、“南京”（88）、“央视”（78）、“千里”（74）、“一手”（73）、“部门”（66）
动词	“关注”（123）、“猪耳朵”（107）、“坐火车”（105）、“乘车”（102）、“感谢”（90）、“出示”（88）、“回应”（78）、“徒步”（75）、“坐车”（73）、“希望”（70）、“受阻”（67）、“出行”（66）

形容词/副词	“确实”（88）、“（扫）码难”（78）

词频分析显示，微博意见领袖的微博文本主要为两类内容：一是陈述事实的同时解读事件的特征性和所反映出来的问题，高频词包括“扫码难”“确实”等；二是表达观点，“希望”成了高频词，包括对政府部门改进适老性措施、呼吁各类主体关注科技时代老年人的健康需求等。

（3）普通公众

从高频词可见，公众在事件中面对科技进步带有强烈的人文需求。在排名前50的高频词中包括“关注”“希望”“关爱”。

表3.14：“老人与健康码之争” 普通用户微博文本高频词

词性	高频词
名词	“老人”（26170）、“健康”（21993）、微博”（18060）、“老年人”（8451）、“手机”（4771）、“视频”（4712）、智能手机”（4312）、“时代”（3574）、“地铁”（2636）、“公交”（2300）、“疫情”（2212）、“新闻”（2165）、“智能”（2090）、“通道”（1956）、“营业员”（1917）、“工作人员”（1865）、“科技”（1815）、“香蕉”（1714）、“社会”（1636）、“司机”（1621）、“社区”（1565）、“央视”（1546）、“口罩”（1543）、“人员”（1523）、“技术”（1515）、“大爷”（1446）、“生活”（1392）、“浙江”（1298）、“年轻人”（1283）、“网友”（1221）、“医院”（1172）、“10”（1164）、“身边”（1159）
动词	“转发”（16950）、“关注”（2773）、“希望”（2107）、“服务”（2041）、“注册”（1932）、“关爱”（1772）、“扫码”（1597）、“乘车”（1547）、“出示”（1507）、“受阻”（1307）、“抛弃”（1274）、“下车”（1183）、“出行”（1177）、“解决”（1132）
形容词	“真的”（2123）、“温暖”（1249）

我们从高频的主体性词汇（如“司机”“工作人员”“人员”）溯源至微博原文，发现普通用户常归因于具体的工作人员和政府部门，甚至伴随有泄愤式的评论。

（4）新闻媒体、意见领袖、普通公众三类用户之间的信息价值观差异

从三类用户的微博高频词社会网络关系图可见，新闻媒体和意见领袖对于事件的讨论基本围绕着“老年人在使用新科技产品的过程中遭遇的困难及解决途径”这一个中心主题，是基于宏观视角探讨社会治理；而普通公众则更偏向于个体微观视角的情绪表达，讨论与日常生活具有较高的相关性。公众的讨论更多地围绕老年人的实际需求和事件相关主体人员的责任承担，对科学技术本身的关注较少。在公众看来，科技并非问题本身，而是时代忽视老年人、忽视弱势群体的一部分。

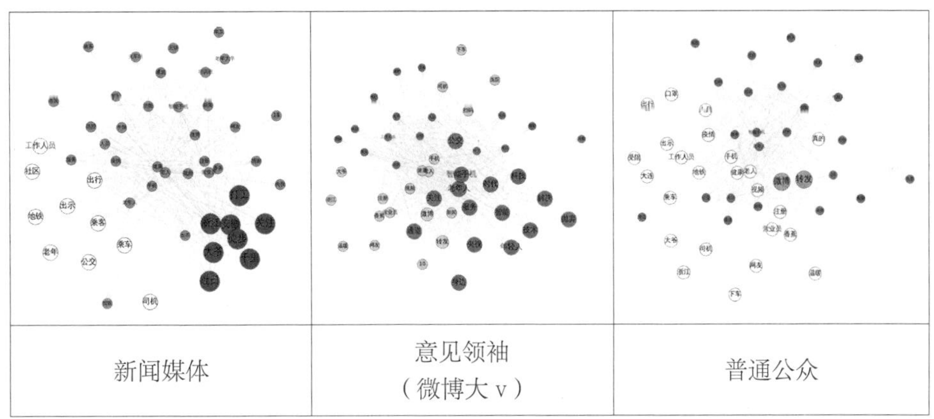

图 3.4：“老人与健康码之争”事件中三类主体（新闻媒体、意见领袖、普通公众）微博文本高频词社会网络关系图

智能手机和应用带来老年人的数字化生存问题背后其实是每一次技术更替中的平等与非歧视问题。数字时代各种硬件和软件给老年人带来的除了使用手机方面的能力障碍外，还有因对手机支付安全性担忧而产生的心理障碍 (彭兰，2020)，由于这个用户群体本身在互联网环境中的缺席，这些物质层面和心理层面的障碍通常隐藏在互联网舆论所不可见的角落。智能时代的平等与非歧视，不仅是算法的平等与非歧视，也应该体现对于不可见群体的现实关切。在“老人与健康码之争”事件中，三类主体的微博内容都体现出了对于平等与非歧视价值的关注。新闻媒体和意见领袖从技术层面切实解决老年人所遭受的非歧视问题，公众的关注点则聚焦于更深远层面，

侧面反映出公正性制度与文化语境建设与完善对于以老年人为代表的失语群体的保护的重要性。

3.3.5 智能价值观之“保护公民权利”：“APP 违法违规收集使用个人信息系列事件”

表 3.15：“App 违法违规收集使用个人信息”三类用户微博文本高频词

<table>
<tr><th></th><th>新闻媒体</th><th>意见领袖</th><th>普通公众</th></tr>
<tr><td rowspan="3">不同用户共有的高频词</td><td colspan="3">“违法”“App”“违规”“个人信息”“国家”“隐私”“收集”“APP”“个人隐私”“采集”“信息”“超范围”“中心”“发现”“应急”“治理”“涉嫌”“合规”“部门”“会议”“谨慎”“下载”“用户”“提醒”</td></tr>
<tr><td colspan="2">“计算机病毒”“监测”“多款”“近期”“互联网”</td><td>/</td></tr>
<tr><td>/</td><td colspan="2">“数据”“保护”“新浪”“泄露”</td></tr>
<tr><td>各类用户独有的高频词</td><td>“版本”（1916）、“汤姆”[1]（264）、“天天消消”[2]（261）、“专项”（226）、“工作”（202）、“网络安全”（177）、“举报”（152）、“启动”（152）、“游戏类”（145）、“受访者”（141）、“网民”（139）、“和平精英”[3]（138）、“大战僵尸”[4]（136）</td><td>“民宿”[5]（11）、“工信部”（9）、“企业”（9）、“通报”（8）、“整改”（8）、“方法”（7）、“认定”（7）、“权益”（6）</td><td>“携程”[6]（166）、“权限”（131）、“转扩”（117）</td></tr>
</table>

2019 年 12 月 30 日，国家互联网信息办公室秘书局、工业和信息化部办公厅、公安部办公厅及国家市场监督管理总局办公厅联合印发《APP 违法违规收集使用个人信息行为认定方法》。截至 2020 年 10 月 20 日，工信

[1] “汤姆”指代“汤姆猫跑酷”，是一款游戏 App 的名称。
[2] “天天消消”指代“天天消消乐”，是一款游戏 App 的名称。
[3] 作者注：“和平精英”是一款游戏 App 的名称。
[4] 作者注：“大战僵尸”指代“植物大战僵尸 2”，是一款游戏 App 的名称。
[5] “民宿”指代民宿类 App。
[6] “携程”是一款 App 的名称。

部已完成国内主流应用商店 32 万款 APP 的技术检测工作，督促 1100 多家企业进行整改。近一年间，国家网信办网站每次发布违规 APP 下架和整改名单，都会引发舆论热潮。高频词统计发现，三类用户的微博中同时出现的高频词多达 24 个，且多为各类用户微博高频词汇的前 30 名。

下图为事件中三类用户微博文本高频词社会网络关系图。该图同样反映出，在这一主题事件中，新闻媒体和微博意见领袖的信息发布达到了高度的一致，皆表现为对 App 违法违规收集用户个人信息具体情节的关注。其中，一部分关注集中于对 App 的违法违规具体行为，另一部分关注集中于对于违法违规 App 的整改措施，换言之，即对用户个人信息的保护情况。从词频分布上看，普通公众的高频词社会网络关系图与前两者稍有不同，这是因为其左侧两组高频词分别是基于用户账号昵称产生的无效信息和基于转发行为产生的无效信息（即：“转发微博”）的文本。本案例中，普通公众用户的有效内容信息高频词为图中右侧内容，该内容与前两类主体的文本主题同样高度重合。

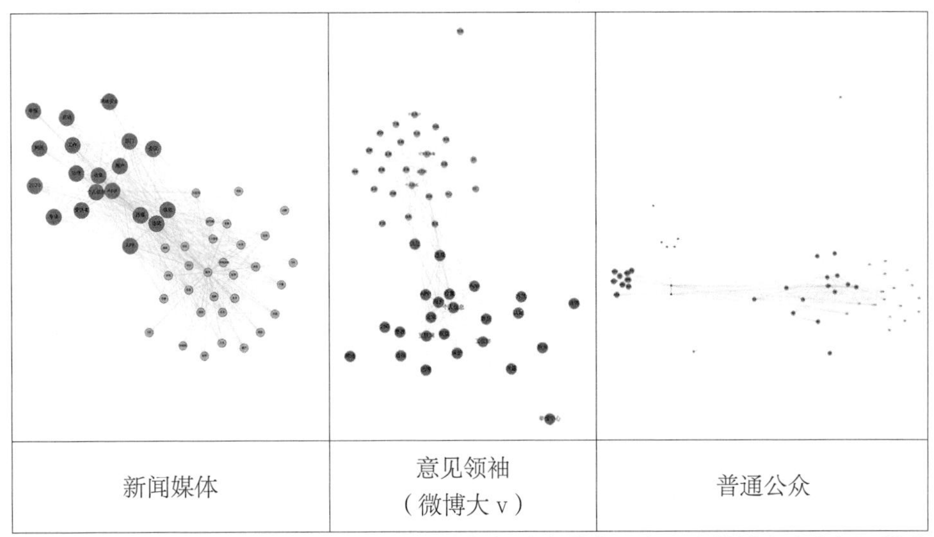

图 3.5：“App 违法违规收集使用个人信息”相关事件中三类用户微博文本高频词社会网络关系图

隐私权的意义不仅仅是保障个体在社会中的信息独立，更重要的是要保障人类在智能技术的影响下对数字化人格的控制权。自互联网普及以来，个人与公共隐私边界的模糊、隐私数据所有权界定的模糊、当下隐私数据保护规制的不完善致使公民隐私权长期遭受侵犯、公民个人数据的二次使用存在遭受侵权的风险。(陈堂发，2015) 人工智能技术的应用加剧了这一侵害。算法的不安全性 (Song, Ristenpart, & Shmatikov, 2017) 和机器学习本身脆弱的、易受攻击的系统 (何英哲，胡兴波，何锦雯，孟国柱，& 陈恺，2019) 都导致了算法技术在实践领域对用户数据隐私的持续侵犯，既涉及与用户主体相关的数据信息，也涉及“身体 - 空间隐私”，即用户在互联网环境中所享有的与公共相对应的私有空间不受干扰或独处的权利 (Stahl, Timmermans, & Mittelstadt, 2016)。在“App 违法违规收集使用个人信息”相关事件中，三类主体微博内容的高度一致，且关注焦点皆集中于对 App 违法违规收集用户个人信息具体情节的关注，某种程度上是互联网技术应用以来用户对自身隐私权及个人数据受到侵犯切身体会的结果。

3.4 结论与讨论

通过对五个人工智能价值观议题相关舆情事件中新闻媒体、意见领袖、普通公众三类不同主体的认知偏向与价值取向进行分析，本研究发现三类主体在于主要关注点上的一致性，及次级关注点上的分散性。并且，新闻媒体在总体上呈现出客观性的专业特征，意见领袖展现出的敏锐的问题提取能力，普通公众展现出的强烈情绪特征。

3.4.1 我国公众关切智能带来的价值观困扰，尤其焦虑于人的主体性

从内容表达主题上看，在特定事件中，在人的主体性、平等与非歧视、公平与正义、公民权利保护相关议题中，新闻媒体、意见领袖、普通公众三类用户的关注点较为集中、单一，主要体现为最重要的关注点通常能够重合，其中又以公民权利保护的相关议题最为一致。可以说，各类用户都共同关切智能价值观方面的问题。

“APP 违法违规收集使用个人信息系列事件”中，新闻媒体、微博意见领袖、普通公众的信息发布达到了高度的一致，皆表现为对 App 违法违

规收集用户个人信息具体情节的关注。或可以说，公众对于“App 违法违规收集使用个人信息”这样的内容，相较于另四类案例，是缺少自我角度和多元观点的。这或许从一个侧面说明，目前用户对于信息的隐私与安全话题的场景化应用（个人感知）方面，缺少敏感和重视。

而在人类尊严相关议题中，三类用户的关注点分布差异比较明显。“《外卖骑手，困在系统里》事件”中，新闻媒体陈述事实，意见领袖则呈现出对外卖员的强烈的主体性关注，普通公众的言论则带有浓重的主观色彩、表达了对外卖员的同情和对平台压榨外卖配送员的不满。

此外，五类事件之间有明显的价值观交叉的情况，尤其是智能技术时代人的主体性价值观凸显。例如，在“《外卖骑手，困在系统里》事件”中，除了对于人类尊严的讨论之外，也出现了对于外卖员主体身份的关注和探讨；在“AI 人脸识别案”和“老人与健康码之争”中，除了分别关切智能技术的公平与正义、平等与非歧视价值观之外，也关涉了技术与人的关系，即人的主体性问题。

3.4.2 新闻媒体、意见领袖、普通公众的价值差异及其影响

尽管在每个独立事件中，三类用户对于同一事件的主要关注点一致性较高，但观察、评论事件的角度皆有较大差异；存在多个关注点时，三类用户内部差异化程度也不同。新闻媒体的议题最为集中；意见领袖的议题内容存在一定主题差异、但联系较为紧密；而普通公众对议题的主题差异在三者之中最为明显。

从修辞表达层面来看，新闻媒体展现出鲜明的专业性，发言更客观、更全面。在单一事件中，新闻媒体的文本建构较为一致，主要是呈现事件原貌，很难看出新闻媒体在事件中的价值取向与情感偏向。意见领袖的言论较为客观，但更注重观点性表达。新闻媒体与意见领袖本质上皆属于从事实出发还原事件发展情况，尊重了案情的客观性、真实性原则。相较于新闻媒体，意见领袖关注点更为具体，对社会矛盾的捕捉也更为敏锐。普通公众的讨论显得与日常生活具有较高的相关性，更偏向于基于个体微观视角的主观

情绪表达。对比意见领袖的观点讨论，这种主观色彩显得更为突出。

3.4.3 中国公众的智能价值观引领思路

由本研究的结果可见，中国公众对于智能技术应用及与之相关的事件的认知、态度、价值判断同时存在着一致性和差异性，中国公众的智能价值观引领注定是一个复杂而多面的问题，需要政府、企业、学界等各领域的共同参与。参照学者耿旭、刘华云从政治、法治、文化等不同路径对智能时代下中国主流政治价值观引领的思路 (耿旭 & 刘华云, 2020),从法律层面、社会治理层面、文化层面提出对中国公众智能价值观的引领思路。

第一，识别并回应中国公众的主要价值关切。如今，随着人工智能技术不断深入人们的工作与生活，当前的中国公众普遍表现出对于人工智能技术应用可能带来的技术与伦理问题的认知，以及对智能价值观问题的关注。因此，我们有必要正视算法偏见、透明度等算法发展过程中不可避免的技术性问题，在法律层面，及时完善法律法规应对诸如人的尊严、公民权利等与公众个人利益息息相关的问题，在社会治理层面，积极响应公众关于平等、公平、正义等与社会和谐紧密相关的问题的诉求。

第二，根据不同主体的价值取向及表达差异，有针对性地展开引导。在不同议题中，三类用户主体在观察、评论事件的角度选取和语言表达上表现出较大差异，我们可以充分认识并利用这种差异，促进价值引导。信息公开是高效对话的前提，通过联合行业力量，在保护企业商业秘密的前提下，推动信息、技术公开，打开算法“黑箱”，能够帮助破除技术鸿沟带来的知识壁垒，促进理性沟通与对话。与此同时，营造不同主体之间信息互通、交流互信的良好文化环境，充分利用新闻媒体的专业性和意见领袖在观念引导层面的优势，在普通用户与专业媒体和意见领袖的沟通对话中实现对公众的正向价值引领。

在未来价值观研究层面，可以进一步关注不同主体在不同事件中的认知偏向和信息价值取向的共性与差异性。在价值观引领策略层面，应该重视专业媒体的客观性和专业性与意见领袖的观点引领的结合，理性地展开舆论引导。

参考文献

陈昌凤，& 陈晓静．(2019). 改革开放以来信息价值观研究及智能时代的新课题．中国编辑 (8), 5.

陈堂发．(2015). 互联网与大数据环境下隐私保护困境与规则探讨．暨南学报（哲学社会科学版）(2015 年 10), 126−130.

耿旭，& 刘华云．(2020). 智能时代下中国主流政治价值观传播：模式，挑战与引领路径．贵州社会科学 (8), 11−18.

顾理平，& 杨苗．(2016). 个人隐私数据“二次使用”中的边界．新闻与传播研究 (9), 75−86.

何英哲，胡兴波，何锦雯，孟国柱，& 陈恺．(2019). 机器学习系统的隐私和安全问题综述．计算机研究与发展，56(10), 2049.

康德．(2013). 道德形而上学的奠基：注释本：中国人民大学出版社．

康德，& 李秋零．(2005). 康德著作全集：纯粹理性批判 未来形而上学导论 道德形而上学的奠基 自然科学的形而上学初始根据．第 4 卷：中国人民大学出版社．

刘友华．(2019). 算法偏见及其规制路径研究．法学杂志，6.

彭兰．(2020).“健康码”与老年人的数字化生存．现代视听 (6), 1−1.

邬桑．(2018). 人工智能的自主性与责任．哲学，9(4).

俞可平．(2018). 论人的尊严：一种政治学的分析．北大政治学评论 (0), 2.

张超．(2018). 新闻生产中的算法风险：成因，类型与对策．中国出版 (13), 38−42.

郑志峰．(2019). 人工智能时代的隐私保护．法律科学（西北政法大学学报），2, 53.

庄晓平．(2011). 康德的自主理论：能否成为生命伦理学的自主原则．学术研

究 (8), 26–30.

Bozdag, E. (2013). Bias in algorithmic filtering and personalization. Ethics and information technology, 15(3), 209–227.

Chander, A. (2016). The racist algorithm. Mich. L. Rev., 115, 1023.

Diakopoulos, N. (2014). Algorithmic accountability reporting: On the investigation of black boxes.

Jaume–Palas í , L., & Spielkamp, M. (2017). Ethics and algorithmic processes for decision making and decision support. Retrieved from

Kitchin, R. (2017). Thinking critically about and researching algorithms. Information, Communication & Society, 20(1), 14–29.

Mittelstadt, B. D., Allo, P., Taddeo, M., Wachter, S., & Floridi, L. (2016). The ethics of algorithms: Mapping the debate. Big Data & Society, 3(2), 2053951716679679.

Song, C., Ristenpart, T., & Shmatikov, V. (2017). Machine learning models that remember too much. Paper presented at the Proceedings of the 2017 ACM SIGSAC Conference on Computer and Communications Security.

Stahl, B. C., Timmermans, J., & Mittelstadt, B. D. (2016). The ethics of computing: A survey of the computing–oriented literature. Acm Computing Surveys (CSUR), 48(4), 1–38.

Wettler, M., & Rapp, R. (1993). Computation of Word Associations Based on Co–occurrences of Words in large corpora. Paper presented at the very Large corpora: Academic and Industrial Perspectives.

4. 2020 年智能技术议题的学界回响

2020 年人工智能技术进一步融入人类的社会生活，在信息传播、社会治理、公共服务方面取得更为广泛的应用。同时，以假乱真的深度伪造、伪装成人类以操纵舆论的社交机器人、群体间的算法数字鸿沟等种种现象，也意味着算法与人类社会的关系愈加密切、愈加复杂。过去的2020年，国内外学术界对这些问题作出回应，积极探讨智能算法与人类生活的交织关系，本文将梳理中英文重要学术期刊上具有启发性的智能传播研究，探寻2020年智能传播领域的学术地图，从中可以看出相关研究亦涉及本报告的主题、并对本报告主题的研究有重要的借鉴意义。

总体来看，2020年的智能传播研究更多地聚焦5大前沿主题：算法与信息个人化、作为传播者的智能实体、算法中介化社会、算法的时间性和算法伦理。与前几年相比，学术界显示了两个明显的新态势：其一，目前的研究不再聚焦于作为新生事物的算法本身，转而关注算法与既有社会结构的互动及对社会的中介作用；其二，哲学思辨性研究较大量涌现，它们从媒介哲学层面对算法的技术原理和社会意义进行深入的诠释，从中亦可见智能技术正在更深入地影响人类，学术界的关注也在向纵深处开掘。

在英文论文方面，我们将综述的对象限定在有影响力的传播学期刊中。我们首先根据Web of Science对期刊的学科分类，筛选出传播学（Communication）类目下的期刊，随后根据2020年发布的最新版Journal Citation Report（JCR）对期刊影响因子的评估，选出了传播学中影响力位于前十名的期刊，包括Journal of Advertising, Political Communication，Journal of Computer-mediated Communication, Communication Methods and Measures, Journal of Communication, New Media & Society, Information Communication & Society, Digital Journalism, Communication Monographs, Communication Research。在国内期刊方面，我们将综述的对象限定在《新闻与传播研究》《国际新闻界》《新闻大学》《现代传播》《新闻记者》《新闻界》这六本有较强代表性的期刊上。我们获取了发表于2020年、截至2020年12月31日已被学术数据库收录的上述期刊论文，挑选与算法、人工智能相关的主题，并结合文章代表性、主题聚类等因素进行进一步筛选，最终将过去一年的智能传播研究归纳成以下五个主题，下面是相关阐述。

4.1 算法与信息个人化

相比传统新闻业对公共性的推崇，智能传播时代的个性化新闻推荐、对话新闻等在算法技术应用层面实现了个人定制的信息传播流，在价值取向上正在从大众化到个人化的转向。但是技术和价值层面的个人化趋向，是否意味着传播学意义上的个人信息接触窄化？就此问题，今年的学术界做出了多元的探讨。有研究发现，基于流行度的新闻推荐算法有可能使政治环境极化，其中，新闻流行度计算所参考的群体至关重要。如果参考群体的党派偏好与新闻受众相同，新闻推荐算法会形成一个强化该偏见的循环；而当参考群体由党外用户构成时，那些政治上异质的新闻会被推荐，这虽然可以增加用户对不同观点的接触，但是却不会增加对此类信息的阅读和分享(Shmargad & Klar, 2020)。对于谷歌搜索引擎的研究则发现，虽然美国不同意识形态的群体在检索政治候选人信息时会采用不同的检索词，但是这些词在谷歌搜索引擎上返回的结果是相似的，即谷歌搜索引擎的算法在事实上表现出主流化效果 (Trielli & Diakopoulos, 2020)。国内学术界对此问题也有诸多探讨，有学者对个性化推荐系统使用者的调查发现，用户对今日头条的使用时间越长，其越容易收到主题、观点趋同的新闻，但是今日头条也同时增加用户对多个领域的新闻、新闻的多个侧面的接触 (杨洸 & 佘佳玲 , 2020b)。还有学者通过实验法探究用户与算法的互动如何影响信息可见性，发现受注意力经济驱使，算法在生成信息流时往往忽视个体差异化(聂静虹 & 宋甲子, 2020)。

今年的学界已密切关注到围绕“信息茧房”的争议。相关研究发现，学术界对“信息茧房”的理解表现出“算法偏倚”与“理论偏倚”两种特征。“算法偏倚”试图建立 “信息茧房”与算法推荐的关系，这尚且符合桑斯坦提出该概念的语境；而“理论偏倚”则忽视了“信息茧房”只是一个假说的属性，将其视为理论，忽视了“信息茧房”存在性验证的瑕疵 (丁汉青 & 武沛颖 , 2020)。还有研究指出，桑斯坦的“信息茧房” 系基于美国两党政治的语境对新技术降低政治信息多元化以及政治信息极化的忧虑，虽有衍生空间和警示价值，却仍是似是而非、缺乏科学证据的概念。如今它被剥离了美国语境、两党政争的语境，被泛用至一般的信息环境。虽然人们一直担心算法会促进“信息茧房”，但是导致“信息茧房”的单纯信息环境很难在现实中出现；良好的新闻推荐算法可以使其使用者“意识到未知”并通过加深“个性化”来最大化限度地增强“多样性”，进而实现削减信息茧房形成概率的目的。对信息茧房的探讨应从实验条件下的单纯信息环境回归到人们的真实信息环境中。(陈昌凤 & 仇筠茜 , 2020)。此外，也有学者通过访谈探究了为何人们对于算法是否促进信息茧房这一问题难以达成共识，研究发现，学者、媒体人、技术人员对“算法新闻推荐与信息茧房的关系”的理解存在显著差异，不同主体分别采用诸如技术、“反馈环”、权力观、警示性等多个路径以阐释该问题，差异化的阐释路径反映出各主体在知识结构、价值关怀方面的差异与偏见，而在对抗算法信息茧房的策略想象中，技术、新闻、产品三者之间存在内在逻辑和价值取向上的冲突 (晏齐宏 , 2020)。

4.2 作为传播者的智能实体

智能技术使得计算机及程序逐渐拥有类似人、甚至超越人类能力的智能。同时，智能技术的互动性使其正成为有自主性的行动者，越来越多的研究超越人机交互（Human Computer Interaction）的视角，转而基于人类－人工智能交互（Human AI Interaction）探讨人与智能技术的交互 (Sundar, 2020)。虽然传统意义上的“交流”完全以人类为中心、仅把技术作为媒介看待，但是随着人工智能技术的兴起，越来越多的学者认为交流的主体不应局限于人类，并认为人类如何理解机器、如何建构与机器的关系、如何模糊人机界限应成为未来人机交流研究的要点 (Guzman & Lewis, 2020)。在 2020 年，不少研究者将机器作为适格的交流者对以上问题展开探索。实验研究发现，在人与机器进行互动的过程中，人会不自觉地将机器人拟人化，机器人不寻常的类人能力可以使人认为它是一个有意识的生命体，机器人的外表可以引发人们同情和保护的情感 (K ü ster, Swiderska, & Gunkel, 2020)；但是在广告业中，这类拟人化显示出局限性，虽然人工智能技术的发展使 AI 代言人可以成为明星代言人的替代者，但是其难以被受众视作独特的个体 (Thomas & Fowler, 2020)。

社交机器人（social bots）作为社交媒体上活跃的可交流实体得到越来越多的关注。社交机器人是指由计算机软件操纵的社交媒体账户，它可以模仿人类的行为，比如自动发布内容、其他用户互动等。研究发现多个社交媒体平台上均存在大量自动化虚假账号，不同平台之间的虚假账号行为存在时间序列上的相关关系 (Lukito, 2020)；在同一个平台上，这些账号协同作用、分工明确以实现倾向性的意见表达 (Linvill & Warren, 2020)。对 Twitter 上中国相关的讨论研究发现，在新冠疫情、中美贸易战的相关讨论中均有社交机器人的身影 (师文 & 陈昌凤 , 2020d; 张洪忠 , 赵蓓 , & 石韦颖 , 2020)，社交机器人经常通过转发、提及的方式与人类用户进行互动，但较少进行引用或回复。机器人拥有诱发人类用户主动与之互动的能力 , 但人类仍然更愿意与人类交互 (师文 & 陈昌凤 , 2020a)。在社交媒体成为信息流通关键渠道的背景下，社交机器人也影响了新闻的流通，基于 Twitter 的研究发现，虽然社交机器人难以成为意见领袖，但是它们参与了将传统媒体生产的新闻分享至社交媒体、推动新闻在社交媒体上扩散这两个环节，在第一级传播中，社交机器人的身份比较多元，最活跃的群体为无差别的新闻机器人；在第二级传播中，社交机器人往往表现出对特定新闻的特别兴趣 (师文 & 陈昌凤 , 2020b)。也有一些机器人被用于辅助读者的新闻消费，比如有研究者探究了一个名为“Anecbotal NYT”的 Twitter 新闻机器人，它们的目标是筛选对某新闻文章的评论，并使在 Twitter 上发布这些新闻的用户看到这些评论，发现用户会在回应新闻机器人时披露自己的各种观点、经历、论据等 (G ó mez–Zar á & Diakopoulos, 2020)。从受众端的研究发现，发现人类确实能识别出一些政治社交机器人，但是党派相关的信息会削弱其识别社交机器人的能力。共和党用户更可能将持保守观点的机器人当作人类，而民主党用户更可能将持保守观点的人类用户误认为机器人 (Yan, Yang, Menczer, & Shanahan, 2020)。

智能语音助手作为另一个可交流的智能实体也受到较多的关注。人们对智能助手的使用功能并不限于便利和娱乐，还有陪伴、宁神、自控等目的 (Brause & Blank, 2020)。有研究基于对流行文化中机器人语音变化的研究，探究了人类如何将社会文化意义嵌入智能语音助手的语言行为，完成对语音助手的“预驯化”（pre-domestication），使其成为超越工具的社交角色，发现美国的智能语音技术使用崇尚自然的中产阶级、女性声音和人物角色，这些智能助手的声音和设计具有预驯化的意义，设计者将智能语音者的声音凝炼为一套文化的陈规观念，在这个过程无形中吸纳了社会、技术和政治的影响 (Humphry & Chesher, 2020)。

4.3 算法中介化社会

随着人工智能系统逐渐成为现代生活中常态化的基础设施，算法越来越深刻地参与信息流通及社会治理的各个环节，对社会生活的各个方面产生深远影响。在 2020 年，新闻传播学术界除了关注算法对新闻业的影响，如基于计算的新闻发现算法如何与新闻编辑室的注意力经济、把关等传统发生互动 (Diakopoulos, 2020) 等，也深入探讨了算法对社会生活规则和规范的重构、对社会秩序的冲击与构建、对意识形态空间的形塑。换言之，人和社会的关系在某种程度上被算法所塑造或改变。在本部分，我们借用“中介化”概念 (潘忠党 , 2014)，就算法如何使人类交往和互动成为中介了的过程、算法逻辑如何在中介机制中发挥作用展开综述。

基于媒介哲学和社会理论批判的人机关系思考指出，人工智能并非仅是计算机科学发展的产物，它还是特定媒介文化前提下的人机混合物。传统上，人们认为人工智能模拟人类功能，并重现人的智力能力，但控制论视角则认为，人工智能并不是重现人的智力能力，而是通过捕获人类的认知能力将人类嵌入自身，形成混合的人机设备 (M ü hlhoff, 2020) 。对新闻推荐系统的研究提出，人与算法在多个环节均发生复杂的互动，与其将对算法的讨论置于人与技术二元对立的框架中，不如从算法作为人类与世界关系的中介角度，用“人－技混合体”的视角审视算法的功能 (毛湛文 & 孙曌闻，

2020)。本年度的研究发现，算法对于社会生活的中介使旧有的社会形态发生变更与重塑。比如，在叙利亚难民安置算法中，经过算法自动决策代理之后的新数字景观虽然有更好的经济、就业方案，但是难民们认为社会文化特征在该过程中被低估 (Masso & Kasapoglu, 2020)。也有研究者发现，经过用户画像算法的作用，传统意义上的人类身份定义方式被改变，转而成为算法与人类的社会知识的有机互动过程，他们认为，对用户进行画像的聚类算法包括构建不具意义的类别、为类别重新赋予社会意义这两个过程，前者不依赖于人类社会的意义，生成大量超越现有解释的未定义类别，后者将语言的、社会的知识重新引入类别的界定中 (Kotliar, 2020)。

算法中介化社会中的平等问题也是今年算法研究的热点问题。用户的算法认知水平方面存在明显的人口统计学差异，有 61%的人对算法没有了解或了解的程度很低 (Gran, Booth, & Bucher, 2020)。相关研究发现，用户社会经济地位的不同、对新技术获益的感知差异均会导致用户在算法使用方面出现数字鸿沟，算法数字鸿沟不仅表现为接入沟，也表现为更深一层的使用沟和内容沟 (杨洸 & 佘佳玲 , 2020a)。在一篇以今日头条为例研究算法推荐与健康知识环境的构建关系的文中，研究者也发现，用户需要与算法展开积极、有策略的互动才能提升算法的推荐效果，这一门槛可能会导致算法无法平等地为不同群体赋权 (聂静虹 & 宋甲子 , 2020)。罗昕等认为算法会通过加剧世界数字鸿沟、操控国际议程设置、威胁全球秩序稳定影响全球信息地缘政治 (罗昕 & 张梦 , 2020)。

今年的智能媒体研究也关注了算法对性别秩序的构建，比如社交媒体算法如何通过平台搜索机制、社区准则、算法推荐系统监管、消弭、规范女性相关内容，延续规范化的性别角色 (Gerrard & Thornham, 2020)。也有研究将算法作为一种文化，将游戏中算法的表征视作玩家进行意识形态协商的空间，认为算法不是隐藏在游戏中的抽象过程，而是存在于社会文化土壤之上的意义空间。当玩家努力对算法做出诠释时，他们实际上在进一步增强既有现实，算法在这个意义上巩固了既有的性别秩序 (Trammell & Cullen,

2020)。

4.4 算法的时间性

时间是人类社会生活的重要维度，技术变革往往带来时间观念的变化，在过去一年中，以 New Media &Society 为代表的国际期刊对新兴技术与时间的关系表现出浓厚兴趣，刊登了大量的论文探讨“智能技术的出现如何颠覆了传统意义上的时间感 (Lohmeier, Kaun, & Pentzold, 2020) ”。有研究者探究了社交媒体信息流算法时间观念的问题，发现虽然按时间倒序呈现信息是社交媒体建构信息流的传统时间逻辑，但是越来越多的信息推荐算法尝试突破这一逻辑，力求让信息在“合适的时机”被用户看到。这反映出算法媒体格局正在产生新的时间体制，即“适时时间逻辑”。在这一逻辑下，基于相关性、个性化的“适时”取代实时成为主导性的时间逻辑，时间不再是多个用户的共享“现在”的体验，而是由多元的个体所激发的个性化时刻 (Bucher, 2020)。也有学者关注了可以预测犯罪行为发生时间的智能警务系统，认为只要有足够多的数据，算法就可以依靠历史数据预测未来，进而使人类得以提前做出反应，这种对未来的预测模拟消解了传统上的时间观念，使未来坍塌至当下 (Brause & Blank, 2020)。

在更抽象的维度上，算法的时间性研究实质上指向技术如何借由时间规制主体。通过对智能监狱中的智能技术的分析，研究认为，高效、自动化的算法被应用于堵塞囚犯的时间，即维持其生活的缓慢及不变性 (Kaun & Stiernstedt, 2020)。也有论文探讨智能技术使用户着迷并扭曲其时间感的机制，研究发现，智能手机的日常使用可以导致时间观念的改变和自我意识的丧失。但是手机用户往往将这种冲突归咎于自己，将个人时间管理视为解决时间冲突的解决方案，但未考虑过社交平台、内容提供者等主体的责任 (Ytre-Arne, Syvertsen, Moe, & Karlsen, 2020)。类似地，有研究发现，用户倾向于将社交媒体的算法信息流技术视为与自己的日常使用无关的固定产品，虽然他们对算法平台具有很高的批判意识，但这种批判意识并未转化为旨在改善算法关系的行为 (Schwartz & Mahnke, 2020)。

4.5 算法伦理

算法自身技术特征及其不当使用带来的伦理风险一直是学界关注的焦点。过去一年中，在算法延伸出的诸多伦理问题里，挑战真实性的“深度伪造”、作为算法责任主体的工程师、作为算法规制手段的透明性得到较多思考。

“深度伪造”（Deep Fake）作为一种算法失范行为备受学界关注。该词来自于 Reddit 上一位名为 deepfake 的用户，该用户自 2017 年起在该平台发布大量使用深度学习 (deep learning) 篡改视频和图像。总体而言，学术界对 Deep Fake 这类创作型人工智能的思考未局限于“真 – 假”二元论，而采用较为思辨的视角。比如，有研究采用了建构主义的视角来审视 Deep Fake 技术，其认为虚假与现实之间的绝对界限并不存在，生成方式并不绝对导致数据的优劣，人们有必要用一套基于实践和统计数据专业标准来对特定合成数据进行评估 (de Vries, 2020)。有研究认为，应超越传统的真假二元论视角，不仅把“深度造假”当成一种技术景观，更应探讨其背后分裂的社会土壤和社交平台运作的注意力经济逻辑，与其在技术框架内进行瓦解与重建真实的“猫鼠游戏”，不如将其视为一个由多元力量（如政治、经济、技术）主导的社会现象 (姬德强 , 2020)。

算法工程师在算法的失范中扮演怎样的角色依然是学界关注的热点。有学者对当前传媒业的算法工程师的伦理水平进行了问卷测量，发现该群体的伦理水平不够清晰。相对而言，文化水平高、工作经历多元的工程师对算法伦理有更多的认识 (袁帆 & 严三九 , 2020)。有研究则认为，在人工智能系统的生产过程中，存在两种不平衡的权力——决策权和技术知识。一方面，管理者首先为人工智能系统运行提出要求；另一方面，技术人员在技术决策保留有必要的自主决定权。因而，在工程师的职业想象中，其在法律规则、组织规范和用户要求的基础上构建 AI 系统，人工智能系统的道德责任是分散化的，工程师事实上扮演人工智能系统、用户、决策者之间的协调者，无法独自为人工智能系统的道德状况负责 (Orr & Davis, 2020)。

现阶段人工智能是数据驱动型，机器主要是通过模拟人类的神经网络而进行计算，这代技术先天地具有不可解释性、不透明性。因此作为实现算法规制的路径的透明性，是无法回避、持续被探讨的重要话题。越来越多的研究者倾向于认为即使专家也无法实现算法透明，对该领域的研究需要另辟蹊径 (Hargittai, Gruber, Djukaric, Fuchs, & Brombach, 2020)。研究发现，算法专家们已经接受算法是黑箱这一事实，但是他们不认为低透明度意味着低可信度。对于非专家群体而言，试图增加算法透明性很难具有可操作性，尤其考虑到模型是复杂的、时刻处在动态发展中的 (Kolkman, 2020)。有文章结合“人民日报三评算法推荐”，提出打开黑箱未必是进行算法治理的充要条件，而只是辅助性工具——一方面，纯粹的技术公开未必能实现复杂的价值观纠偏；另一方面，舆论监督、政府规制比增加透明性更可能在推进平台责任上起到作用 (徐琦 , 2020)。越来越多的研究也试图通过“打开黑箱”之外的其他方式探究算法的运作规则，比如，有研究通过对微博热搜的关键词分析，反推出微博热搜的“时新性、流行性、互动性和导向正确”的算法价值观 (王茜 , 2020) ，也有研究通过对搜索引擎返回结果的内容分析识别其算法对政治人物的政党和性别偏见 (Pradel, 2020)。纵然算法透明度的推进存在诸多现实障碍，有研究仍认为，通过算法披露、解释、理解来提升算法透明性是算法伦理设计的重要一环，对于保障用户信息选择权和知情权十分必要 (林爱珺 & 刘运红 , 2020)。此外，提升系统的透明度可以触发用户积极的反馈，也可以使用户更好地参与对 AI 系统能力的提升，建立人类与 AI 之间健康的共生关系 (Sundar, 2020)。

算法深度嵌入社会生活，在信息生产分发及社会治理中扮演关键的角色。与此相对应的是，2020 年学术界对算法的思考逐渐深化，相比 2018 年对算法与新闻业态结合的描摹 (师文 & 陈昌凤 , 2019)、2019 年对算法意义的诠释 (师文 & 陈昌凤 , 2020c)，2020 年的算法研究进一步抽象化、思辨化。一方面，2020 年的算法研究在往年基础上对传统核心议题（如信息茧房、算法伦理）进行持续探讨；另一方面，算法研究表现出两个明显的新趋势，其一，研究目光不再完全聚焦于作为新生事物的算法，转而关注算法与既有社会结构的互动及对社会的中介作用，在这个过程中，算法对既有社会秩序的延续与重构、算法与人的复杂交互过程成为学界关注的焦点。其二，大量哲学思辨研究涌现，在媒介哲学层面对算法的技术原理和社会意义进行诠释，比如算法对传统时间观念的重构、作为人机混合物的算法等。算法并非仅以技术工具的角色存在于社会生活中，它已然是人与世界的交互中扮演重要角色的中介。

参考文献

陈昌凤, & 仇筠茜. (2020). “信息茧房”在西方：似是而非的概念与算法的“破茧”求解. 新闻大学 (01), 1-14+124.

丁汉青, & 武沛颍. (2020). “信息茧房”学术场域偏倚的合理性考察. 新闻与传播研究 (07), 21-33+126.

姬德强. (2020). 深度造假：人工智能时代的视觉政治. 新闻大学 (07), 1-16+121.

林爱珺, & 刘运红. (2020). 智能新闻信息分发中的算法偏见与伦理规制. 新闻大学 (01), 29-39+125-126.

罗昕, & 张梦. (2020). 算法传播的信息地缘政治与全球风险治理. 现代传播 (中国传媒大学学报)(07), 68-72.

毛湛文, & 孙曌闻. (2020). 从“算法神话”到“算法调节”：新闻透明性原则在算法分发平台的实践限度研究. 国际新闻界 (07), 6-25.

聂静虹, & 宋甲子. (2020). 泛化与偏见：算法推荐与健康知识环境的构建研究——以今日头条为例. 新闻与传播研究 (09), 23-42+126.

潘忠党. (2014). “玩转我的 iPhone, 搞掂我的世界!”——探讨新传媒技术应用中的“中介化”和“驯化”. 苏州大学学报 (哲学社会科学版)(04), 153-162.

师文，& 陈昌凤. (2019). 新闻专业性、算法与权力、信息价值观:2018 全球智能媒体研究综述. 全球传媒学刊 (01), 82-95.

师文，& 陈昌凤. (2020a). 分布与互动模式：社交机器人操纵 Twitter 上的中国议题研究. 国际新闻界 (05), 61-80.

师文，& 陈昌凤. (2020b). 社交机器人在新闻扩散中的角色和行为模式研究——基于《纽约时报》“修例”风波报道在 Twitter 上扩散的分析. 新闻与传播研究 (05), 5-20+126.

师文，& 陈昌凤. (2020c). 驯化、人机传播与算法善用：2019 年智能媒体研究. 新闻界 (01), 19-24+45.

师文，& 陈昌凤. (2020d). 议题凸显与关联构建 :Twitter 社交机器人对新冠疫情讨论的建构. 现代传播 (中国传媒大学学报)(10), 50-57.

王茜. (2020). 批判算法研究视角下微博“热搜”的把关标准考察. 国际新闻界 (07), 26-48.

徐琦. (2020). 辅助性治理工具 : 智媒算法透明度意涵阐释与合理定位. 新闻记者 (08), 57-66.

晏齐宏. (2020). 技术控制担忧之争议及其价值冲突——算法新闻推荐与信息茧房关系的多元群体再阐释. 现代传播 (中国传媒大学学报)(03), 59-65.

杨洸，& 佘佳玲. (2020a). 算法新闻用户的数字鸿沟 : 表现及影响. 现代传播 (中国传媒大学学报)(04), 145-154.

杨洸，& 佘佳玲. (2020b). 新闻算法推荐的信息可见性、用户主动性与信息茧房效应：算法与用户互动的视角. 新闻大学 (02), 102-118+123.

袁帆，& 严三九. (2020). 模糊的算法伦理水平——基于传媒业 269 名算法工程师的实证研究. 新闻大学 (05), 112-124+129.

张洪忠，赵蓓，& 石韦颖. (2020). 社交机器人在 Twitter 参与中美贸易谈判议题的行为分析. 新闻界 (02), 46-59.

Brause, S. R., & Blank, G. (2020). Externalized domestication: smart speaker assistants, networks and domestication theory. Information, Communication &

Society, 23(5), 751−763.

Bucher, T. (2020). The right−time web: Theorizing the kairologic of algorithmic media. New Media & Society, 22(9), 1699−1714.

de Vries, K. (2020). You never fake alone. Creative AI in action. Information, Communication & Society, 1−18.

Diakopoulos, N. (2020). Computational News Discovery: Towards Design Considerations for Editorial Orientation Algorithms in Journalism. Digital Journalism, 1−23.

Gerrard, Y., & Thornham, H. (2020). Content moderation: Social media' s sexist assemblages. New Media & Society, 22(7), 1266−1286.

G ó mez−Zar á , D., & Diakopoulos, N. (2020). Characterizing Communication Patterns between Audiences and Newsbots. Digital Journalism, 8(9), 1093−1113.

Gran, A.−B., Booth, P., & Bucher, T. (2020). To be or not to be algorithm aware: a question of a new digital divide? Information, Communication & Society, 1−18.

Guzman, A. L., & Lewis, S. C. (2020). Artificial intelligence and communication: A Human - Machine Communication research agenda. New Media & Society, 22(1), 70−86.

Hargittai, E., Gruber, J., Djukaric, T., Fuchs, J., & Brombach, L. (2020). Black box measures? How to study people' s algorithm skills. Information, Communication & Society, 1−12.

Humphry, J., & Chesher, C. (2020). Preparing for smart voice assistants: Cultural histories and media innovations. New Media & Society, 1461444820923679.

Kaun, A., & Stiernstedt, F. (2020). Doing time, the smart way? Temporalities of the smart prison. New Media & Society, 22(9), 1580−1599.

Kolkman, D. (2020). The (in) credibility of algorithmic models to non−experts.

Information, Communication & Society, 1–17.

Kotliar, D. M. (2020). The return of the social: Algorithmic identity in an age of symbolic demise. New Media & Society, 22(7), 1152–1167.

K ü ster, D., Swiderska, A., & Gunkel, D. (2020). I saw it on YouTube! How online videos shape perceptions of mind, morality, and fears about robots. New Media & Society, 1461444820954199.

Linvill, D. L., & Warren, P. L. (2020). Troll factories: Manufacturing specialized disinformation on Twitter. Political Communication, 1–21.

Lohmeier, C., Kaun, A., & Pentzold, C. (2020). Making time in digital societies: Considering the interplay of media, data, and temporalities—An introduction to the special issue. New Media & Society, 22(9), 1521–1527.

Lukito, J. (2020). Coordinating a Multi–Platform Disinformation Campaign: Internet Research Agency Activity on Three US Social Media Platforms, 2015 to 2017. Political Communication, 37(2), 238–255.

Masso, A., & Kasapoglu, T. (2020). Understanding power positions in a new digital landscape: perceptions of Syrian refugees and data experts on relocation algorithm. Information, Communication & Society, 23(8), 1203–1219.

M ü hlhoff, R. (2020). Human–aided artificial intelligence: Or, how to run large computations in human brains? Toward a media sociology of machine learning. New Media & Society, 22(10), 1868–1884.

Orr, W., & Davis, J. L. (2020). Attributions of ethical responsibility by Artificial Intelligence practitioners. Information, Communication & Society, 1–17.

Pradel, F. (2020). Biased representation of politicians in Google and Wikipedia search? The joint effect of party identity, gender identity and elections. Political Communication, 1–32.

Schwartz, S. A., & Mahnke, M. S. (2020). Facebook use as a communicative relation: exploring the relation between Facebook users and the algorithmic news feed. Information, Communication & Society, 1–16.

Shmargad, Y., & Klar, S. (2020). Sorting the News: How Ranking by Popularity Polarizes Our Politics. Political Communication, 37(3), 423–446.

Sundar, S. S. (2020). Rise of Machine Agency: A Framework for Studying the Psychology of Human - AI Interaction (HAII). Journal of Computer–Mediated Communication, 25(1), 74–88.

Thomas, V. L., & Fowler, K. (2020). Close Encounters of the AI Kind: Use of AI Influencers As Brand Endorsers. Journal of Advertising, 1–15.

Trammell, A., & Cullen, A. L. (2020). A cultural approach to algorithmic bias in games. New Media & Society, 1461444819900508.

Trielli, D., & Diakopoulos, N. (2020). Partisan search behavior and Google results in the 2018 US midterm elections. Information, Communication & Society, 1–17.

Yan, H. Y., Yang, K.–C., Menczer, F., & Shanahan, J. (2020). Asymmetrical perceptions of partisan political bots. New Media & Society, 1461444820942744.

Ytre–Arne, B., Syvertsen, T., Moe, H., & Karlsen, F. (2020). Temporal ambivalences in smartphone use: Conflicting flows, conflicting responsibilities. New Media & Society, 22(9), 1715–1732.

二、算法治理与发展报告：以人为本，算法共治

众多科技企业将人工智能（AI）作为内部运行与产品制作的主要驱动力，开辟了互联网市场的新局面。本报告聚焦科技企业的人工智能技术应用，通过对国内外企业算法技术运用现状及其对公众生活影响的案例分析，回应公众密切关心的技术所带来的现实问题。

报告对科技企业在技术应用中所产生的“信息茧房”、隐私侵犯、算法偏见、算法“黑箱”等问题进行了解读与剖析；提出以算法向善的理念引领企业技术研发与产品开发；倡导理念引领、制度引导、行业自治的方式，鼓励全行业共同参与算法治理，在不断推进企业发展的同时，也不断优化算法，以使算法技术发挥其巨大“向善”潜力，塑造健康包容可持续的智慧社会，在经济、社会和环境领域持续创造共享价值。

希望报告能为以人为本的算法善治提供思路和借鉴。

项目主持人：陈昌凤

报告负责人：林嘉琳

报告参与者：张梦，黄丹琪，李凌，余逆思，张程喆

1. 算法运用的现状

近十年来，国内外技术公司对算法的研究突飞猛进，技术研发与生产实践的结合愈加紧密。尤其是在内容生产领域，算法已经能全面且成熟地参与到内容生产、分发和核查的全链条中，由内而外地改变用户体验。

图 1.1：机器学习研究工作的建模工具[1]

在技术研究领域，从数据管理、模式、数据集版本控制，到模型定义、训练和评估，到序列化、服务化，再到部署、CI/CD 和模型版本控制，最后到监控和维护，几乎每一个技术阶段都有了算法的参与。与此同时，技术公司们积极开发的建模工具更是加快了算法渗透的速度。与此同时，在实际应用领域，算法正在全方位地改变内容生产、分发、核查、反馈的方式和流程。

1.1 媒体应用：新闻生产、分发、核查中的算法应用

通过对诸多新闻算法实践的总结，发现算法参与新闻实践的环节主要包括“新闻生产”、“新闻分发”和“新闻核查”三个方面。

1.1.1 新闻生产领域中算法的运用

“新闻生产”主要包括“新闻线索获取”和“新闻报道自动化生成”两部分。算法参与“新闻生产”可以大大拓展信息源的范围，简化新闻生产流程，提高新闻线索获取以及新闻报道撰写的效率，节约新闻生产的成本。通过深入的数据挖掘和分析，算法能够帮助媒体发现潜在的新闻线索，拓

[1] 图片来源：香港人工智能与机器人学会 HKSAIR(HKSAIR)

展报道面向（Thurman, Dörr, Kunert，2017）。芬兰广播公司 Voitto assistant 现在每周能产出约 100 条体育新闻和 250 幅插图，到今年年底，美联社的目标是产出 4 万条自动化的商业新闻和体育新闻（Newman，2019）。

（1）新闻线索的获取

新闻线索的获取是新闻生产和分发的基础环节。新闻算法在该环节的参与，不仅部分取代了记者既有的角色，而且也彻底改变了新闻线索获取的方式和流程以及新闻线索本身的性质。算法参与“新闻线索获取”主要是以智能化工具或机器人的形式实现。算法参与“新闻线索获取”或是作为独立的流程以为记者的后续报道提供素材，或是作为“新闻自动化生成”系统的基础部分而存在。本部分主要讨论的是前者。

表 1.1：算法用于内容生产的部分案例

企业 / 组织	产品	功能
CNN/ Twitter/ Dataminr	Dataminr For News	实时搜索数亿条推文，追踪照片 / 视频的原始来源，分析新闻线索的价值
美联社 /NewsWhip	Spike dashboard	从海量互联网信息中快速找到热门话题
路透社	News Tracer	监视 Twitter 并识别出正在发生或将要发生的新闻事件，生成该新闻可能涉及的信息和元数据

算法的数据收集、数据处理、内容生成已被运用于新闻 / 内容生产中。美国有线电视新闻网（CNN）、推特（Twitter）和社交媒体发现平台 Dataminr，联合打造了新闻线索发掘工具 Dataminr For News（Fitts），该工具每天可实时搜索数亿条推文，追踪照片或视频的原始来源，分析新闻线索的价值，从而帮助记者快捷地找到突发新闻和有价值的新闻（Benzinga）。“美联社”（the Associated Press）使用 NewsWhip 开发的 Spike dashboard 工具，从而便于从业人员快速找到热门话题并作出反应（NewsWhip，2016）。而路透社（Reuters）则研发了一款名为“News Tracer”的工具，该工具可

以监视 Twitter 上的消息，一旦识别出有些新闻事件正在发生或将要发生，便会聚集相关的推文，生成该新闻可能涉及的信息和元数据（BILTON，2016）。

除此之外，以算法为基础的实体智能机器人在人工的辅助下，也能够进行采访工作。"新华社"的"爱思"（Inspire）、《深圳特区报》的"读特"和"香港大公文汇传媒集团"的"小宝"，都已在 2017 年"两会"中采访过人大代表。

于新闻算法而言，监测到信息异常从而发现正在发生或是将要发生的新闻乃是基础且容易的自动化推断。但是，判断新闻的价值并挑选出符合特定媒体常规的新闻，分离事实和观点以及核查新闻的真实性三步才是算法参与"新闻线索获取"最大的挑战（BILTON，2016）。

（2）新闻报道自动化生成

算法生成的新闻也被称为"自动化新闻（Automated Journalism）"、"机器人新闻（Robot Journalism）"、"计算新闻（Computational Journalism）"和"算法新闻（Algorithmic Journalism）"（Carlson 2015；Dörr 2016；Anderson 2013）。该类算法以人工智能软件平台和自然语言生成（Natural Language Generation，NLG）技术为基础，允许将原始数据转换成可理解的语言。很多研究曾剖析过此类算法的工作流程，Wordsmith 的写作流程包括：获取数据、分析数据、提炼观点、结构和格式以及出版（金兼斌，2014）；自动化新闻算法的工作流程为：在数据库和其他数据源中查找和识别相关数据，"清理"并对原始数据进行分类，识别关键事实并对数据进行排序、比较和汇总，以语义结构组织叙事，分发和出版以各种风格、语言和语法水平提供文本或视觉内容（Montal & Reich，2017）。通过归纳，我们可以发现算法参与新闻自动化生成的具体步骤大致包括：数据收集、数据处理、新闻生成、新闻编发和用户反馈。

在国外，"美联社"于 2014 年将"自动化洞察"（Automated Insights）公司设计的 Wordsmith 系统应用于新闻的自动化生成，之后，一些媒体也开始使用算法来实现新闻的自动化生成，如《洛杉矶时报》利用机器人 Quakebot 发布地震报道，《华盛顿邮报》利用 Heliograf 报道“里约奥运会”。国外的很多技术公司也在不断创新以自然语言生成技术为基础的算法，如美国的 Narrative Science、德国的 Retresco 和 Aexea、法国的 Syllabs 以及英国的 Arria 都有设计新闻自动化生成算法，这些公司提供的产品能够产生与客户新闻机构风格相匹配的报道，而这为缺乏创新能力的新闻机构提供了技术支持。在国内，2015 年 11 月“新华社”推出自主研发的“快笔小新”机器人写稿系统，开启了国内算法应用于新闻自动化生成的先河。而后，各类平台或媒体也相继推出了自动化写稿算法，如“今日头条”的“Xiaomingbot”（刁毅刚，陈旭管，2016）、“第一财经”的“DT 稿王”、腾讯的“Dreamwriter”、《南方都市报》的“小南”等。

就目前技术水平来看，新闻报道的自动化生成尚存在不稳定性。算法新闻的生成是以 NLG 技术为基础的，但是此项技术本身就具有很多局限性。首先，该技术能较好地参与新闻实践需要基于“数据可用性”和“好的数据质量”，而一旦报道领域拓宽，语义方面的数据或文本更加多元化，NLG 可能会无法处理，所以目前算法新闻生成主要存在于“天气”、“交通”、“财经”类报道领域，因为这些领域有大量结构化数据便于利用；另外，该技术也无法从矛盾的数据中得到结论，因而数据库必须可靠（Dörr，2016）。再者，很多学者认为，对单一数据流的依赖（缺少多样化的信息源），提前预测新闻角度，预先设置新闻模板等因素，使得算法生成的新闻缺乏传统报道的背景、复杂性和创造性。此外，也有学者批评算法自动化生成的报道缺少人性化的元素（Thurman, Dörr, Kunert，2017）。最后，利用算法进行新闻的自动化生成可能产生假新闻，新闻的真实性难以保证，如《洛杉矶时报》的机器人 Quakebot 曾错误发布地震报道，United Robots 公司的一篇足球新闻摘要中出现了错误的比分，瑞典 Monok 混淆某些词（Green）。

1.1.2 新闻分发领域中算法的运用

在“内容 / 新闻分发”阶段，算法主要被用于实现“个性化内容 / 新闻推荐”、“智能化内容/新闻播报”以及“智能化内容/新闻传播效果分析”。

（1）个性化内容/新闻推荐

早在2016年，中国互联网络信息中心（CNNIC）在第38次报告中就指出，基于用户兴趣的“算法分发”逐渐成为网络新闻主要的分发方式（中国互联网信息中心，2016）。推荐算法在新闻筛选和分发中扮演着重要角色，可以通过显式或隐式的方法（Thurman，2011），基于用户的个人信息、历史行为以及情境信息等推断用户兴趣偏好（Haim, Graefe, Brosius，2018），进而给用户推送定制化新闻。目前，个性化推荐技术已被《纽约时报》《卫报》《华盛顿邮报》等新闻组织以及“谷歌新闻”“Nuzzel”“Refind”“今日头条”“一点资讯”等内容/新闻聚合类平台使用。

根据决策流程的差异，推荐算法可以分为基于内容的推荐算法（Content-based Recommendation Algorithm）、协同过滤推荐算法（Collaborative Filtering Recommendation Algorithm）、基于知识的推荐算法（Knowledge-based Recommendation Algorithm）以及混合推荐算法（Hybrid Recommendation Algorithm）。根据用户参与程度的不同，个性化新闻推荐又可分为用户参与程度较低的“操作互动型个性化新闻推荐”以及用户参与程度较高的“语音互动型个性化新闻推荐”。

近几年，新闻个性化分发与语音助手的结合成为新闻分发的一种新趋势。Ford和Hutchinson指出，该趋势表明越来越多的用户从社交媒体平台转向那些私人信息平台（Ford & H, Hutchinson，2019）。一方面，Amazon Echo、Google Home和Apple HomePod等平台类语音助手可以通过与用户互动为用户推荐新闻，另一方面，诸如英国广播公司BBC和澳大利亚广播公司ABC之类的新闻机构已开始使用聊天机器人向用户发送早间新闻预告。而在中国，“光明日报”APP内的虚拟机器人“小明”、“人民日报”APP内的虚拟机器人“小端”等都可以通过“深度学习”、“语音识别”等功能，基于与用户的互动，实现新闻的个性化推送（王培志，2017）。

瑟曼认为在新闻消费和内容传递层面，个性化推荐会赋予用户一定程度的主动性，增加在线新闻的多样性；在制度和经济层面，个性化定制可以基于用户兴趣和人口统计数据精确定位广告，因而具有很强的商业优势（Thurman，2011）。与此同时，当前的个性化内容推荐也存在着风险。一个现实问题是，基于流行度的算法会促进“标题党”新闻和耸人听闻类信息的病毒式传播（Newman，2019），有诱发电子媒介“黄色新闻潮”的风险。对此，学界与业界都在探索解决方案。例如，英国《金融时报》向用户推出了“知识构建者系统”（Knowledge Builder），该系统针对新闻报道有两个评分标准：一是该新闻报道在多大程度上代表了《金融时报》的整体报道；二是如果该新闻涉及本报既有的新闻观点和主题，它的得分会更高。这些标准一方面可以将同一个主题的多种报道推荐给读者，增加用户接触信息的多元化；另一方面如果一篇报道包含了用户之前阅读过的大量内容，那么该文章的评分就会较低，因此该系统可以让用户接触更多新颖性新闻。《金融时报》集团产品经理詹姆斯·韦布 (James Webb) 认为，“知识构建者”系统可以打破“过滤气泡”，引导用户讨论之前从未涉及的报道主题（Digiday）。

此外，基于算法的内容推荐还有着缺乏“偶然发现”机制的问题，可能无法发掘用户潜在兴趣；可能会使用户沉浸在个人议程中，无法被公共议程所影响，用户之间难以进行文化共享，长此以往，在构建认同和维系集体情感方面，大众媒体应有的社会整合功能会出现失灵。而基于协同过滤的算法则存在推荐结果解释力缺位的问题，而这可能导致用户失去对阅读内容的控制力（陈昌凤、师文，2018(1)）。

（2）智能化内容 / 新闻播报

智能化内容 / 新闻播报主要是通过“AI 合成主播”来实现的，2018 年 11 月，在第五届世界互联网大会上，“新华社”联合“搜狗”公司发布了全球首个合成新闻主播——“AI 合成主播”；2019 年 6 月，在第 23 届圣彼得堡国际经济论坛上，“新华社”联合俄罗斯“塔斯社”和中国“搜狗”公司推出了全球首个俄语“AI 合成主播”丽莎（李仁虎，毛伟，2019）。

2018年4月，日本放送协会（NHK）开始使用AI合成主播“Yomiko”，其在“News Check 11”节目中担任播音员（Hornyak）。日本国家公共广播公司NHK创建了Anime Newsreaders，可以为有听力障碍的人播报新闻（考虑到特殊人群）（Newman，2019）。

AI合成主播能够展现出与真人相似度极高的信息播出效果，对提升电视新闻的制作效率、降低制作成本、提高报道的时效性有显著作用。“新华社”的“AI合成主播”依靠人工智能“分身”技术研发而成。“‘分身’技术基于‘自然交互+知识计算’的技术突破，将真人主播的声音、唇形、表情动作等特征提取出来，然后再通过人脸识别、人脸建模、语音合成、唇形合成、表情合成，以及深度学习等多项人工智能技术将真人主播‘克隆’出来，展现出与真人相似度极高的信息播出效果。”（李仁虎 & 毛伟，2019）

（3）智能化新闻传播效果分析

算法可被用于收集用户的新闻阅读情况及相关的体验，从而进一步作用于新闻分发策略的调整。“美联社”与NewsWhip合作开发了一种新工具，可以帮助专业从业人员追踪“美联社”内容的使用情况，并分析这些内容是如何推动会员和客户的社交参与的，而这有助于调整相关内容，以满足用户未来的数字需求（NewsWhip,2016）。芬兰广播公司YLE开发了Voitto智能助手，该系统会在锁定屏幕上直接收集人工智能推荐的反馈，旨在与用户建立持续对话；该系统没有将点击率(CTR)作为衡量推荐效果的主要标准，而是使用了多少用户继续使用Voitto智能助手以及他们是否对收到的推荐数量和类型感到满意等指标（Newman，2019）。

1.1.3 新闻核查领域中算法的运用

近几年，各路媒体、公益和教育机构以及技术公司加快了开发、使用内容核查算法的步伐。“新闻核查”既可以通过嵌入“新闻线索获取”、“新闻报道自动化生成”以及“新闻分发”等诸多过程中同步实现，也可作为单独的过程而存在。根据核查系统输入源和计算原理的差异，可以将新闻核查算法分为“基于内容模型的新闻核查算法”和“基于社会情境模型的新闻核查算法”。“基于内容线索的模型依托自然语言处理技术（Natural Language Processing），通过人工创作、数据抓取等方式获取大量的假新闻，将带有真假标记的假新闻和真新闻数据输入程序，而程序则统计两类文本在语义特征上的差异，如单词使用、修辞、句法、代词、连词、情感语言等指标，锁定真假新闻在语言学视阈上的差异，进而实现对任意给定文本的真伪判定。”“基于社会情境的新闻核查算法则是关注社交特征和信号，将信息传播过程中的情境纳入考量，根据用户与内容、用户与用户之间的交互等上下文信息情境甄别假新闻。”(陈昌凤、师文,2018(2))

美联社开发了一个内部验证工具，可以帮助记者实时验证多媒体内容（Newman，2019）。伦敦事实核查公益机构于2016年开始开发自动事实核查（Automated Fact-checking, AFC）工具，该活动得到了谷歌以及Omidya、Open Society基金会的资金支持；杜克大学的杜克新闻实验室在2017年末，获得了Facebook新闻项目以及Knight、Craig Newmark基金会的120万美元投资，以启动“技术与核查合作”(Tech & Check Cooperative)（Graves，2018）。Facebook于2017年上线了“争议标签”功能，提醒用户被标记的信息存在争议，并会将争议信息交给第三方机构核查；Google News于2017年在搜索结果中全面推广“事实核查”功能，并在之后计划推出一个专门用于事实核查内容的测试版搜索引擎(陈昌凤、师文,2018(2))。

新闻事实核查算法具有很多技术局限性且可能造成伦理争议。具体而言，“基于内容模型的新闻核查算法”对特定目标文本的真伪识别依赖此前输入的训练文本的特征，但是当下的新闻形态更具多样化，这就对此类算法的识别能力提出了挑战。“‘基于社会情境的新闻核查算法’对于用户特征的强调和对传播网络的质量评估，意味着对社交网络上的机构账号、认证用户进行加权，而可信度权值的不平衡很可能造成话语权的极化，也可能引发‘数字化独裁’的风险”(陈昌凤、师文,2018(2))。

总体而言，AFC辨识网络假信息的自动化反应能力，在处理大规模数据以及缺乏人类监督的情况下着实有限。AFC尚不具备事实核查人员需要具备的对语境的判断力和敏感性。尽管 AFC 取得了一定进展，但未来 AFC 系统仍需人类的监督（Graves，2018）。

1.2 企业应用：以字节跳动为例

北京字节跳动科技有限公司以人工智能 AI 为内部运行与产品制作的主要驱动力，在 2016 年成立了字节跳动人工智能实验室“ByteDance AI Lab”，其研究领域广泛，包括计算机视觉、自然语言处理、机器学习、语音 & 音频处理、数据和知识挖掘、计算机图像学、系统 & 网络、信息安全以及工程和产品等等。

人工智能实验室着重开发字节跳动内容平台服务的创新技术，以不断增强产品创建、分发和最终消费不同类型的信息内容的方式，将人工智能领域的新技术应用到每个产品中。与此同时，利用产品平台海量的数据及应用场景，改进现有模型、研发新的应用程序来提高用户体验。

表 1.2：字节跳动技术产品及算法应用

产品类型	产品名称	算法技术	算法技术及具体应用
内容 + 互动	今日头条	个性化推荐	基于数据挖掘，为用户推荐有价值的、个性化的信息，提供连接人与信息的服务。
	抖音短视频		通过对用户选择的识别和学习，形成用户个性化喜好，并根据喜好为用户更新视频。
	抖音火山版		基于个性化推荐，让每个视频作品都找到“志趣相投”的用户，不断地满足用户多样化的产品使用需求。
	西瓜视频		通过个性化推荐，源源不断地为不同人群提供优质内容，同时鼓励多样化创作，帮助人们轻松地向全世界分享视频作品。

内容 + 互动	皮皮虾	个性化推荐	通过用户标签进行定向分发，实现不同兴趣人群的个性化内容推荐。
	懂车帝		基于个性化推荐引擎帮助用户发现感兴趣的汽车内容，为用户打造内容 + 社区 + 工具的多元生态。
	番茄小说		依托今日头条业内领先的智能推荐技术，番茄小说可为用户精准推荐感兴趣的内容。
相机	Faceu 激萌	图像识别及优化	根据用户喜好和习惯调整脸型，包括美肤瘦骨，对五官进行局部微调。
	轻颜相机		根据用户喜好和习惯调整脸型，包括美肤瘦骨，对五官进行局部微调。
教育 / 办公	GoGoKid 英语	/	主打 100% 纯北美外教，为中国孩子带来个性化、高效的英语学习体验。
	飞书		整合即时沟通、日历、音视频会议、在线文档、云盘、工作台等功能于一体，为企业提供全方位协作解决方案。

此外，字节跳动人工智能实验室组建了专门团队负责语音理解、音乐、音频事务和视觉自动化理解技术的开发。实验室在与产品团队合作的基础上，利用海量的产品数据、自研的有效算法、机器神经网络及概率模型来帮助和指导产品的开发。此项语音和音频的技术已经应用于 AI 辅助呼叫中心、虚拟广播员和歌手及具有语音功能的机器人和设备中。视觉的自动化理解技术不仅能改善用户的跨平台体验，而且能开发出新型的人机交互模式，

此项技术目前运用于字节跳动相关视觉产品的内容审核、短视频推荐系统、足球比赛系统及“尬舞机”等应用中。

1.2.1 内容生产领域的优化

今日头条是一款基于内容生产与分发的资讯类产品，是国内最大的综合资讯平台。今日头条的新闻内容主要来源于两部分，一是具有成熟内容生产能力的 PGC 平台；二是 UGC 用户内容平台，如问答、用户评论、微头条。海量的新闻内容需要更为精确的机器理解水平，AI 实验室运用头条、Topbuzz 和 News Republic 平台上积累的语言内容，拓展了机器语言系统学习。通过研究机器在理解数百种语言时出现的复杂问题（包括不同的方言与场合等），来筛选优质的新闻内容。用户通过自然语言系统的优化，极大地降低低劣新闻内容的推送，提高新闻内容的适切性及优质性。

自然语言系统优化技术已应用于 Byte Translator 中，高效的机器语言学习系统为字节跳动的所有产品提供精准的翻译服务。此技术还应用于 AI 写稿机器人 Xiaomingbot 中，稿子的涉猎范围广泛，涵盖体育、金融、时事等。今日头条和抖音的搜索服务也应用了语言学习系统，提高用户搜索的高效率和准确性。

1.2.2 内容分发领域的优化

今日头条的算法推荐系统是一个基于用户、环境和资讯的匹配模型：y=F(Xi,Xu,Xc)，采用拟合个体用户对内容满意度的函数。字节跳动旗下的产品都沿用同一套强大的算法推荐系统，根据业务场景不同，调整模型架构。今日头条的推荐系统通过相关性特征（评估属性与用户匹配度）、环境特征（位置、时间）、热度特征（全局热度、分类热度，主题热度，关键词热度）、协同特征（用户间的相似性）四方面的维度特征，推测推荐内容在任一场景下对个体用户的适配性。不仅如此，在推荐模型中点击率、阅读时间、点赞、评论、转发等都成为可量化的具体目标，并直接运用于模型拟合成为预估因子。基于特征匹配的个性化推荐系统保障了任意场景下用户推荐的即时性、精准性，降低了用户的搜寻信息的时间成本以及提高了信息推荐的效率。

今日头条推荐算法模型在世界水平中处于较大体量，包含几百亿原始特征和数十亿向量特征，对其模型训练上的实时性要求更高。目前，今日头条基于 storm 集群系统实时处理线上样本数据，包括点击、展现、收藏、分享等动作数据类型。为实现更高效的系统处理，今日头条在内部研发了模型参数服务器作为辅助系统，配置更高性能的设备以维持推荐系统的稳定性。今日头条还对自研的系统底层做了许多针对性优化，愈加完善运维工具，提高其业务场景的适配性。相互配合的各个系统使得算法对用户特征了解地更详尽，在保障信息流更新的速率同时也提高场景转换情境下系统的稳固发挥。极大丰富了用户的使用感受，规避了信息推荐的迟滞和钝化现象。

用户标签推荐在主频道推荐效果不理想时会出现推荐窄化现象，为避免窄化现象的加剧，系统开始提供多样化的子频道系统的内容供用户选择，子频道涉猎领域宽泛，涵盖科技、体育、娱乐、军事等垂直领域。多样化的子系统有助于算法详尽了解用户的需求与特征，以辅助主频道的推荐程序。兴趣建模机制给予用户更多样化的信息选择，呈现高清晰、多层面、立体化的多维电子用户画像，满足用户对内容的个性化及发展性需求。

今日头条推荐系统的线上分类采用典型的层次化文本分类算法，通过对用户喜好标签的不断细化，极大地解决了用户数据倾斜的问题。系统通过对实体词识别算法的应用，确认词与词的结合能够合理地映射实体的描述。这一系统能将用户的特征与需求不断细化，以达到内容个人定制化的效果。

与此同时，今日头条拥有一套强大的评估体系，此评估体系遵循两个原则：一是同时兼顾短期指标与长期指标；二是同时兼顾用户指标和生态指标。这体现了今日头条作为内容分创作平台，不仅要为内容创造者提供价值，也担负满足用户的义务，以及平台广告主的利益诉求，通过这个评估系统，维持三方平衡。评估之后的策略调整也会持续考虑用户的长期助益而非仅仅是短期满足，以延长用户的优质体验与长期发展诉求。

1.2.3 内容核查领域的优化

今日头条作为国内最大的综合资讯平台，它对内容安全的重视毋庸置疑为最高优先级队列，头条也越来越重视自身的社会责任和作为行业领导者的责任。在机制完善层面，今日头条建立伊始便设立了专门的审核团队来负责内容安全的模块，给予内容安全十级的重视程度。所以不论是具有成熟内容生产能力的 PGC 平台，还是多类型的 UGC 用户内容平台，头条都会对所有内容进行风险审核。针对数量规模庞大的 UGC 内容，除了风险模型的过滤之外，还会进行二次风险审核，系统如果收到一定量以上的评论或者举报负向反馈，此内容还会再次复审，检测不合格的内容会直接下架。整个内容的筛选及反馈机制系统较为健全，保障了大量用户的信息浏览安全以及信息内容传播的合法性。

在技术优化层面，字节跳动开发了风险内容识别技术，以便对平台系统的信息质量进行及时把关和处理。风险内容识别技术主要包括三个模型的运作，鉴黄模型、低俗模型及谩骂模型。鉴黄模型是拥有上千万张图片样片集的集合模型，通过深度学习算法（ResNet）的训练，该模型的有效召回率高达 99%。而低俗模型则是基于文本及图片的分析模型，其样本存量也超过百万，该模型的识别准确率高达 80%、召有效回率高达 90%。风险内容识别技术不仅能对文本图片进行有效处理，还能通过谩骂模型对评论进行低俗识别。通过谩骂模型，系统可自动净化产品的评论气氛，准确识别不当评论，该模型样本存量超过百万，有效召回率达 95%，识别的准确率达 80%。风险内容识别技术在监测及过滤低质量、阻隔有害信息达到了高水平的效用，为用户信息接收的安全性及合法性提供了保障。

此外，字节跳动还开发了泛低质内容识别模型，通过对产品评论内容的情感分析，以及用户的其他负反馈（举报、“不感兴趣”、“踩”）等信息，解决了产品内容语义上的低质问题，如文体不符、有头无尾、拼凑编造、黑稿谣言等。目前该技术鉴别低质内容的准确率高达 70%，有效召回率达 60%，结合人工复审后有效召回率可达 95%。今日头条的人工智能实验室还与密歇根大学设立了相关技术的科研项目，共同建造更高水平的谣言识别平台。该系统不仅能够阻隔低质、有害内容的传播，更是在用户内容的质量上有高水平、严格的把控，秉持对用户可持续发展以及负责任的企业社会责任，今日头条对于用户质量的把关也维持在高水平的要求上，保障头条用户消费内容的品质。

2. 算法正在怎样影响我们的生活?

“算法社会”正在到来（Balkin，2017），基于大数据和算法的科学技术及其产品日渐改变着人们的学习、工作和生活，其所产生和潜在的伦理争议也成为了学界与业界广泛讨论的问题。在诸多人工智能技术带来的或可能潜藏的问题中，公众最为关切的包括“信息茧房”、隐私侵犯、算法偏见、算法“黑箱”等。本章将对上述四个问题展开解读与剖析，对公众所密切关心的现实问题进行回应。

2.1 你了解“信息茧房”吗?

近年来，随着算法在人们生产、生活中越来越广泛的应用，“信息茧房”这一曾经陌生的概念逐渐为人所知，也曾因其而或多或少地对技术的发展产生过担忧。但是，我们真的了解“信息茧房”吗?

“信息茧房”由美国哈佛大学法学教授桑斯坦提出，在全球范围内引发了政治学、传播学、法学、计算机科学、心理学以及社会学等领域的广泛关注和研究。国内对“信息茧房”研究大多是以算法等技术批判为中心的负面研究，普遍缺乏对“信息茧房”的全面认知，大众对于概念的产生背景、内涵挖掘、研究进展、与算法等技术的作用机制及与用户自主权的关系认知仍然处于粗浅状态。

2.1.1 “信息茧房”是什么?

“信息茧房”是桑斯坦教授基于对美国两党政治的语境下对于政治信息极化的一种担忧，在其2006年出版的著作《信息乌托邦》中提出的一个比喻，具体内涵是：“我们（信息传播中用户）只关注自己选择的内容、使自己感到安慰和愉悦的传播世界，如同置身于蚕茧般作茧自缚。”（桑斯坦，2008）桑斯坦援引尼古拉斯·尼葛洛庞帝“我的日报”（the Daily Me）作为预言，认为信息过滤机制让我们只看到我们想看到的东西、只听到我们自己认同的观点，只跟观念相同的人交朋友，那些观点不断重复加深最终变成只听到自己声音的“回音室”（陈昌凤、仇筠茜，2020）。

“信息茧房”概念从政治领域“出圈”后也引发众多讨论，并遭到多方质疑。学者加勒特（Garrett）认为“信息茧房”也许只是美国土壤中的产物，研究者更多是夸大了基于政治观点选择信息的程度（Garrett，2019），大多数美国人仍然接触多元化信息，包括与自身意见冲突的观点。大量实证研究证明，“茧房”或“回音室”存在的“实锤”尚少。原因一是造成“信息茧房”的实验室条件式的纯粹信息环境很难存在，人们总是在更多元的、复杂的信息环境中；二是“信息茧房”作为长期传播效果来研究，证实其存在更加困难。

认可“信息茧房”存在的学者对于其产生和存续的原因之争也长期存在。有学者认为信息技术并非是导致“信息茧房”的唯一因素，沃勒比克等学者提出个体的愤怒、焦虑及恐惧等情感因素也强化了“回音室效应”（Wollebak et al. 2019）。最后，从历史研究角度出发，信息的选择性接触早在拉扎斯菲尔德时期关于选民的研究便进行过论证，也没有证据表明，多元化信息环境下个体会放弃与其意见相左的新闻报道。“信息茧房”很可能只是一个担忧。

2.1.2 “信息茧房”真的是算法推荐技术带来的吗？

算法的个性化推荐作为新闻过滤与分发的重要机制，通过与用户交互推断用户偏好推荐满足其偏好的信息内容。在对“信息茧房”的批判中，首当其冲的便是以算法为首的信息技术。许多用户与学者都表达对算法窄化信息获取的隐忧，但一项基于美国168名谷歌搜索引擎用户的调查发现，不同州、具有不同政治倾向的用户被推荐的新闻非常相似，被推荐新闻的来源呈现高度的同质性和集中度，这表明Google新闻构建的新闻议程并没有破坏传统新闻业的信息结构（师文，陈昌凤，2019）。换言之，政治偏好是选民信息选择的重要却非唯一决定因素，个性化推荐算法在多元化信息环境中，是难以实现单一政治偏向宣传的。

算法与“信息茧房”效应有千丝万缕的联系，但前者并非是后者的充分条件。要突破算法在新闻传播机制上可能造成的“信息茧房”效应，学者提出的建议是：系统推荐应给予个体更多样化的选择，保障用户与对立政治观点接触的程度，主动将批判性意见和弱势观点引入公共讨论。其中多样化推荐是让用户意识到还有更丰富的新闻可供选择，鼓励用户对当下的兴趣盲点进行探索。

2.1.3 “信息茧房”真的削弱了用户自主权吗？

用户自主权是指用户的自我管理能力，是“主体构建自我目标和价值且自由地作出决定付诸行动的能力”（ Stahl et al. 2016 ）。这一概念包含两层含义：一是自我管理，即行动的自主性；二是自我立法，即道德的自主性(邬桑,2018)。

算法对自主权的侵犯一直是大众的隐忧，“信息茧房”作为算法效应可能产生的结果也自然地被质疑其削弱了用户自主，算法的自主性与主体的自主性随着算法应用的增加呈现出此消彼长的态势。算法的自主性增强，作为主体的人的自主性减弱，甚至出现主体隐匿。受众作为被信息层层包裹的“茧”，被动且无理性地接受被定制推荐的信息。但实际上，用户使用被推荐的信息并不代表他们不具备批判的能力，学者 Fletcher 和 Nielsen 认为，受众具有“普遍的怀疑主义”，是带有批判性、自主认知能力的受众(Fletcher & Nielsen,2018)。即使在技术限制下，受众也仍然具有决定选择自己所需信息的能力，能在众多备选方案中选择自己认为有意义的一项。企业在算法应用与产品设计的过程中，都应坚持人类自主性原则，建立受众批判性认知所需的良好信息环境。基于当前的技术水平与现实情况，一方面，采取恰当的机制与保障措施，保证人类活动不被算法所设计出来的产品或系统操纵或威胁；另一方面，为每一项技术的设计都预留“最后一道防线”，保留人类监督和干预算法技术的权利。

2.2 算法真的在侵蚀我们的隐私吗？

大数据时代公民私人信息的概念逐渐发生了从人格权层面的“隐私”向

财产权层面的"个人数据"的演化，由此数据隐私（Data Privacy）的概念应运而生。用户的数据隐私是指包括用户的个人信息、行为痕迹、"身体－空间隐私"(Stahl et al. 2016) 等在内的一切与用户个人相关的数据。有学者提出，随着算法技术的发展，算法系统对隐私的影响已经从个人隐私逐渐转向了"构成集体的所有个体的某一种或几种共同的属性"(刘培、池忠军,2019) 的集体隐私 (Group Privacy) 的侵犯，算法会分组识别一个群体的偏好或特征，对用户进行有效地干预（Taylor ，2017）。本节以企业大数据技术应用中的伦理漏洞为线索，进行企业层面数据安全相关探究，探讨算法是否正在侵蚀我们的隐私。

2.2.1 大数据的地基：数据的收集、运输、存储、应用与监管

大数据时代下万物皆媒、万物互联，以数据作为唯一载体的物联网将用户数据信息传输至各个网络节点中。大数据的网络是数字化时代的地基，这个网络的构建包含着对数据的收集、运输、存储、应用与监管等众多环节，缺一不可。

（1）数据收集环节

近年来，用户信息收集的形式日趋多样化。工作生活中，最为基础的收集为"个人表演留下数字印痕"，这种数据痕迹可进一步分为两类，一类是数字脚印（Digital Footprint），是由使用者本人建立的数据；另一类是数字影子（Digital Shadows），是由其他人建立的关于使用者的数据（燕道成、史倩云，2020）。"数字脚印"被用以描述"用户本人数据的建立与公开程度"，如在社交媒体分享的日常及隐私协议中允许被企业收集的信息等，而"数字影子"则属于企业或第三方平台对用户信息二次加工，如企业系统描绘的消费者"用户画像"等。

与此同时，技术的发展使得通过传感器收集数据的应用也日益普遍。人的思维、健康信息、地理位置、情绪等原本并不能够被记录和监测的数据信息，通过可穿戴设备也能够被量化的监测。传感器存在的网络漏洞包括数据被窃听、不法分子恶意篡改数据、制造病毒发动网络攻击、获取节点数据

信息等；存在的技术漏洞则可能在识别的标签与阅读器传输中被恶意攻击，发生数据泄露，如识别电子标签伪造（吴红英，2020）。

（2）数据运输环节

用户数据在网络的传输中极易被窃取、篡改及重新上传，使得技术的应用层发出错误的指令。不仅如此，数据在企业内部传输中也同样面临被窃听、篡改或内部人员恶意访问的风险。所以在用户数据的传输过程中应注重授权操作控制与安全机制记录，企业确保双向认证、TLS、SSL 等技术合理运用。

（3）数据存储环节

与用户息息相关的便是用户数据的存储，最主要运用的技术是云计算储存技术。云计算保护的核心任务是保障用户信息不泄露，包括以下方面：增强数据访问控制，访问必须经用户授权；保障数据完整，防止数据遭受系统损害、黑客入侵及非法篡改风险；支持数据可用性，即失效数据能够被修复且原始数据文件依然能够被重构出来的保障机制（温诗华，王辉鹏，& 黄士超，2020）。

（4）数据应用环节

实际上，大数据的真正意义并不在于广泛的信息获取，而是其背后碎片化的信息价值。通过技术手段，获取数据隐含的数据规律，发现自然和社会的规律，才是大数据存在的真正意义所在。而面对企业用户数据应用，大致分为企业内部应用数据与外部应用数据。企业内部数据是数据分析与整合机制的核心，整合碎片化信息用以描绘用户画像，对大众自愿公开信息进行分析与预测，获取大众很可能不愿公开的个人隐私，用户隐私被巧妙、隐性地披露。

（5）数据监管环节

企业内部数据的安全部分，需要关注不同安全等级、格式内容、访问要求的数据在融合和集中过程的安全问题，如果处理不当导致敏感数据与普通数据合并、或企业机密数据被授予的不适当的权限等都会极大地损害用户利益（王崇宇，2019）。

数据安全监管则是数据隐私保护最后一道防线。数据监管是指对数据生产、使用等过程进行跟踪审计，企业方需要对数据安全进行粒度的监察、防护、管理和补救，避免因安全策略和控制手段不到位引发的数据越权访问、泄露、破坏和丢失等风险威胁，保证数据安全在数据流通环节的正确性及有效性。

2.2.2 重新认识我们的权利：公民隐私与用户个人信息

大数据时代公民私人信息的概念逐渐发生了从人格权层面的“隐私”向财产权层面的“个人数据”的演化，数据隐私（Data Privacy）的概念应运而生。结合目前在国际上影响力颇为广泛的欧盟《通用数据保护条例》（General Data Protection Regulation，GDPR）中对于用户数据隐私的概念范围界定（Voigt & Bussche，2017），以及《中华人民共和国个人信息保护法（草案）》对于非国家机关对个人信息的收集、处理和利用的基本规范的精神，我们将数据隐私定义为：用户的个人信息、行为痕迹等一切与用户个人相关的数据，保障用户数据隐私，即保障用户对自己相关数据所享有的知情与控制权利。

我国最新颁布的民法典《人格权编》中对于隐私权的界定则更加清晰：“隐私包括不愿为他人知晓的私密空间、私密活动、私密信息”。值得注意的是，个人信息中的私密信息是适用有关隐私权的规定的，那么没被规定为私密信息的个人信息，则适用于个人信息保护的规定。这里明确区分了“隐私信息”与“个人信息”，即隐私是归属于私人领域的，而个人信息则兼具保护和利用两种属性，个人信息的利用需要个人利益和公共利益加以调和。

那么，算法运用在哪些方面可能影响用户隐私呢？

我们通过对欧盟《通用数据保护条例》的梳理发现，可以从应用层面与法理层面两个部分去理解。首先在应用层面，在算法过程中的数据收集阶段，在未经用户授权的情况下，企业利用算法技术收集用户的个人信息，或是在未经用户许可的前提下将用户的个人数据用于机器学习、以及在算法决策、内容推荐等环节、随意流转用户个人数据，都可能导致个人数据泄露（张超，

2018）。

其次在法理层面，数据主体拥有知情权，包括有权知道自身哪些类型的数据被企业以何种形式收集、存储、使用、处分，以及第三方披露情况。数据主体还拥有传播权，即用户自主决定其数据是否向其他主体传输以及如何传输的权利。最后数据主体拥有数据修改权和删除权，即在个人数据有多余、错误、遗漏、变动等情况时可以对数据进行更改、删除。

制度之外，从技术本身的角度上看，算法的不安全性（Song et al. 2017）和机器学习本身也是脆弱的、易受攻击的（何英哲，胡兴波，何锦雯，孟国柱，& 陈恺，2019），这些因素也可能会造成用户隐私权利被侵蚀。因此，用户个人数据的保护需要全社会全方位的共同努力。

2.3 算法会带来偏见和内容同质化吗？

“算法偏见”是算法信息时代的重要信息伦理问题，是指在信息的生产、分发及核查的过程中对用户造成的非中立立场影响，从而导致片面、失实等信息观念的传播。算法程序虽然已经可以独立于人工操作而存在，以较为客观的立场为用户推荐信息，但是其中可能隐含的深层次的偏见却也在实践中不断暴露。

2.3.1 “传说”中的“算法偏见”与“内容同质化”

Anupam Chander 将算法偏见（Algorithmic Bias）定义为“造成不公平、不合理结果的系统性的可重复出现的错误，即不同对象有不同的输出结果，或者是相同、相似对象输出了相异结果，及算法设计者主观程序操纵算法的现象”（Chander，2017）。那么依据算法偏见作用的对象及偏见领域的不同，我们将算法偏见分为以下三类型：有损群体包容性的偏见、有损群体公平性的偏见及有损个体利益的偏见。

（1）有损群体包容性的偏见

有损群体包容性的偏见，是指算法可能的种族歧视的倾向、及特定环境下对弱势群体、妇女群体的忽视。科学家 Joy Buolamwini 发起的 Gender Shades 研究，对微软等三家人脸识别算法进行测试，测试表明这些算法都存在不同程度对深色人种和女性的歧视（腾讯研究院）。作为算法正义联盟 (Algorithmic Justice League) 网站的创始人，她进一步提出编码凝视（Code Gaze）的概念，认为算法的力量正在决定雇佣、贷款甚至是人类的服刑期限。而人们很容易对算法的歧视性行为麻木不仁，也无法确认自己受到何种侵权行为。

（2）有损群体公平性的偏见

有损群体公平性的偏见，是指算法可能的预测及决策不公的体现，最为常见便是招聘偏见。英国皇家统计学会对一分析英国网站的人工智能公司 Glass-AI 进行研究，发现性别差异普遍存在于各类行业，虽然劳动力市场上男女求职总数接近平等，但男性担任领导职务的可能性更高，男女的职位差异会在其扮演的社会角色中显露出来。而算法的偏见会无意中加深社会原有的职业偏见，从而给部分群体带来部分职业优势并且难以被人们察觉。

（3）有损个体利益的偏见

有损个体利益的偏见，是指算法还可能会被竞争者利益所驱使，拥有技术及市场地位优势的经营者更容易通过算法去设置贸易壁垒（刘友华，2019）。例如谷歌的 PageRank 的算法能评价网络链接的重要性并且对网页进行排序，在 Google Shopping 里谷歌暗中将自己的商品置于网页排序中的显眼位置，并自我排除在网页排序算法作用范围外。利用算法破坏自由市场的行为最终会导致消费者的个人权益受损，正如“算法杀熟”商家通过记录分析消费者的消费痕迹对不同消费者进行差别定价，这也是十分显性的算法偏见。

产生算法偏见的原因有三，一是算法设计者偏见，包括对机器学习的目标选定、模型建立、数据标签设立及数据的预处理等，算法设计者的价值观偏见也可能被融合进机器学习的过程中。二是训练数据偏见，即数据本身的问题，包括数据选择错误、数据不完整、数据丧失时效性等偏差。常见表现为配比偏差，出于数据采集的便利性，数据集往往会倾向更“主流”、可获取的群体，从而在种族、性别层面分布不均。三是人机交互偏见，是指面对一些非结构性的数据库（描述性文字、图片、视频），算法无法对其进行直接的分析，这时需要人工对数据进行标记，任何使用网络的人都会有机会成为打标环节中的一员，在一些夹带价值观的问题中，就会存在人工的偏见产生。

与“算法偏见”遭受同等质疑的是算法带来的“内容低质化”现象。

实际上，对比人工推荐，智能算法推荐虽然存在“投入产出比高、覆盖面广、个性化程度高”等优势，但完全依赖算法实现风险识别与风险把控依然是不现实的。此时，采用算法编辑与人工筛选相结合的审核方式成为了解决问题的进路。例如 Facebook 拥有的 Fact-Checking 机制，它将用户举报过多的信息交给机构记者来判断，如果记者判断这则内容是假新闻，系统就会自动将内容标记为“存在争议”。不仅如此，为应对内容低质化，Facebook 于 2017 年新招了 3000 名内容审查员，想通过人机结合的方式过滤社交媒体上的不适当内容，如恋童癖、身体暴露、种族仇恨等。

2.3.2 算法：难以中立却可控

算法作为技术，对它是否中立的讨论从工业时代一直延续至今。讨论算法中立与否已然无法揭示深层次的本质问题，大众担忧的是算法一旦失去公允性，算法分发也暗含偏见与立场，会极大影响社会群体认知结构，达到思想控制的目的。大众畏惧算法机器操控人的思维，人完全丧失自主性。

当算法应用在内容生产中时，它通常可自主控制和处理信息、评估情况、做出决定。将“把关权”让渡给算法后，算法一定程度上是模仿或复制其被规定好的价值程序进行新闻选择，也就是说，算法的“把关”是在模仿传统模式中内容把关人的内容选择与价值输出，原有模式本身也存在立场与价值观的偏移，当算法介入后，所呈现出的算法偏见一定程度实为社会偏见的展现。所以在机器的自我学习中，最让人担心的是，机器的“黑箱”操作以及算法的无人监督。

那么面对算法在信息推送中的技术无意识，我们应该怎么做呢？其实我们要做的并不是全盘否定或完全拒绝算法，而是积极参与到算法纠偏的过程中来，联合多种社会力量对算法的运作过程进行监督。有学者提出以下几点纠偏方法：首先，应允许算法多样性的存在，因为足够的竞争能有效维持算法市场的平衡；其次，应邀请技术专家或代表性权威来对算法进行评估，用技术逻辑对算法进行检验，发现其中可能存在的偏差；最后，媒介机构与内容平台应当要遵循行业规范，适度逐利，主动承担社会责任。从我们自身出发，我们应提高自身的媒介算法素养，培养思辨能力，维护自身权利，积极减少社会固有的偏见问题，让大众意识并改善偏见的状态。

2.4 揭开算法“黑箱”的神秘面纱

2.4.1 什么是算法“黑箱”？

在新闻领域，“透明度”早已成为伦理规范的重要内容之一（Diakopoulos & Koliska，2017），它被认为是发现社会真相，促进公民合法性参与新闻生产和传播的重要方式，甚至被认为是一种“新的客观性”（Weinberger，2009）。在信息管理和商业伦理等领域中，“透明度”（Transparency）常被用于指代信息可见的形式（Turilli & Floridi，2009），主要包括信息的可访问性及可理解性（Mittelstadt, Allo, Taddeo, et al，2016）。算法在“内容生产”“内容分发”和“内容核查”等领域中的嵌入，使得算法和人类的作用交叠互构、难以区分，而高维度的数据、复杂的代码和可变的决策逻辑等因素又导致算法自动化决策本身缺乏可解释性（陈昌凤、张梦，2020）。

算法“黑箱”问题属于透明度问题的范畴。算法“黑箱”是指，由于技术本身的复杂性以及媒体机构、技术公司的排他性商业政策，算法犹如一个未知的“黑箱”——用户并不清楚算法的目标和意图，也无从获悉算法设计者、实际控制者以及机器生成内容的责任归属等信息，更谈不上对其进行评判和监督（仇筠茜、陈昌凤，2018(1)）。学者提出算法“黑箱”的三个彼此相关层面：一是深度学习等算法本身存在的不可控的黑箱问题，即“技术黑箱”；二是算法编写开发需要较高的专业技能，对于非专业人员来说很难以理解和判断，即“解释黑箱”。三是开发和应用算法的企业在面向利益相关者的运营层面存在黑箱，即“组织黑箱”。三个层面的算法“黑箱”

互有叠加，交织在一起（浮婷，2020）。

2.4.2 打开算法“黑箱”

透明度的主要组成部分是信息的可访问性和可理解性。出于竞争优势、国家安全或隐私等原因，专有算法是保密的，关于算法功能的信息也往往被有意设置为对公众而言不易访问的形式（Intentionally Poorly Accessible）。除了可访问外，信息必须是可理解的，才能被认为是透明的。使算法透明化面临着一个巨大的挑战，即复杂的决策过程既可访问又可理解。

机器学习算法中长期存在的可解释性问题表明了算法不透明性的挑战。《今日头条算法原理》一文，完整阐释了今日头条推荐系统的算法整体模型设计，以及过程中所具体使用的内容文本分析、用户标签策略、系统评估优化等构建和升级模型所需的实际技术的应用（今日头条）。这是一次打开“算法黑箱”的有益尝试。解决算法“黑箱”的复杂实践难题，不能单单从技术方法上入手，需要找准“解释黑箱”的突破口，实现公民权利与平台合法权益的平衡（仇筠茜、陈昌凤，2018(2)）。

3. 将人本精神融入算法——全面良善的算法共治

为算法立“法”，规范算法的研发使用，让算法的运行符合最初设定的目标，符合人类文明发展过程形成的伦理准则，已经成为越来越多人，包括政府首脑、科学家、商界领袖、算法工程师等社会各个群体的共识。从 2016 年开始，电气电子工程师协会（IEEE）就开始着手制定并连续两次发布《人工智能设计的伦理准则》，确立了人权、幸福优先、可问责、透明、智能技术不被滥用等人工智能设计的伦理准则。2017 年 1 月，人工智能领域的专家齐聚阿西洛马召开“有益的 AI”会议，共同签署发布了包含 23 条原则的阿西洛马人工智能原则，呼吁建立包含安全性、透明性、与人类价值观一致等道德准则和价值观念在内的人工智能原则。欧盟一直都是人工智能伦理的积极倡导者和引领者，2016 年 4 月 14 日率先通过致力于保护公民或个人用户数据和隐私权的《通用数据保护条例》并于 2018 年 5 月

25 日正式生效实施，关于数据主体知情同意权、被遗忘权等法律权利的确立，为公民个体数据和隐私保护筑起一道“防火墙”；2018 年 12 月，欧盟委员会再次提出“确立一个强化欧洲价值观的伦理和法律框架”的愿景，成立人工智能高级专家组，着手《人工智能伦理准则》的制定，并于 2019 年 4 月发布了《可信赖的人工智能伦理准则》，将尊重人的自主性、不伤害、公平正义、可解释作为可信赖的人工智能伦理准则。

这些人工智能伦理框架的确立，遵循的是哈贝马斯所提出的商谈伦理学的研究范式。人工智能伦理规范的形成，不是康德所言的自由意志立法的内在过程，而是道德主体在理性交往、商谈过程中形成的“重叠的共识”。电气电子工程师协会发布的《人工智能设计的伦理准则》集纳了上百名来自学界、政界和企业界人工智能、法律、伦理等领域的专家智慧。阿西洛马人工智能原则至今已有 5030 名专家签署支持 23 条原则，其中包括 1583 名人工智能领域的研究者，以及 3447 名来自其他领域的人士。欧盟人工智能高级专家组 54 名专家历经多次商讨，在参考了弗洛里迪（L. Floridi）等专家领衔的“AI 4 PEOPLE”项目调查世界各类组织提出的 36 项伦理准则的基础，提出了 4 项具体的伦理准则。哈贝马斯认为，这种主体间交往理性所形成的道德规范，之所以具有普遍性，主要来源于商谈过程中共同性的论证和程序原则的可普遍化，以及经过论证或话语双方共同接受的共同利益可普遍化。由此可见，上述人工智能伦理框架的确立，体现了人类共同的价值追求和利益取向，具有普遍的规范性和约束性。

让算法的运行符合人类文明发展过程形成的伦理准则，已经成为社会各个群体的共识。本章将在参考上述人工智能伦理框架的基础上，结合算法新闻的实践案例，从宏观、中观和微观三个维度，具体到“价值理念”“伦理原则”以及“业界操作”三个层面，来阐述将人本精神融入算法以实现“算法共治”的可能性。

宏观层面的“善用理念”，是算法善用的目标，也是指导算法善用的价值基石。欧盟《可信赖的人工智能伦理准则》认为，欧盟宪章提出的尊重人的尊严，个体自由，尊重民主、公正和法律，平等、不伤害和团结，公民权利等价值，是制定人工智能伦理准则的基础，而这些人权概念中，“尊重人的尊严”又是最为重要的，意味着在任何情况下，人都应当被当做一个主体，而不是客体、工具或者手段来对待。算法作为人工智能的重要组成部分，应当以人类为中心，宏观层面的算法“善用理念”，包括尊重人的尊严、保护个体权利及自由、维护公平正义、开放参与、增进人类整体幸福等理念。

中观层面的“善用原则”，是算法善用伦理框架的主体部分，是具体指导算法研发者、运营者和使用者善用算法的伦理准则和道德规范。它包括维护人类自主性原则、保护用户隐私原则、公正性原则、透明性原则、促进社会可持续发展的原则等。这些伦理准则的贯彻和执行，将有利于实现算法善用的理念，真正维护人类尊严和自由，促进人类福祉和可持续发展。

微观层面的“善用操作”，则是在“善用原则”指导下具体行动和案例。按照维贝克提出的技术伦理学的观点，算法作为技术中介物，它的道德意蕴的呈现和实现，是展开在人与世界的具体联系当中的。诸如透明性、可问责性、可解释性等算法“善用原则”，只有付诸实践，在优化算法、打开算法黑箱等技术操作或事后监督过程中才能够得以实现。我们认为，算法“善用操作”包括技术进路、制度进路等不同路径。

3.1 冲破“信息茧房”

3.1.1 宏观层面：树立尊重人类尊严的价值理念

要实现“算法共治”，首先要尊重人的尊严。人的尊严是“算法共治”的价值源泉，决定了“算法共治”过程中涉及的自主性、透明度、公平正义、可解释和可问责等基本伦理原则。算法作为一种对海量大数据进行筛选、聚合、分类、匹配的技术，稍不注意就会因为数据在分类、匹配等方面的偏差导致错误的结果，将人仅仅当作了分类、操纵的对象化存在。事实上，在任何时候，人都是最高的目的和价值，而非手段或工具。

康德最早将“人的尊严”作为人之所以为人最根本的内在属性，并基于人的尊严推导出义务论规范。他在《道德形而上学的奠基》中提出：“在目的王国中，一切东西要么有一种价格，要么有一种尊严。有一种价格的东西，某种别的东西可以作为等价物取而代之；与之相反，超越一切价格，从而不容有等价物的东西，则具有一种尊严。”换而言之，尊严具有绝对价值，其他事物都不可替代。康德认为，人就是这样一种尊严，“人以及一般而言每一个理性存在者，都作为目的而实存，其存在自身就具有一种绝对的价值。”（康德，2005，p.435-443 页）

人是目的，是不依赖于其他任何条件的绝对价值；如果人是为了其他目的而存在，人就被异化成了工具或手段。正因为人是目的，所以在任何时候，人都应该被当作目的而不仅仅是当作手段或者工具而行动，也就是出于义务而行动——这是自由意志为人自身的立法，这个过程仍然将人作为目的本身，而没有把人当做手段或工具，因此具有至高无上的道德价值。把人当作目的，而不是实现其他目的的手段或工具，这就是人的尊严，是人类作为万物之灵长与其他一切存在最根本的差别，是人之所以为人的根本。康德不仅推崇“人是目的”的尊严，而且将其作为一切道德规范的价值源泉。

康德所阐发的“尊严”概念，逐渐成为现代人权观念的重要基础。第二次世界大战以后，鉴于对纳粹集中营、日军人体试验肆无忌惮地将人当做试验品，随意践踏人类尊严的深刻反思和批判，《联合国宪章》和《世界人权宣言》，以及世界上很多国家的宪法，更是将“人的尊严”视为人类社会最重要的价值源泉和国际社会普遍遵守的法律依据，不仅提出“人的尊严不可侵犯”的金科玉律，而且将“人的尊严”作为人权的重要基础。正如很多学者指出那样，“从最低限度来说，人的尊严为人权理论提供了合法性证明。”（俞可平，2018）遵守各种道德规范，维护人的各项权利，究其根本而言，都是为了维护人之所以为人的尊严。

在算法善用的伦理框架中，尊重和维护人的尊严毋庸置疑是最为重要的价值理念。从现实需要来看，算法的应用已经深度融入并深刻影响到人类生活，诸多不当的使用，对人的尊严已经造成了各种侵犯和困扰。最新的一个例子是，国外最知名的搜索引擎的相册功能将一名黑人工程师及其朋友的很多照片，分类到黑猩猩的相册里，引发了黑人工程师及其朋友的极大不满。尽管公司第一时间就此事进行了道歉，并撤下了黑猩猩的分类相册，但此事对当事人的尊严所造成的困扰，却并不是那么容易消除。另一个与人的尊严相关的案例也来自这家搜索引擎公司，早在2004年，这家公司的搜索算法就曾将“犹太人观察网站”（Jew Watch，一个具有反犹倾向的网站）列为许多搜索“犹太人”（Jew）一词的人的首选，尽管这一结果被很多犹太人所反对，但公司拒绝手动改变搜索排名，最终还是依靠犹太人用户的共同努力，提高其他非攻击性网站的排名，才将这个网站从搜索中消失。这两个案例中，算法产生的偏差，都对人的尊严产生了冒犯，不仅伤害了某个人或某个群体的感情，而且侵犯了最基本的人权。

算法作为具有一定道德蕴含的技术中介物，它是因人而存在的，并因为人们的研发、运营或使用而获得意义和价值。换而言之，从主客体关系而言，算法是“为我之物”，是一种具有客体属性的工具或手段，它的存在和发展，服务于人的存在和发展，它的价值，来源于作为主体的人的价值。因此即使算法体现出一定的智能行为，但在任何时候，算法都不具备绝对价值，也不可能具有主体性、意向性，算法的研发、使用必须服从于人的意志，服从于“人是目的”的价值源泉，因而服从于人的尊严。这也就意味着，在任何时候，算法都不能把人当做手段或者工具而使用，人们也不能利用算法把人当做手段或者工具使用，否则就侵犯了人之所以为人的根本，侵犯了人的尊严。上面提到搜索引擎将反犹网站列为搜索犹太人一词首选的案例，就犯了颠倒黑白是非的错误：搜索公司宣称要遵循算法本身的逻辑因而拒绝手动修改排名，这是一种典型的本末倒置的行为，算法是为了人而存在和服务的，而不是人为了算法而存在和服务，岂能为了遵循算法的逻辑而放弃了具有更高优先等级的人的尊严和价值？他们正是因为将人与算法的主客体关系颠倒了，才冒犯了犹太用户的情感和尊严。

算法善用，首先要尊重人的尊严。人工智能系统，在任何时候，都应当将人当做目的和最高价值，而不能将人仅仅当做手段或工具使用。正如欧盟《可信赖的人工智能伦理准则》所提出的那样，“尊重人的尊严，意味着所有人都应当被当做道德主体得到应有的尊重，而不仅仅是被筛选、分类、评分、聚集、调节或操纵的对象。”算法作为一种对海量大数据进行筛选、聚合、标签、分类、匹配的技术，在这一方面要极其小心，稍不注意就会因为数据在标签、分类、匹配等方面的偏差导致错误的结果，将人仅仅当做了分类、操纵的对象化存在，侵犯了人之为人的尊严。

就正如人的尊严，是一切人权的基础，是所有道德规范的价值源泉；人的尊严，也是算法善用的价值源泉，决定了算法善用的自主性、透明度、公平正义、可解释、可问责等基本伦理原则。算法的研发和使用，必须要以人为中心，从底线伦理的角度来说，不能侵犯人的尊严，不能侵犯或剥夺与人的尊严紧密相关的诸如生命权、人格权、健康权、自由权、平等权、参与权、劳动权、福利权和受教育权等基本人权，不能对人造成伤害，不能破坏人类的团结；而从价值追求的角度而言，要积极增进人类社会的福祉，维护人类的团结和公平正义，保护个体的自由，等等。

3.1.2 中观层面：维护人类自主性原则

自主（Autonomy）指的是“个人能够根据自己的理智推断和动机欲望主宰自己生活的能力，而这些理智推理和动机欲望都不是操控性和歪曲性的外部力量的产物”。自主并不仅仅是“自己作出决定”，更重要的是自主行动的过程完全处于能动者自身权威的统御之下。因此，“自主”的概念天然包含了两层含义：一是自我管理，另外一个指的是自我立法。

算法实际上拥有的是简化的自主权，即行动自主权，而自主性的深层内涵——道德自主，仍然牢牢掌握在人类手中。也就是说，即便人工智能已经展现出与人类智能相似的能力——自我归纳和自我学习，并且具备相当的决策能力，但这些操控决策的程序仍然是由人类设定的。对于人类来说，“自我管理”指的是从信念转化为行动的完全自主，又被称为“行动自主”；而“自我立法”则指的是自主选择所要遵循的某种“自身权威”，既建立一套完整的价值观念来区分什么是“我”想要的，可以说这种价值观的建立与个人的道德判断和世俗的道德准则息息相关，那么自主概念实际上隐含着另一个层次——道德自主。行动自主仅仅在停留在因果层面，如果一个人的意图成功引发了他的行动，那么他就是行动自主；而道德自主探寻意图的成因，追问能动者是否遵循自身的价值判断标准。

由于大数据与深度学习的支持，人工智能已经展现出了与人类智能相似的能力——自我归纳和自我学习。这意味着人工智能在足够的数据支持下独立地根据环境描述自身状态、驱动自我意志从而改变环境。从这个意义上讲，人工智能是自主的。但是，这种“自主”实际上指的是行动自主，仅仅等同于独立。它压缩了自主的内涵，认为能够作出决定即自主，将逻辑推演和计算能力等同于人类的理智。以行动自主作为人工智能拥有自主性的依据直接导致了“人工智能是独立责任承担者”的观点。这种论断认为，产生影响的只有行动，而责任是行动的属性，人工智能既然能够拥有自主行动的能力就能够成为行动的负责人，与人类无异（Hage,2017）。以此为依据，任何人工智能技术的创造者都不必承担由其创造的技术而产生的连带社会责任。由于人工智能被认定为具备有自主性（自主行动、自主担责），在道德失范事件发生之时，这一观点都能够成功为其设计者所需承担的社会责任和法律责任开脱，斩断设计者与人工智能之间的社会联系，直接导致了算法在失去道德约束下的“野蛮生长”。

从本质上讲，人工智能的决策能力完全依赖于数据和算法，尽管它已经具备了相当的决策能力，但这些操控决策的程序仍然是由人类设定的。也就是说，人工智能的“自我立法”并非来自于它自身，而是人类赋予的。从这个角度看，人工智能只是拥有了简化的自主性——行动自主，而自主性的深层内涵——道德自主，仍然牢牢掌握在人类手中。

人类通过开发人工智能技术，赋予技术以行动自主，从而有效地解放人类的生产力，成功地实现了行动自主权的让渡。但长期以来，人工智能的设计者们有意识地忽略人工智能的道德自主，削弱因果性思维在程序设计中的地位，转而大量采用相关性思维的程序设计，使得人工智能能够通过数据在纷繁复杂的事件中建立联系并作出决策。而当前所出现的人工智能“失控”现象实际上是人类主动对其道德自主性的忽略，并不意味着技术拥有超越人类的绝对统治力。因此在针对人工智能的自主性命题上，需要提出一种“联合自主”的框架，既承认人工智能拥有算法所赋予的行动自主，但同时受制于人类的道德自主性约束。这一框架不仅能够充分考虑人工智能对生产力解放的意义，还能够保证在人工智能活动中的人类自主性。

将“联合自主”的框架应用于智能传播领域，则亟需解决如下问题：第一，基于因果逻辑建立一套较为完善的道德判定算法。第二，智能新闻的算法必须在各个环节开放人类监督的通道。第三，重视用户反馈后的算法改进。

随着大数据、深度学习技术的快速发展，忽视道德自主性的人工智能开始频繁挑战人类社会的伦理道德，“算法失控”、“算法统治”成为了技术悲观主义者的基本论调。在此背景下，重新审视人工智能与人类的自主性并非是要确立人类与技术的主奴关系，而是在充分尊重技术的生产力意义的前提下，考虑人类与人工智能在“道德自主性”上的合作关系，讨论“联合自主”的可操作性，充分保证人类在智能时代下的主动权。

3.1.3 微观层面：动态的用户兴趣评估与多元化的信息分发策略

要冲破“信息茧房”可能带来的困境，算法平台必须以尊重用户尊严为起点，最大化保障用户自主权的实现。这里仍以目前在技术领域领先的字节跳动为例。字节跳动对算法推荐进行了三次调整，在避免内容窄化、满足用户获取信息优质性、及提供用户信息价值最大化上提供了良好示范。

字节跳动拥有一套强大的算法推荐系统，以“今日头条”为例，其算法的评估体系遵循两个原则：一是同时兼顾短期指标与长期指标；二是同时兼顾用户指标和生态指标。具体从以下两个角度、四个方面实现优化：

从用户角度出发，首先系统提升了用户适配性。今日头条的推荐系统通过相关性特征（评估属性与用户匹配度）、环境特征（位置、时间）、热度特征（全局热度、分类热度、主题热度、关键词热度）、协同特征（用户间的相似性）四方面的维度特征，推测推荐内容在任一场景下对个体用户的适配性。

其次，系统提高了用户信息搜寻效率。推荐模型里的点击率、阅读时间、点赞、评论、转发等成为了系统可量化的具体目标，并直接运用于模型拟合成为预估因子。基于特征匹配的个性化推荐系统则保障了任意场景下用户推荐的即时性、精准性，降低了用户的搜寻信息的时间成本及提高了用户效率。

从自身角度出发，首先系统提高了自身稳定性。今日头条在内部研发了模型参数服务器作为辅助系统，配置更高性能的设备以维持推荐系统的稳定性。相互配合的各个系统使算法对用户需求了解更多，在保障信息流更新的速率同时也提高场景转换情境下系统的稳固发挥。极大丰富了用户的使用感受，规避了信息推荐的迟滞和钝化现象。

其次，系统优化了内容推荐的多样性。为避免窄化现象的加剧，系统开始提供多样化的子频道系统的内容供用户选择，以便算法详尽了解用户的需求与特征，辅助主频道的推荐程序。子频道涉猎领域宽泛，涵盖科技、体育、娱乐、军事等垂直领域，兴趣建模机制给予用户更多样化的信息选择，呈现高清晰、多层面、立体化的多维电子用户画像，满足用户对内容的个性化及发展性需求。

最后，系统维持了数据内容的平衡度。今日头条采用典型的层次化文本分类算法，通过对实体词识别算法的应用，确认词与词的结合能够合理地映射实体的描述。在对用户喜好标签的不断细化的过程中，极大地解决了用户数据倾斜的问题，以达到内容个人定制化的效果。

在历经了 7 次版本更新后，“今日头条”的推荐策略已脱离了纯粹依赖算法进行内容推荐的模式，形成了一套囊括“算法 + 热点 + 关注 + 搜索”等多种功能的新模式。字节跳动将用户需求作为评估指标，建立了一套强大的评估体系，以此作为技术和产品优化的依据。可见，平台不仅要为内容创造者提供价值，也要担负满足用户的义务。算法策略调整应持续考虑用户的长期助益而非仅仅是短期满足，以延长用户的优质体验与长期发展诉求。

3.2 保护用户个人信息

3.2.1 宏观层面：坚持保障个体权利及自由的价值理念

自由，是与人的尊严紧密相连的一个概念。在康德看来，自由是人的尊严的保障，也是人的尊严的来源。康德曾经指出："假如只有理性的存在者才具有尊严的话，那么并不是因为他们具有理性，而是因为他们具有自由。理性只是一种工具，没有理性，一个存在者之所以不能成为目的自身，是因为他不能意识到自身的存在，不能随即反思它，但是理性并不本质性地构成一个人之所以拥有不可为其他任何等价物所替代的尊严的原因。理性并不能给予我们尊严……自由，仅仅只有自由，能够使我们成为目的自身。"（施瓦德勒，2017）在很多讨论自由概念的哲学家看来，自由之所以不可被剥夺，是因为人只要活着，就必须要向善而行，而这种向善而行，只能够发生在自由之中。

在强制、欺骗的世界里，自由寸步难行，道德向善也很难成为可能。自由，不仅为个体追求自认为是善好的东西提供了空间和可能性，而且是确证人之为人、人是目的的重要迹象和标准，因为很显然，一个被强制的奴隶，不仅没有自由，而且也不会被当做目的而存在，而只会被当做手段或工具而使用。自由存在着多个维度，也有着复杂而又充满了矛盾的概念。在算法善用的伦理框架里面，我们主要关注的是与算法息息相关的信息自由，以及算法的研发和使用与人的自由边界拓展之间的关系。如果用以赛亚·伯林提出的两种自由概念而论，信息自由更关涉到消极的自由，即免于被强制、被欺骗的自由，而自由边界的拓展，涉及的是积极的自由，即去做什么的自由。

尽管信息自由是诞生历史并不太长的现代概念，但是获得信息与传播信息的自由，对于个体的生存与发展至关重要。"人类的生存环境并非完全安全、自由，充满各种风险、虚幻，人类需要随时对外界环境的变化做出判断，保持对外界信息的知情和敏感。如果人类接受的信息是诸如民间故事中'狼来了'之类的虚假信息，就会做出错误的判断，危及个体的生存与安全。"（李凌，2019）我们渴望获得各种真实有效的信息，这是我们生存与发展的前提保障。然而，算法的不当使用，却会侵犯我们的信息自由，甚至严重威胁到我们的生存与发展。大数据杀熟是一个比较典型的案例，人们常常借助出行软件获取出行有关信息，包括航班或火车的票价，宾馆的住宿情况等，久而久之就会在这些互联网平台后台留存大量个人数据，而这些互联网平台则利用这些数据对人们进行分类、用户画像，进而匹配推荐最合适的出行信息。但是一些互联网公司却利用用户信息干坏事，向那些经济条件更好、价格敏感度更低的老用户推荐票价更高的产品，以此获得更多利润。消费次数更多、忠诚度更高的用户，反而要付出更贵的价格。大数据杀熟，从本质上来看，是一种欺骗行为，是对用户信息自由的侵犯。更恶劣的事件，则来自搜索引擎的竞价排名算法，在某些搜索引擎平台，少数民营医疗机构将自己虚假宣传的医疗广告，高价排名到搜索结果第一页，寻求问诊的患者却误以为这是算法推荐的最佳结果信以为真、受骗上当，最终花光了所有的钱却仍然得不到有效治疗，导致家破人亡。在这两个案例中，算法利用信息不对称作恶，不仅侵犯了人们获得真实信息的自由，而且危及到人们的人身自由和安全，产生极其恶劣的社会影响和道德后果。在算法善用的伦理框架里面，保护个体自由，就意味着要减少类似的欺骗、别有用心的操纵，以及不正当的监视，让人们享受到免于被欺骗、被操控的消极自由。

算法的研发和使用，是为了提高人们的工作、生活效率，客观上则能进一步提升人们获得自由的空间和能力，拓展人类自由的边界。从这个意义上来说，算法善用的重要目标，就在于保护和提升个体自由，这是人们研发并使用算法的根源和动力。新闻推荐算法通过匹配信息与个体特征，极大提升了个人阅读的效率，解放了人们的时间，让人们有更多精力去阅读更多的信息，获得对周围世界更加全面而深入的观察；自然语言生成算法显著提高了人们生产新闻的效率和质量，让人们能够更快地看到新闻，尤其是在地震、火灾等自然灾害面前，算法生成并传播新闻，能够第一时间写就报道并进行快速传播，这既是对生命的保护，同时也是对自由的促进。

从积极自由的角度来看，算法善用，就是要充分发挥算法的工具理性和价值理性，增进人们的各种自由，除了上面提到的信息自由，还有人身自由、从事经济活动的自由、科学艺术的自由、言论自由、通信自由等各种自由。

3.2.2 中观层面：保护用户隐私原则

隐私权的意义不仅仅是保障个体在社会中的信息独立，更重要的是要保障人类在智能技术的影响下对数字化人格的控制权。随着技术的发展，算法借助庞大的数据网络将不同形态的个人信息整合化成了一种前所未有的高级形态。这种高级形态不仅限于全方位地呈现一个人的外在特点（如：性别、年龄、职业、收入等），更重要的是能够通过个人的数据使用习惯，立体化地呈出一个人的性格特点、兴趣爱好、价值取向等一系列人格特征。因此，保障用户的隐私权，对培养数字时代下个体的独立人格意识和良好的社会公德有着重要意义。

2018年4月10日，Facebook CEO扎克伯格作为美国大选“信息泄漏门”的主要负责人在国会山接受参众两院议员的密集质询，同年5月，扎克伯格前往比利时布鲁塞尔欧盟总部，配合欧洲议会出台了迄今为止最严厉的个人信息保护法案——《通用数据保护条例》（GDPR）。不难看出，Facebook事件已经引发了广泛的连锁反应，促使政策的制定者、社会公众和社科学者对数字用户的隐私权保护给予了充分的重视，在此当中，有关智能化时代下平台对用户隐私的使用权限及预警保护成为辩论的焦点。

从法理上看，隐私权所保护的对象主要是个人信息。在人工智能技术出现之前，个人信息主要以文字、符号、图片、语音的形态零散地分布在各处，对于此类信息的搜集工作需要耗费巨大的人力与财力。随着人工智能技术的发展，算法借助庞大的数据网络轻易便可将不同形态的个人信息整合化成一种前所未有的高级形态。这种高级形态不仅限于全方位地呈现一个人的外在特点（如：性别、年龄、职业、收入等），更重要的是能够通过个人的数据使用习惯，立体化地呈出一个人的性格特点、兴趣爱好、价值取向等一系列人格特征。这意味着，个人信息将触及人类内心更深处的隐私，如果被轻易泄漏和滥用，将对个人带来巨大的精神打击，其造成的损害是永久性且难以弥补的。因此，隐私权的意义不仅仅是保障个体在社会中的信息独立，更重要的是要保障人类在智能技术的影响下对数字化人格的控制权。

在智能化的媒介时代下，媒体对个人信息的需求将更为迫切。其背后的逻辑不言而喻，媒介生产的目的是提供信息服务，信息服务的最终落脚点在于满足个体的信息需求，利用个人信息为用户提供高匹配度的信息内容将有利于获取更高的利润回报。但与此同时，智能媒体也成为了用户信息泄漏的重灾区，加强对个人信息的控制权，保护数字化时代下的隐私权是所有媒体在智能化时代下对社会责任的必然回应。具体来说，媒体维护用户信息隐私权原则体现在以下方面：

第一，保障数据主体的知情权。数据主体的知情权包括数据主体有权知道其个体用户的哪些类型的数据被企业收集并进行处理，具体有哪些企业对相关数据收集和处理，企业收集和处理个体用户主体的目的以及处理后信息的用途，相关数据是否会对第三方披露等。以《通用数据保护条例》为例，数据控制者和处理者必须以透明、简洁、易获得的方式向数据主体披露其享有的与数据有关的权利，并且在收集和处理用户数据时，必须获得明确的授权，任何企业不得设置程序默认数据主体授权收集其个人数据，包括不得默认勾选“我已同意授权”或“同意上述条款”等等。

第二，保障数据主体的参与权。数据主体的参与权包括了用户的访问权及限制处理权。所谓参与权，指的是在用户拒绝提供个人信息的情况下，平台必须尊重用户隐私并保证公平的流量接入。假设数据主体拒绝提供个人信息数据，企业有义务修改程序使其无法获取用户数据，并在对用户进行匿名化处理后保证其能公平地享受平台提供的任何服务。限制处理权则赋予数据主体对数据控制者和处理者处理其数据的行为享有实施干预和限制的权利。数据主体有权直接拒绝数据控制者对其收集到的用户数据进行处理，包括利用算法和系统实现的自动处理，同时若技术层面无法避免系统对数据的自动处理，数据主体可拒绝企业依据自动处理系统所做出的决策。

第三，保障数据主体的数据修改权与注销权。数据主体的修改权是指其认为个体用户数据有错误、发生变动或内容不完整时，有权要求数据控制者立即进行修改。数据主体的注销权亦被译被遗忘权，是指在满足一定的条件时，数据主体有权要求数据控制者和处理者立即删除自己的用户数据，且这一规定赋予了数据主体对于删除用户数据独有的决定权，只要其认为个体的用户数据对于收集者不再必要，数据主体主观上以任何理由撤销授权，或者企业违反法律对数据进行收集和处理等情况出现，数据主体即可行使该权利

当然，重提隐私权的重要性不能被视为给予数据主体广泛的行动自由，在严格的隐私保护下，对匿名化网络社群的关注也势在必行。

3.2.3 微观层面：制度和技术双头并进

就制度层面而言，可通过建立算法伦理委员会、制定与算法有关的法律规章等方式，加强对算法研发运营的事前审查和事后追责，以更好地保证算法伦理所提倡的保护用户信息隐私准则的实现。

Skype 联合创始人让·塔林 (Jaan Tallinn) 在内的五人，创立了人工智能研究机构 Future of Life Institute，召集人工智能、法律、伦理、哲学等领域专家召开 2017 阿西洛马会议（Asilomar conference）（FLI），提出“自由与隐私”原则。其中在会议上形成的 23 条 AI 原则（ASILOMAR AI PRINCIPLES，2017）后来成为当前数据隐私保护乃至 AI 研究、开发和利用的指南，目前已经有接近千名人工智能研究人员为这些原则背书。

亚马逊、微软、谷歌、IBM、Facebook 五家企业联合成立了非营利性人工智能合作组织（Partnership on AI），将“透明性、隐私性和共同使用性”作为组织的三大目标之一（新浪科技，2016）。随后吸引了众多企业、机构、组织加入和效法，苹果公司随后也加入该组织。

就技术层面而言，可用以优化的路径包括：细化用户服务条款以保护用户的知情权、用户对个人信息的使用权等信息隐私权利；以简明易懂、可接触的形式向用户传达相应的隐私保护规范；根据产品使用场景的差异，匹配不同的隐私保护策略；明确第三方对数据的使用权限，切实保障数据

拥有者的利益；不断创新技术，以提供硬件方面的隐私保护基础。

企业以技术创新作为优化隐私保护机制的案例也不在少数：微软启动的“为善智能”（AI for Good）计划，将“隐私与保障”视为人工智能系统需遵循的六项原则之一，成为了微软内部技术发展的指引（搜狐网，2020），并为政府部门和立法机关革新法律和相关实践、保障公民隐私、完善社会体系提供了参考；IBM 首创的“数据隐私护照”和“IBM Guardium”数据保护系统，在技术上扩展了混合云环境中的数据安全性和保密性（搜狐网，2019），提升了 IBM 在数据隐私技术发展领域的影响力；英特尔推出的数据隐私保护同态加密平台 HE-Transformer（IT168 科技，2018），为业界许多企业的隐私保护提供了解决方案。

保护用户数据的隐私安全，应确保制度与技术双头并进。企业不仅应细化隐私条例，细分应用场景、数据主体与第三方使用权的隐私保护条例内容；还应以技术创新作为隐私保护的防火墙，不断升级用户隐私保护技术。

3.3 打破算法偏见

3.3.1 宏观层面：维护公平正义的价值理念

公平正义是维系社会制度最基本的价值。算法在互联网平台公司行使新技术权力的过程中扮演着重要的作用和角色，也潜藏着加剧社会不公平的危机。因此，公平正义应作为算法及相关产品的设计者、运营者和使用者的重要价值观念，而算法公平也应被内嵌到算法与人类互动的整个系统之中，包括在中观层面坚持“公正性原则”以及在微观层面实现技术迭代、制度完善与平等参与等。

公平正义是维系一个社会最重要的价值理念。《正义论》作者罗尔斯更是认为：“正义是社会制度的首要价值，就正如真理是思想体系的首要价值一样。”罗尔斯提出了正义的两个原则，为社会制度实现正义价值提供了基本框架。第一个原则是平等自由的原则，每个人都享有平等的权利和自由，社会平等地分配基本权利和义务，第二个原则是机会的公正平等原则和差别原则的结合，所谓机会的公正平等原则，就是社会的主要机会，如职务和地位等，对所有人开放，而差别的原则指的是，社会和经济的不平等，只允许在有利于最少受惠者的最大利益的情况下安排（罗尔斯，1988）。通过这两个正义原则，罗尔斯既实现了对社会基本价值，如自由和机会、职务和地位、收入和财富、尊严的平等分配，又实现了对弱势群体、少数族裔的关照，也即保护了最少受惠者的最大利益。应该说，罗尔斯的这两条正义原则，平等自由，机会公平和保护最少受惠者，已经成为现代社会维护公平正义最重要的原则和最真实的写照。

作为维系社会制度最基本的价值，公平正义不仅是对政府机关的要求，同样也是对企业，乃至公民个体的道德要求。尤其是在互联网发展的大背景下，整个社会的权力结构正在不断发生改变，诸如字节跳动、腾讯等互联网平台公司，通过搭建互联网基础设施，吸纳用户的关注、参与和互动，构建了社交媒体平台这种新的权力主体。他们通过制定规则、整合参与、技术赋权等方式，同样地进行社会资源和财富、自由和机会等社会基本价值的分配，对整个社会的公平正义产生影响。维系社会公平正义，也是这些拥有信息新权力的互联网平台公司的社会责任。

算法在互联网平台公司获取和行使信息新权力过程中扮演着重要的作用和角色。字节跳动利用个性化推荐、人脸识别、语音识别等智能算法进行文字、语音和视频内容的创作、分发、管理和互动，实现了内容、广告的精准分发和推送，在短时间内积累起数量巨大的用户，今日头条 APP 和抖音短视频 APP 迅速成为月活用户过亿的互联网平台。在新闻生产与传播领域，算法的优势是基于文本、音视频海量大数据，迅速实现聚合、分类、匹配等功能，显著提高了新闻生产传播的效率，尤其是信息分发的精准程度，极大改善了用户的阅读和观看体验，因而受到了人们的普遍欢迎。这又反过来激励互联网平台进一步加大算法研发、投入和使用，在用户需求和资本等多重因素刺激下，算法形成了自我强化和进化，“自力更生地从无到有，从简单到复杂地成长起来了”，算法逐渐接管人们生活的各个领域，其结果是一方面推动了技术进步，带给人们更多实惠，但另一方面会引发新的问题，产生各种偏差、歧视和群体极化，加剧社会不公平，就正如凯西·奥尼尔在《算法霸权——数学杀伤性武器的威胁与不公》一书中所提到的："人类生活的各个方面正越来越多地被数学杀伤性武器（指产生危害的算法模型）所控制"（奥尼尔，2018），这些算法模型不透明、不接受质疑，而且都面对一定规模的人群进行筛选、定位或者"优化"，它们"必然会出现偏差"，由此将一部分人群归错类，因此而剥夺这部分人找到工作或者买房的机会，带来诸多的危害和不公平。

算法所造成的偏差，正在对社会公平正义产生威胁和危害。借鉴罗尔斯提出的两个正义原则进行分析。首先，搜索引擎、个性化推荐等算法虽然实现了信息资讯的精准定向分发，提高了用户获取信息的效率，但在一定程度上造成了"过滤气泡"、"信息茧房"现象，算法剔除了用户兴趣和偏好之外的异质信息，将用户锁定在同类信息所构成的同质世界里，按照桑坦斯的观点，这不仅违背了民主社会多元化的理念，而且还有可能带来价值的断裂和人类的分裂（郭小安、甘馨月，2018）。算法所造成的信息控制，剥夺了人们信息选择的自由，违背了平等自由的正义原则。其次，算法造成的偏见和歧视，还有可能破坏机会的公正平等原则。最显著的案例是，美国部分地方法院利用商业公司开发的算法 COMPAS 预测嫌疑犯或罪犯的再犯罪率，以决定判决中是否允许保释和量刑，但是无论是媒体报道还是学者研究都表明，COMPAS 算法系统存在着严重的种族歧视，较之于白人，黑人更容易被标示为高风险。这种偏差和歧视，导致了黑人可能被判处更长时间的监禁，或者得不到保释的机会，这显然违背了机会的公正平等原则。最后，算法偏差，还会破坏差别原则，对于最少受惠者，也即少数群体、弱势群体，不是使他们的利益最大化，而是进一步剥夺他们的机会和利益。凯西·奥尼尔发现，算法霸权导致了社会阶层的固化，让穷人的处境更加糟糕。"这凸显了数学杀伤性武器的另一个常见特征，即其结果往往更倾向于惩罚穷人。"（奥尼尔，2018）事实上，就正如信息分发领域的智能算法引起信息茧房和群体极化那样，经济、社会、以及法律等领域的智能算法不当应用，正在导致一种恶性循环和马太效应，它让信用评分较低、聚集在穷人区的某些人更难以获得贷款，更难被大公司雇佣，更有可能在大街上被警察拦下来盘查质问，而这样形成的结果数据，又会进一步反馈到智能算法之中，造成了进一步的歧视和偏差，让这些人在算法世界寸步难行。

鉴于算法对社会公平正义的巨大影响，以及互联网平台公司基于算法掌握的新权力，在算法善用的伦理框架里，应该将公平正义作为算法研发、设计、运营和使用者的重要价值观念，将算法公平植入内嵌到算法系统之中。算法公平的实现有两个维度，第一是技术治理的维度，通过增强算法可解释性、可问责性等透明度措施，保护用户数据的隐私，增强数据的多样性，研发纠偏算法和公平算法等方式，从技术角度为算法纠偏，保证算法的研发、设计和使用有利于社会的公平正义。第二是制度治理的维度，将公正而不是效率作为算法的首要价值观，并通过互联网行业自律、对工程师进行媒介素养教育、建立科技伦理委员会等制度治理的方式，加强对算法偏差和歧视的治理，实现社会公平正义（杨学科，2019）。

3.3.2 中观层面：公正性原则

“算法偏见”的治理已经成为数字化社会中无法回避的显性议题。经验研究和案例已经证明，从算法设计到算法的自动化决策包括数据获取、处理（分类、排序、关联和筛选）和结果呈现等各个阶段，人类的意志一直贯穿其中且算法还可能生成新的“机器偏见”，由此，算法的自动化决策就有可能在人类、技术等因素的综合作用下最终生成“算法偏见”并导致对某些个人或群体的偏见、歧视，甚至加固或放大了社会原有的不平等或是生成了新的不平等。

算法技术介入新闻信息生产具有天然的优越性（DeVito，2017）。传统的新闻生产中，记者与编辑的新闻判断因人类的“主观性”颇受质疑，而算法的新闻判断遵循的是客观的数学公式与计算机程序，大量的数据取代人类的主观判断，带来了前所未有的客观与真实，“数据本身就能代表一切”成为了“算法中立”理论支持者的主要论调。

尽管人们对算法的客观性充满想象，但无条件地支持“算法中立”论无疑是一种乌托邦式的幻想。2016 年，Facebook 的“Trending Topic”程序设计被曝光有意打压保守派的新闻；谷歌的搜索引擎出现了带有种族歧视的结果排序；微软的机器人聊天程序 Tay 可以在半天内从 Twitter 上的用户习得人类仇视和种族歧视。

从数字到数据，从数据到意义，都需要选择和阐释。算法在代码的操控下执行人类的意志，自行决定哪些属性和变量需要被计算、哪些数据需要被清理、哪些数据应当有何种解释，这一过程不可避免的附带人类的价值判断，因此在算法的世界中，人类的偏见也被随之放大，形成“算法偏见”。

不少研究者都认为，算法偏见是由算法程序带来的消极的种族、性别和职业态度，这种理解稍显狭隘。算法偏见的产生大抵有如下几点：

第一，技术的政治内嵌。技术具备有双重的政治纬度：其一是新技术为特定的政治权力体确立或巩固威望提供技术手段；其二是政治对技术有着与生俱来的需求，而技术也在某种程度上不断回应这些需求（Winner, Pennell, Bertrand, et al.，1988）。技术的政治内嵌体现在利益集团将技术作为操控舆论、维护全力统治的手段，算法与生俱来具有社会性和技术性，因此其设计与使用的过程也必然会嵌入某种政治属性与权力关系。

第二，资本介入。互联网时代的商业资本遵循流量逻辑，利用智能技术与热点事件创造流量、增加用户，是商业资本与媒体平台的共谋。在此逻辑下，商业媒介不惜修改算法来回馈核心用户，提升用户黏度与平台流量，实现资本利益的最大化，导致少数群体被标签化、边缘化。

第三，人类社会的结构性偏见。新技术的诞生必然会携带人类社会的基因，它被嵌入在社会形态、规范标准、言论主张等所有我们称之为构建了人类社会的元素中。在这些元素中，人类社会的结构性偏见可能嵌入算法实践：原始数据的采集与数据库的建立可能受到人类偏见的干扰；算法程序设计中人类偏见的渗透；算法与用户互动时习得人类偏见。原始数据、算法编程与人机互动继承并强化人类社会的原始偏见，最终导致社会偏见经过算法程序无限循环的工具而扩大，使用者的价值立场直接决定了技术的立场。

算法偏见的治理已经成为数字化社会中无法回避的显性议题。坚持算法的公正性原则被绝大多数学者认为是消除算法偏见的重要手段。具体到操作层面可以归结为以下几点：

第一，维护数据公正，兼顾数据主体的可见性与自主性。数据公正指的是人们因数字数据的生成变得可见、可表现和被对待的方式的公平性。算法的“选择性失明”会导致数据边缘群体丧失社会流动、经济机会甚至政治参与的平等权利。因此，数据公正首先是要利用数据技术，保障边缘群体的可见度，从而实现社会各项资源的分配公平。除了要保障参与主体的可见性外，数据公正还应兼顾数据主体“不被看到”的权利，包括保证数据主体的隐私权、算法采纳权、拒绝使用数字技术的自由权。

第二，坚持算法透明，保障可理解的透明性。对算法的解读存在一定的技术门槛，代码的复杂性使得算法偏见变得十分隐蔽。此外，由于涉及商业机密，平台通常不愿过多透露有关算法的更多细节。因此，提升算法的透明度并非是要透露算法的技术细节，而是要向公众公开算法程序设计与数据交互的背景信息并使之具有可解释性，减少媒体与用户之间技术信息的不对称，在公众的视野中保证算法决策的客观中立。

第三，建立算法问责，提高技术风险治理能力。算法的治理不能仅仅依赖平台的自律，而应当从法律监督、调查和问责层面规避其潜在风险。在具体的立法过程中，首先要明确平台的信息安全主体责任，其次是要对算法透明度的标准提出明确的维度界定，最后是要明确算法的潜在价值体系与公共利益之间的权责关系，并建立起一套完整的监督问责机制。

算法是一套拥有人类价值判断的“主观”运行系统，时刻面临着价值观优化的问题。只有坚持算法的公正性原则，塑造公平、透明、负责的算法系统，才能够促使媒体利用算法技术生产更加优质多元的信息，引导社会向上、向善的“正能量”。因此，应将“公正性原则”作为算法参与各种实践环节的指导原则，并根据算法的具体实践丰富“公正性原则”的内涵和维度。

3.3.3 微观层面：技术迭代、制度完善与平等参与

就技术维度而言，使用算法的平台或公司可通过构建纠偏工具、提升数据质量（如增强数据的完整性和多样性等）以及实现算法迭代等方式来进行算法在技术维度上的治理。很多使用算法的公司已采取了相关的措施，如2018年5月，Facebook推出Fairness Flow以检测算法因人类的种族、性别和年龄等因素做出的不公平判断，并自动预警以提醒开发者；2018年9月，IBM设置AI Fairness 360开源工具包，以检查在信用评分、预测医疗支出以及面部图像性别分类应用场景中的数据集和机器学习模型中的偏见；2018年6月，Microsoft和致力于人工智能公平性的专家合作，修正和拓展了用于训练FaceAPI的数据集，调整了肤色、性别和年龄等要素在数据集中占的比例并改进了分类器等（ATYUN人工智能媒体平台，2018）。

就制度维度而言，可通过行业协会的自律管理、对工程师及产品运营者等相关人员进行伦理理念培训以及建立科技伦理委员会等制度治理的方式，加强对算法偏见和歧视的治理及问责，实现社会公平正义（杨学科，2019）。

另外，算法的公正意味着算法实践的每个环节都能实现利益相关者的平等权利，由此，具体到操作层面，使用算法的平台或企业需要做到以下三点：第一，维护数据公正，兼顾数据主体的可见性与自主性，保护孩童、老年人、残障人士或其他少数群体等弱势群体的利益；第二，坚持落实“算法透明度”，保障算法信息的公开、易获取和可理解性；第三，建立多元主体参与的算法问责体系，群策群力提高技术风险治理能力。

3.4 提倡算法透明

3.4.1 宏观层面：开放参与的价值理念

开放参与的价值理念体现了对人的明确关怀，要求所有与算法实践相关的参与者都能够参与到算法设计、运行和决策等诸多流程中，这种多元意志的嵌入能够保证算法在满足多方价值诉求的前提下运作。而“透明性”原则的制定和落实则是实现开放参与价值理念的基础环节。

3.4.2 中观层面：透明性原则

算法的透明性原则被许多学者认为是打开算法黑箱的重要方式。算法黑箱从根本上来源于人类在算法设计过程中的技术漏洞以及人为的刻意掩盖，而算法透明性是“一种帮助新闻行业内外的人监测、检查、批判甚至参与算法新闻生产过程的方式”（Deuze，2005），强调了由算法参与的新闻在定位、生产、分发全流程的公开性和透明性。算法的透明性原则主要包含了可访问性、可解释性及可追溯性。可访问性是算法透明的基础，指的是算法信息的公开性以及易获取性，这一特点保障了算法信息与其受众之间的渠道畅通，为消除算法知识的鸿沟奠定了基础。可解释性聚焦在披露的算法内容层面，要求算法信息不止是被披露，而应当被受众理解，即“为什么算法做出了这样的决策”。可追溯性是对算法透明机制的一种补充，意即能够回溯、定位、重现和监督算法所作的决策，包括产生决策的整个流程以及每个环节的负责人。虽然可追溯性未必能够解释算法决策的原因，但是它能够说明决策是如何产生的，并对算法监管提供有效的帮助。

算法的不可知性并不代表技术本身无法被人类认识，因为任何一项技术的发展都是建立在人类现有的认知基础之上。算法黑箱从根本上来源于人类在算法设计过程中的技术漏洞以及人为的刻意掩盖。以算法技术在新闻领域的应用为例，无论是以热度排序、兴趣导向或是社交加权的算法系统，均会不同程度地导致信息茧房、信息极化等问题，这是算法设计过程中因不同的数据处理方式而天然形成的。另一方面，政治团体、资本利益集团以及垄断性的技术巨头刻意提高算法的解读门槛，掩盖其运行流程，使得个体在不可知的算法支配下丧失了主动选择信息的主体性，以达到操控舆论、获取利润、垄断等不同目的，最终导致了算法的逐渐黑箱化。

“透明度”包含了限制欺骗和错误信息的理念，与康德的“责任观”密切相关（Plaisance，2007）。“算法透明度”又包括“信息透明”“理念透明”和“程序透明”，其中，“信息透明”是指算法利用的各类数据或非数据信息、算法的内部结构信息、算法自动化决策原理信息、算法与其他主体的互动信息以及算法公开过程中涉及的信息等内容的透明（陈昌凤、张梦，2020）；“理念透明”是指落实“算法透明度”过程中涉及到的价值和伦理理念的抉择应该透明；“程序透明”是指落实“算法透明度”的相关操作程序应该保持透明。因此，在微观层面，落实“算法透明度”要将“信息透明”“理念透明”和“程序透明”操作化。

以此为依据，实现算法透明性也包含了三个层次：第一，实现路径上的透明，即算法对数据的选择及使用上的透明。主要体现在向用户公开生成画像的要素及标签，使得用户知晓自身的兴趣属性和身份标签；公开数据与数据之间的关联阀值以及各项加权的基本模型，让用户掌握同其他用户、信息的关联程度。

第二，实现内容上的可解释性。算法的设计主体要负责向不同理解力和专业知识水平的对象提供可审计、可理解的算法解读信息。包括但不仅限于使用可视化、互动化等技术方法向公众说明算法的运行逻辑。更重要的是要强调算法的偏好与局限。由于不同算法依据其难易程度、用户分类、与受众核心利益的相关性会产生不同程度的解释需要，这对解释工作造成了较大阻碍，因此根据实际情况和社会需求，算法的解释方法可以从解释其偏好与局限执行，规避复杂且不必要一般公众理解的技术知识，重点回应社会的核心关切。

第三，强化算法的责任体系。必须明确算法的主体责任，在算法的操作过程中确保操作的准确和记录的规范，并在此基础上建立起一套完善的追责机制，加强各个主体在算法生产、实践、调试中的把关人责任。与此同时，还应当重视内部自律与外部监督的协调统一，算法的监督者不仅应当是直接接触算法工程师，还应当包括公众、学者、政府等多个主体。

3.4.3 微观层面：在信息、理念和程序等多元层次中落实算法透明性

就“信息”角度而言，落实“算法透明度”应该公开相关的数据信息，包括信息质量、准确性、不确定性、及时性和完整性等；应公开算法的内部结构及自动化决策原理的相关信息，包括模型、推断和界面等相关维度的

信息；应公开各类与算法相关的主体及其所处社会环境等方面的相关信息，如社会层面的法律条文、伦理规范或其他社会理念等，组织层面的组织理念、组织关系、技术目标等以及个人层面的专业从业人员的权利和责任；应公开算法与其他主体相互作用的信息，包括各类主体如何影响了算法的设计及运作以及算法会对相关的主体产生哪些影响等。就“理念”角度而言，需要说明在落实“算法透明度”的过程中，如何处理“透明度”“商业机密保护”和“个人隐私保护”等价值和伦理理念之间的关系。就“程序”角度而言，落实“算法透明度”需要相关主体说明具体的操作程序和操作化的步骤。

总之，落实“算法透明度”的目标主要有三个，即实现“可访问性”，也就是说算法相关信息需要具备公开性以及易获取性，这是算法透明的基础；实现“可解释性”即说明“为什么算法会做出这样的决策”；实现“可追溯性”，即能够回溯、定位、重现和监督算法所作的决策，以便明确与算法决策相关的责任主体，强化算法的责任体系。诸多使用算法的平台或企业已有落实“算法透明度”的相关举措，如“今日头条”在2018年发布《今日头条算法原理》，公开了其推荐系统的概览信息以及内容分析、用户标签、评估分析和内容安全等方面的原理信息，Facebook 调整 News Feed 的算法原理时会给出相应说明（搜狐网大数据官方号，2018）等。

3.5 推动建设更关怀、更长期的算法公益

3.5.1 宏观层面：增进人类整体幸福的价值理念

算法的研发、设计、运营和使用，应当以“增进人类整体幸福”为最终目标。因此，坚持“促进社会可持续发展的原则”并在技术、内容、平台、管理与公益等多维度进行落实，将有益于此目标的实现。

赫拉利的《未来简史》对人类福祉和可持续发展进行了深入的洞察，他以极大的想象力指出，进入21世纪以后，困扰人类数千年的三个生存难题，饥饿、瘟疫和战争都有望得到解决，长生不老、幸福快乐和化身为神，有可能成为新世纪的主要议题。然而，从智人到智神的道路上，随着人工智能技术和生物基因技术的跨越式发展，人类会面临着新的难题：赫拉利从“计

算主义”的视角指出，生物本身也是一种算法，是一种不断处理数据的有机算法，在科技人文主义和数据主义加持下，增强技术不断地对人类身体和大脑，也就是这种有机算法进行升级，创造新的物种——智神。但是这并不是对所有人的好消息，赫拉利认为，只有少数会从中受益，大部分人都沦为“无价值群体”。“随着算法将人类挤出就业市场，财富和权力可能会集中在拥有强大算法的极少数精英手中，造成前所未有的社会及政治不平等。到了21世纪，我们可能看到的是一个全新而庞大的阶级：这一群人没有任何经济、政治或艺术价值，对社会的繁荣、力量和荣耀也没有任何贡献。”算法可能创造的世界，并不是想象中的美丽新世界，而极有可能导致人类的分裂，对人类的可持续发展，以及整体福祉产生巨大的破坏。

对算法未来的恐怖想象，并不只是存在于赫拉利的作品之中。诸如《机械公敌》、《黑客帝国》等科幻电影都对算法及人工智能的危险进行了艺术化的想象，霍金等科学家对算法技术突飞猛进发展表示过担忧，多次警告人类应当节制人工智能的发展，否则人工智能自我进化出思维，很可能导致机器对人类的统治，或者人类自身的灭亡。尽管从发展阶段来看，目前人工智能发展仍然处于弱人工智能的阶段，计算智能的发展，或大大超过人类能力，诸如图像识别、语音识别等感知智能的发展，也已达到与人类媲美的程度，在知识理解、推理等认知智能领域，算法与人类仍有较大差距，但是我们必须对技术的自我进化有所警惕，同时对算法的发展进行规制。算法的研发设计、运营使用，应当以人类为中心，在整体上增进人类整体福祉，而不是对人类安全和生存造成巨大威胁或冲击，应当遵循功利主义的价值观念，即为了大多数人的善，增进人类整体的福祉，而不是只服务于少数群体。

以人类为中心的算法，要求把算法的安全性放在重要的位置上。阿西洛马人工智能原则关于道德标准和价值观念部分的第一条，就是安全性，“人工智能系统应当在运行全周期均是安全可靠的”，另外还有第十六条“人类控制”、第十七条“非颠覆”，都强调了研发安全可靠、受到人类控制而不会颠覆健康社会结构和人类文明进程的人工智能系统的重要性。在科幻小说里面，约束强人工智能体的阿西莫夫第一定律，就是机器人不得伤害人类个体，或者目睹人类处于危险境地而不顾。从这个角度来看，算法安全既包括了底线伦理层面不伤害、不杀戮等原则，也包含了主动性的道德蕴含，即算法应当可受人类控制，当人们身陷危险时，应当主动保护人的安全。只有安全的算法，才是符合人类利益、可持续发展的算法。

以人类为中心的算法，还必须是有利于增进人类整体福祉，而不只是为少数人服务的算法。赫拉利的担忧不无理由，无论是政治精英利用算法进行决策和治理，还是头部互联网平台公司对行业的垄断，表面上是利用算法进行技术赋权，让用户享受到更加便捷、高效的服务，扩大了整个社会的平等与自由，但更深入去思考，如果算法不透明、技术赋权不对等不均衡，算法攫取大多数人的数据集中在少数人手中，则有可能带来了一种更加隐蔽的“少数人对多数人的统治”，掌握数据和算法的人无所不能，没有技术的穷人却寸步难行。算法发展的方向，必须是朝着增进人类整体福祉的角度，遵循功利主义的原则，为了最大多数人的最大幸福。当然，我们不允许为了少数人而牺牲大多数人的福祉，也不允许为了大多数人而牺牲少数人的利益。道德判断中的“有轨电车难题”，对于毫无人性因素的算法而言，同样面临着进退维谷、左右为难的悖论困境，在这个时候，我们更应该参考算法安全的价值理念，出于不伤害的原则，禁止相关算法的使用。具体到这个难题所对应的自动驾驶领域，也就意味着，在没有找到答案之前，我们应该避免完全意义上自动驾驶汽车上路。

3.5.2 中观层面：促进社会可持续发展的原则

促进社会可持续发展，既是社会整体进步的需要，也是个人、组织等主体协同发展的需要。对于使用算法的平台或企业而言，算法、组织和社会的可持续发展可通过技术、内容和平台等多种渠道实现。

3.5.3 微观层面：技术、内容、管理与公益多维开展

很多主体一直坚持优化算法，提升用户体验，以促进技术和内容的可持续发展。如“今日头条”不仅通过自然语言系统的优化以实现内容生产领

域的优化，还通过设立专门的审核团队、风险识别模型以实现内容核查领域的优化。另外，抖音的“向日葵计划”旨在保障未成年人良性上网，为保护弱势群体的利益和引导特定群体的内容使用行为提供了可能性的指引。公益项目的开展一直是企业践行社会责任的体现，而“字节跳动”的“头条寻人”、“山货上头条”、“信息无障碍”、“感光计划”和“声量计划”等公益项目，以算法信息助力社会弱势及有需要的群体，为算法与公益结合以实现公益事业的智能化拓展，提供了新的思路。

表 3.3 算法促进公益——以字节跳动为例

头条寻人	山货上头条	信息无障碍	感光计划	声量计划
利用数据优势，定位失踪人群，参与寻人公益。	整合优质创作，助力脱贫攻坚。	技术创新，满足视障用户的个性化需求。	用图片讲述故事。	精准推送，助力公益事业。

（1）头条寻人

字节跳动利用公司超过 4 亿的庞大用户数据优势，让信息在更多移动互联网平台间流动，帮助更多需要回家的人。2016 年 2 月 9 日，字节跳动启动了“头条寻人”项目，根据走失人员的走失位置，回溯其有可能出现的地点，在走失者失踪地点附近弹窗寻人启事，精确地将走失信息推送给该位置附近的用户。每一位打开定位和弹窗功能的用户，都有可能参与到寻人的公益活动中，帮助失散家庭团圆。

除了寻找紧急走失者，头条寻人陆续发起了“两岸寻亲”、“寻找烈士后人”、“无名患者寻亲”等多元化寻人项目，并在 2019 年发起“亲情守护计划”，通过成立“寻人公益智囊团”的方式，与各位专业人士分享、交流寻亲经验，提高寻人效率；同时，持续对外发声，让更多人关注走失人群。

2019年全年，今日头条公益寻人项目“头条寻人”共发布了34137条寻人寻亲信息，帮助4173名走失者回家。截至2019年11月5日，“头条寻人”帮助11598个家庭团圆，最快找到走失者仅用时1分钟，累计向用户发布寻人信息95820次。

（2）山货上头条

“山货上头条”是字节跳动扶贫发起的扶贫项目之一，旨在通过整合字节跳动各平台优质创作者和流量资源，以信息精准分发的方式，帮助更多贫困地区农产品上行，助推国家级贫困县打造特色农产品品牌，脱贫攻坚。

2019年9月秋季山货节是“山货上头条”项目的第二次线上推广活动。通过发动今日头条、抖音、西瓜视频、火山小视频等平台创作者和用户共同参与，站内活动话题传播量超过7.9亿次，累计带动超过231万斤优质农产品走出大山，惠及2082名建档立卡贫困人口。该次活动共发动290位内容创作者参与，通过图文、短视频、直播等形式，创作了1.5万条内容，向消费者介绍农产品特点和当地的风土人情。截至目前，“山货上头条”项目已为国家级贫困县推广了68万件农产品，累计销售额超过2900万元。

（3）信息无障碍

字节跳动关注特殊群体的正常需求。2018年10月，今日头条发布无障碍版本。视障用户只需开启读屏功能，即可与普通用户一样使用今日头条，用听的方式获取海量优质内容。借助技术创新，不仅满足视障用户的个性化内容需求，也降低了其信息检索的成本。

（4）感光计划

“感光计划”公益项目鼓励摄影师用摄影作品准确、真实地讲述受助者的故事，并通过今日头条平台，将图片故事精准分发至目标受众，让图片成为连接公众与公益机构的桥梁。截止2018年11月27日，项目已收到爱心捐赠近38万人次，帮助144个大病家庭找到了摆脱困境的机会。

（5）声量计划

2018年10月，今日头条与抖音共同发起“声量计划”，帮助更多的公益组织精准的找到受助对象。首批入住伙伴包括中国红十字基金会、中国扶贫基金会、 中国妇女发展基金会、中国儿童少年基金会以及中华少年儿童慈善救助基金会。此外，“声量计划”还将为公益组织提供流量支持和技术层面指导，以产品机制和科技手段为公益事业赋能。

结　语

算法是智能时代的重要构成要素。随着算法技术的发展应用和大众认知的逐渐提高，关于算法技术与智能时代的价值伦理问题浮出水面，成为业界、学界与舆论的关注焦点。“算法善用”成为探讨技术伦理与引导技术发展的一股潮流，集中体现了人类对未来美好生活的希冀，以及愿意为之付出努力的勇气与决心。

将“科技向善”的理念深植于企业乃至社会发展的结构之中，是未来人类的发展方向。我们需要认识到：算法技术的发展方向与人类发展的整体方向不是也不应该是冲突的，技术发展过程中总会产生问题，我们应该站在更长远的角度，积极动员全社会的力量解决问题。对于任何一家依靠算法的企业来说，以人为本都是技术最终的目的地。正如喻国明教授指出的：算法本身并无“原罪”可言，人文理性与技术理性相互交融，才是可信任的算法发展路径（喻国明，2019）。社会各界应该联合起来，在不断推进自身可持续发展的同时，也不断对算法进行优化，以求使算法技术发挥其巨大“向善”潜力，塑造健康包容可持续的智慧社会，在经济、社会和环境领域持续创造共享价值。

参考文献

陈昌凤，师文．个性化新闻推荐算法的技术解读与价值探讨 [J]. 中国编辑，2018, 106(10):11−16.

陈昌凤，师文．智能化新闻核查技术：算法、逻辑与局限 [J]. 新闻大学，2018, 152(06):47–54.

陈昌凤，仇筠茜．“信息茧房”在西方：似是而非的概念与算法的“破茧”求解．新闻大学 2020(01)：1–14+124.

陈昌凤，张梦．智能时代的媒介伦理：算法透明度的可行性及其路径分析 [J]. 新闻与写作 ,2020(08):75–83.

刁毅刚，陈旭管．“Xiaomingbot”背后，写稿机器人的技术探寻——专访北京大学计算机科学技术研究所万小军博士 [J]. 中国传媒科技，2016(9).

浮婷．算法“黑箱”与算法责任机制研究 [D]. 中国社会科学院研究生院 ,2020.

今日头条．今日头条算法原理（全文）[EB/OL]

郭小安，甘馨月．“戳掉你的泡泡”——算法推荐时代 “过滤气泡” 的形成及消解 [J]. 全球传媒学刊，2018 (2018 年 02): 76–90.

何英哲，胡兴波，何锦雯，孟国柱，陈恺．机器学习系统的隐私和安全问题综述 [J]. 计算机研究与发展 ,2019,56(10):2049–2070.

黄小希，史竞男 & 王琦．守正创新 有“融”乃强——党的十八大以来媒体融合发展成就综述 [EB/OL]. http://www.xinhuanet.com/politics/2019-01/26/c_1124046980.htm.

金兼斌．机器新闻写作：一场正在发生的革命 [J]. 新闻与写作，2014(9):30–35.

今日头条．今日头条算法原理（全文）[EB/OL]. https://www.toutiao.com/i6511211182064402951/

李凌．智能时代媒介伦理原则的嬗变与不变 [J]. 新闻与写作，2019 (4): 5–11.

李仁虎，毛伟．从“AI 合成主播”和“媒体大脑”看新华社融合创新发展 [J]. 中国记者，2019.

刘培，池忠军．算法的伦理问题及其解决进路 [J]. 东北大学学报（社会科学版）,2019,21(02):118–125.

刘友华．算法偏见及其规制路径研究 [J]. 法学杂志，2019(06):55–66.

牛温佳，刘吉强，石川，康翠翠，童恩栋，诸峰，覃毅芳，管洋洋．用户网络行为画像 [M]. 北京：电子工业出版社，2016.

仇筠茜、陈昌凤．黑箱：人工智能技术与新闻生产格局嬗变．新闻界，2018（1）

仇筠茜、陈昌凤．基于人工智能与算法新闻透明度的“黑箱”打开方式选择．郑州大学学报 2018（9）：84–88.

师文，陈昌凤．新闻专业性、算法与权力、信息价值：2018 全球智能媒体研究综述 [J]. 全球传媒学刊 ,2019(1):82–95.

搜狐网大数据官方号．Facebook 动态消息算法揭秘：它比你还了解你自己 [EB/OL]. https://www.sohu.com/a/63261633_355129

搜狐网．加速推进 AI+ 医疗，微软如何助力全球公共健康？ [EB/OL]. https://www.sohu.com/a/406207538_114838?_trans_=000014_bdss_dkmwzacjP3p:CP=

搜狐网．IBM 重磅发布 z15 和高端存储业界首创数据隐私护照 [EB/OL]. https://m.sohu.com/a/341503083_430753/

腾讯研究院．算法偏见：看不见的“裁决者” [EB/OL]. https://www.huxiu.com/article/332033.html?f=member_

王崇宇．浅谈互联网企业数据中台架构及安全性研究及建议 [J]. 信息系统工程 ,2019(08),65–66.

王培志．厉害了，我的“神器”2017 两会报道中的智能新闻机器人 [EB/OL].http://media.people.com.cn/n1/2017/0315/c14677-29146493.html.

温诗华，王辉鹏，黄士超．基于云计算的能源互联网企业数据安全关键技术研究 [J]. 微型电脑应用 2020(08):95–97.

邬桑．人工智能的自主性与责任 [J]. 哲学分析 ,2018,9(04):125–134+198.

吴红英．面向物联网的隐私数据安全问题研究 [J]. 无线互联科技 ,2020(08),21–22.

项亮．推荐系统实践 [M]. 北京：人民邮电出版社，2012.

新浪科技．Facebook、Amazon、谷歌、IBM 和微软结成史上最大 AI 联盟 [EB/

OL]. https://tech.sina.com.cn/it/2016-09-29/doc-ifxwkzyk0596719.shtml
徐一龙 . 把今日头条等同于算法推荐，是四五年前的认知了 [EB/OL]. https://www.bytedance.com/zh/news/263.
燕道成 , 史倩云 . 大数据时代隐私安全问题溯因及其价值观保护机制 [J]. 新闻前哨 ,2020(04):81-83.
杨学科 . 论智能互联网时代的算法歧视治理与算法公正 [J]. 山东科技大学学报 (社会科学版),2019,21(04):33-40+58.
俞可平 . 论人的尊严 : 一种政治学的分析 [J]. 北大政治学评论 ,2018(01):3-24+307.
喻国明 . 智媒时代 : 传统媒体的市场机会与操作路线 [J]. 传媒 , 2019, 297(04):16-17.
张超 . 新闻生产中的算法风险 : 成因、类型与对策 [J]. 中国出版 , 2018, No.438(13):42-46.
中国互联网信息中心 . 中国互联网络发展状况统计报告 . 2016: 29.
[美] 凯斯 · 桑斯坦 , 毕竞悦译 . 信息乌托邦：众人如何生产知识 [M]. 北京 : 法律出版社 ,2008.
[美] 凯西 · 奥尼尔著，马青玲译，《算法霸权——数学杀伤性武器的威胁与不公》，中信出版社 2018.
[德] 康德著 , 李秋零译 . 道德形而上学的奠基 . 康德著作全集 (第四卷)[M]. 中国人民大学出版社 .2005:443.
[美] 罗尔斯 , 何怀宏等 , 译 . 正义论 . [M]. 北京 : 中国社会科学出版社 , 1988: 8.
[德] 瓦尔特·施瓦德勒 , 贺念译 . 论人的尊严 : 人格的本源与生命的文化 [M]. 中国哲学年鉴 , 人民出版社，2017:22.
Anderson C W. Towards a sociology of computational and algorithmic journalism[J]. New media & society, 2013, 15(7): 1005-1021.
ATYUN 人工智能媒体平台 . 微软改进 Face API，显著降低肤色识别错误率

[EB/OL]. http://www.atyun.com/22971.html.

Balkin J M . The Three Laws of Robotics in the Age of Big Data[J]. social science electronic publishing, 2017,78 (5): 1217–1241.

Benzinga. How Dataminr harnesses the speed of social media in getting real–time breaking news[EB/OL].https://www.nasdaq.com/articles/how-dataminr-harnesses-speed-social-media-getting-real-time-breaking-news-2017-08-23.

BILTON, R. Reuters built its own algorithmic prediction tool to help it spot (and verify) breaking news on Twitter[EB/OL].https://www.niemanlab.org/2016/11/reuters-built-its-own-algorithmic-prediction-tool-to-help-it-spot-and-verify-breaking-news-on-twitter/.

Carlson M. The robotic reporter: Automated journalism and the redefinition of labor, compositional forms, and journalistic authority[J]. Digital journalism, 2015, 3(3): 416–431.

Chander, Anupam. The Racist Algorithm?[J]. Michigan Law Review, 2017, 115 (6):1027.

DeVito M A. From editors to algorithms: A values–based approach to understanding story selection in the Facebook news feed[J]. Digital Journalism, 2017, 5(6): 753–773.

Deuze M. What is journalism? Professional identity and ideology of journalists reconsidered[J]. Journalism, 2005, 6(4): 442–464.

Diakopoulos N, Koliska M. Algorithmic transparency in the news media[J]. Digital Journalism, 2017, 5(7): 809–828.

Digiday. The Financial Times is using game mechanics to lower subscriber churn[EB/OL].https://digiday.com/media/financial-times-subscriber-churn-game-mechanics.

Dörr K N. Mapping the field of algorithmic journalism[J]. Digital journalism,

2016.

EUROPEAN COMMISSION. Ethics guidelines for trustworthy AI[R].https://ec.europa.eu/digital-single-market/en/news/ethics-guidelines-trustworthy-ai.

Fitts, A.S. The new importance of ‘social listening’ tools[EB/OL].https://www.cjr.org/analysis/the_new_importance_of_social_listening_tools.ph.

Fletcher R , Nielsen R K . Generalised scepticism: how people navigate news on social media[J]. Information Communication & Society, 2018:1-19.

Ford H, Hutchinson J. Newsbots that mediate journalist and audience relationships[J]. Digital Journalism, 2019: 1-19.

Garrett, R. K. “Echo Chambers Online? Politically Motivated Selective Exposure among Internet News Users.” Journal of Computer-Mediated Communication 14.2 (2019):265-285.

Graves L. FACTSHEET: Understanding the Promise and Limits of Automated Fact-Checking[R]. Reuters Institute for the Study of Journalism, University of Oxford, 2018.

Green, D. AI-powered journalism: a time-saver or an accident waiting to happen?

[EB/OL].https://www.journalism.co.uk/news/automatically-generated-journalism-risks-unintentional-bias-in-news-articles/s2/a747239/.

Hage J. Theoretical foundations for the responsibility of autonomous agents[J]. Artificial Intelligence and Law, 2017, 25(3): 255-271.

Haim M, Graefe A, Brosius H B. Burst of the filter bubble? Effects of personalization on the diversity of Google News[J]. Digital journalism, 2018, 6(3): 330-343.

HKSAIR, 转引自数据派 THU. 调查：人工智能技术的应用现状 . https://towardsdatascience.com/the-state-of-applied-ai-41393faad013.

Hornyak, Tim. Japan’ s NHK is putting an AI−powered cartoon anime on air to read you the news[EB/OL]. https://www.splicemedia.com/nhk−anime−virtual−newscaster/.

IT168科技．英特尔开源版HE−Transformer，对于隐私数据AI终于上手了！[EB/OL]. http://blog.itpub.net/31545819/viewspace−2284258/

Mittelstadt B D, Allo P, Taddeo M, et al. The ethics of algorithms: Mapping the debate[J]. Big Data & Society, 2016, 3(2): 2053951716679679.

. https://www.toutiao.com/i6511211182064402951/

Montal T, Reich Z. I, robot. You, journalist. Who is the author? Authorship, bylines and full disclosure in automated journalism[J]. Digital journalism, 2017, 5(7): 829−849.

Newman N. Journalism, media, and technology trends and predictions 2019[R]. https://reutersinstitute.politics.ox.ac.uk/our−research/journalism−media−and−technology−trendsand−predictions−2019.

NewsWhip.Guest Post: How the Associated Press Uses NewsWhip to Find and Track the News[EB/OL].https://www.newswhip.com/2016/04/guest−post−associated−press−use−newswhip/.

Plaisance P L. Transparency: An assessment of the Kantian roots of a key element in media ethics practice[J]. Journal of Mass Media Ethics, 2007, 22(2−3): 187−207.

Seitz.J.How a robot learns to write a story: an annotated Associated Press earnings report by Automated Insights’ Wordsmith system[EB/OL]. https://advance.lexis.com/document/

Song Congzheng， Ristenpart T， Shmatikov V. Machine learning models that remember too much [C] // Proc of the 2017 ACM SIGSAC Conf on Computer and Communications Security.New York:ACM，2017:587−601

Stahl B C， Timmermans J， Mitelstadt B D.The Ethics of Computing:

A Survey of the Computing-oriented Literature[J].Acm Computing Surveys(CSUR)，2016，48 (4):1-38.

Taylor L.Safety in Numbers?Group Privacy and Big Data Analytics in the Developing World[M] // Taylor L，Floridi L，van der Sloot B.Group Privacy:New Chalenges of Data Technologies.Dordrecht:Springer，2017:13-36.

THE FUTURE OF LIFE INSTITUTE (FLI) [EB/OL]. https://futureoflife.org/team/

ASILOMAR AI PRINCIPLES[EB/OL]. https://futureoflife.org/ai-principles/

Thurman N. Making 'The Daily Me': Technology, economics and habit in the mainstream assimilation of personalized news[J]. Journalism, 2011, 12(4): 395-415.

Thurman N, D rr K, Kunert J. When reporters get hands-on with robo-writing: Professionals consider automated journalism's capabilities and consequences[J]. Digital journalism, 2017, 5(10): 1240-1259.

Turilli M, Floridi L. The ethics of information transparency[J]. Ethics and Information Technology, 2009, 11(2): 105-112.

Weinberger D. Transparency is the new objectivity[J]. Joho: The Blog, 2009.

Winner R I, Pennell J P, Bertrand H E, et al. The role of concurrent engineering in weapons system acquisition[R]. Institute for Defense Analyses Alexandria VA, 1988.

Wollebæk, D., Karlsen, R., Steen-Johnsen, K., and Enjolras, B. "Anger, Fear, and Echo Chambers: The Emotional Basis for Online Behavior." Social Media + Society 5.2 (2019):1-14.

Voigt, P., & Von dem Bussche, A. The eu general data protection regulation (gdpr). A Practical Guide, 1st Ed., Cham: Springer International Publishing.2017.

三、信息科技企业责任伦理报告：人本主义，科技向善

本报告的研究目的主要包括三项：建构信息科技企业的责任伦理框架；第二，分析信息科技企业遭遇的伦理争议以及相关的应对措施；结合上述两项内容为信息科技企业避免陷入伦理争议提出建议。

首先，通过对企业与技术伦理/责任伦理相关研究的梳理，报告认为在技术责任伦理方面，信息科技企业应遵守的核心价值理念为“人本主义”，基本伦理价值包括：落实人的自由全面发展，促进社会充满活力和谐发展，以及协调自然生态平衡；中层伦理原则包含：尊重人类尊严，维护人类自主，保护个人权利，保障安全，坚持公平，落实透明，对话协商，保证真实，以及可持续发展。其次，通过对企业相关案例的分析和归纳，报告发现信息科技企业可能面临“信息茧房”、个人信息保护、网络安全、算法偏见、透明度、真实性和可持续发展 7 个层面的相关伦理争议，且部分信息科技企业已经采取了相应的应对措施，尽管这些措施有效程度不一。最后，基于上述内容，本报告总结了信息科技企业应采取的行动规范，以便为信息科技企业的技术实践提供伦理方面的借鉴，从而真正做到“科技向善，以人为本”。

希望本报告对科技企业的伦理关切和可持续发展提供借鉴。

项目主持人：杭 敏，陈昌凤

报告负责人：张 梦

报告参与者：林嘉琳、黄丹琪、俞逆思、黄家圣、王方

杨宁、李东晓、张亦晨、周长城、项奇仁、周缘亦对此报告有贡献。

1. 信息科技企业的责任伦理及论证程序

讨论信息科技企业的责任伦理是新时代面临新境况的新要求。21 世纪初由信息技术引发的一系列科学革命使得社会各个领域都获得了空前的发展，人类由此进入到了一个崭新的时代——信息技术时代。在这一时期，参与技术发展的主体数量随之增加，主体身份也呈现出多元化的态势。其中，相关的信息科技企业及其决策者是否应该成为技术的责任主体在伦理学的讨论中也存在一定的分歧。本部分则从责任伦理的视角出发，阐述信息科技企业承担技术伦理责任的必然性与现实需求。

1.1 责任伦理的内涵与外延

责任伦理的内涵可被总结为“责任”与“伦理”两个部分。何为责任？在现代汉语中，责任是社会行为主体因其角色和职务等所应当承担的职责，包括应做的份内之事和没有做好份内应做之事而应承担的否定性后果（燕道成，2010）。在西方古典哲学话语体系中，责任一词来源于拉丁文“respond”，其中“spond”作为词根，表示“承诺”之意，而前缀“re”则代表着对“承诺的重复性回应”（张琳，2009）。由此可见，西方世界的“责任”来自“承诺”，与契约精神相符，偏重强调践行约定。而汉语中的“责任”带有典型的责任角色论，强调的是一个人或者组织在其扮演的角色上所应负的责任。因此，“责任”一词既表达了对行为主体和实践客体的责任确定，同时又包含了一系列对主客体责任判定的规范性要求。

而“伦理”一词指的是人群生活关系中规范行为的道德法则（黄健中，1998）。在“责任”之后加上“伦理”二字，目的是要将责任体系化、制度化，并将其纳入人伦秩序的范畴中。

“责任伦理”作为一个专门的学术名词，由德国著名社会学家马克斯.韦伯在德国慕尼黑大学做题为“以政治为业”的演讲中被第一次提出。事实上，责任伦理更加关注行为后果的价值和意义，强调每个个体应当对自我的行为承担责任，理性而不盲目、审慎而不急躁地行动。（唐爱军，2017）

在“责任伦理”概念提出之后，学者们的相关后续研究则进一步拓展了“责任伦理”的理论外延。具体来说，有关责任伦理的讨论均以主体的特定职务、角色为逻辑起点，在对其行为目的、后果和手段等因素进行全面、系统的伦理考量基础上，对当代社会的责任关系、责任归因、责任原则及责任目标等进行系统性分析和研究。

1.2 技术责任伦理

现代科技引发的技术风险和伦理问题，使得技术责任伦理问题成为当前研究的理论热点和现实焦点（李敏，2012）。

理论层面上，“面对技术时代的种种变化，传统的、建立在个体伦理学基础上的规范伦理学已经无法涵盖和应对现代科学技术活动中出现的伦理问题”（张琳，2009），而从风险社会理论发展出的技术责任论却能够为我们正确应对由现代技术所引发的社会风险问题提供更多的理论参考。

就现实层面而言，现代技术引发的伦理问题在客观上已经突破了技术自身以及传统个体伦理所能解决的范畴，社会呼唤着一种全新的能够让人类摆脱现行价值冲突困境的技术责任理论（张洪根，2008）。在高速发展的现代社会，技术产生的影响将波及全球任何一个角落，但倘若只是循规蹈矩地将伦理学的视角局限在人与人之间的关系上，忽视人类的生存条件和自然本身的承受能力，那么就会必然使得人类对整体和世界未来的命运“失明”，从而引发灾难（张楠，2006）。技术责任理论就是在这样的背景之下产生的，“它主动担当起时代赋予的这一任务，并且为这个时代建立了新的伦理维度”（张琳，2009），这对于丰富技术伦理的理论研究以及加深对技术的社会审视都有一定的积极作用。

1.3 企业的技术责任

技术责任伦理以讨论技术实践中特定主体应承担的责任为理论的逻辑起点。相应地，技术是否需要人类负责？由哪些人类负责？是我们需要讨论的首要问题。

对技术责任主体的判定来源于我们对现代技术为何会产生负面效应的

认识（杜宝贵，2005）。很多研究者认为，技术的负面效应部分来源于技术的客观性。现代技术的客观性主要指的是现代技术所蕴含的知识成分（主要是自然规律）的客观性，使得某一项具体的技术发明获得了非人类意志能够左右的内在逻辑一致性（覃永毅 & 韦日平，2006），而技术本身的发展具有自身的相对独立性，因而人们运用技术去改造世界可能导致的结果有时难以预料。

但大多数学者则认为，技术的负面效应绝大部分来源于技术的价值负载性（田改伟，2002）。这是由于技术是人类理性在实践基础上的客观物质形态的反应，人类多向度的追求使技术的创新、发展及应用受到了制度、价值观念等社会环境要素的影响，这就使得技术负载着活动主体的价值取向。由于人类运用技术总是抱有特定的目的，一旦特定利益集团或是个人将技术作为其实现狭隘目的的手段，且忽视了技术内在的逻辑一致性和多数人的利益，那么技术带来的社会后果将会是破坏性、灾难性或者是毁灭性的。

由此可见，现代技术中的活动主体对技术的消极后果有着不可推卸的责任，因而他们也是现代技术的责任主体，而这些责任主体可包含工程师（科学家）及其共同体组织、企业及决策者、政府及决策者以及技术的消费者等（杜宝贵，2002）。

企业及其决策者是否应该成为技术的责任主体在技术的发展过程中具有一定的分歧。一些持否定观点的人认为，技术的责任主体只能是自然人，这是因为一个团队是由个体组成的，个体应按照技术的伦理准则对团队及其开发的技术负责，只有个体才能通过拒绝他认为无法承担的责任而离开技术团队（杜宝贵，2002）。但这一观点片面夸大了团体成员的自主性，而没有考虑到团队中的制度和意识形态等因素对个体产生的影响。

目前学界普遍认为，在市场经济的条件下，企业通常是以法人形式出现的，法律赋予法人独立民事主体的地位和权利，而权利与义务或责任是相对应而存在的（王锐生，2004）。进一步的，法律的提升来源于道德的实践，道德是法律的基础，因此企业既是法律意义上的责任主体又是道德意义上的责任主体。特别是就一些规模巨大的企业而言，由于其对全球经济的贡献甚至超越了一般的发展中国家，而若其没有必要的社会责任观念，必然会对世界产生巨大的负面影响。因此，强调企业的技术责任伦理有着重要意义。

1.4 信息科技企业责任伦理的论证程序

甘绍平和余涌（2017）曾提到，科技伦理的一般论证程序可包含三步：第一步，“将某一有争议的科技实践确立为一个伦理道德问题”；第二步，“通过对相关的事实的审查和概念的廓清，对问题进行揭示和描述”；第三步，“对问题进行伦理分析，明确伦理立场，乃至作出道德抉择和行动方案的选择”。本报告则据此建构信息科技企业责任伦理的论证程序包含以下三步：首先是建构信息科技企业在责任伦理方面需要遵循的中层原则框架，其次则是将有争议的技术实践确立为伦理问题并结合中层原则框架进行分析，最后则是结合中层原则框架的具体内涵以及相关信息科技企业的解决措施为信息科技企业避免陷入同种伦理争议提出建议。

2. 信息科技企业的责任伦理框架

甘绍平和余涌（2017）曾建构规范性研究中科技伦理的一般理论框架，认为宗教、伦理理论和法律以及人类的核心价值等相对抽象的上层理论或观念，共同作用于处于中层的内涵较为具体的“伦理原则”和“基本伦理价值”，而这些中层原则又进一步作用于各类主体应遵守的“行为规范”。在此基础上，本报告则通过梳理相关文献，旨在归纳出信息科技企业在责任伦理方面应遵循的核心价值，并进一步推导归纳出信息科技企业在责任伦理方面需要遵守的基本伦理价值以及中层伦理原则。

以“企业”并含“技术伦理”/“责任伦理”以及“enterprise”并含“Technoltogical Ethics”/“responsibility ethics”分别在“中国知网”数据库和“web of science”数据库中进行搜索并筛选相关文献，通过归纳我们可以发现，在技术责任伦理方面学术领域界定的企业应遵守的核心价值理念为“人本主义”。而根据技术与自然、社会和人的关系，本报告认为，技术研发和相关产品的设计及应用的过程中，需要落实人的自由全面发展，促进社会充满活力和谐发展以及协调自然生态平衡三方面的价值理念(陈彬，2014)。另外，通过对相关文献的梳理，本报告发现企业需要遵守的技术责任伦理原则可包括“尊重人类尊严”“维护人类自主”“保护个人权利”“保障安全”“坚持公平”“落实透明”“对话协商”“保证真实”以及“可持续发展”共9项。

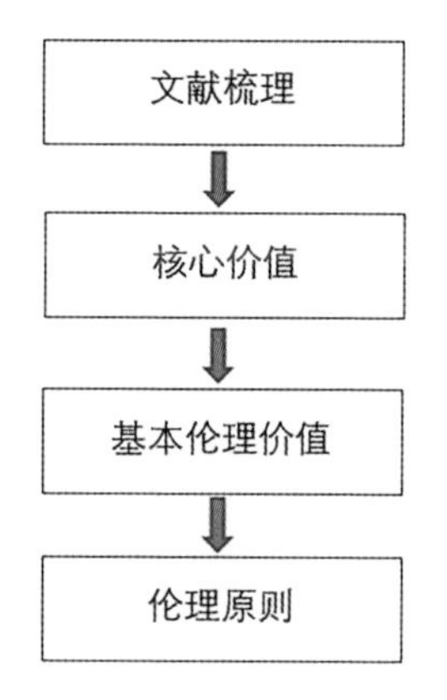

图1：信息科技企业责任伦理框架建构的过程

2.1 作为核心价值理念的“人本主义”

“人本主义”可包含“本体论”“认识论”和“价值论”三层次，马克思认为，在“认识论”和“本体论”领域，传统的人本主义都“否认或忽视了人的感性的、现实的、具体的价值”，因而强调将“人的本质”理解为“一切社会关系的总和”，关注现实社会中的人。(赵敦华，2004)由于技术责任伦理本质还是关于价值方面的探讨，因此，本报告探讨的“人本主义”则聚焦于“价值论”层面，且紧扣马克思的思想脉络，关注在各类关系中“人本主义”价值理念如何得以实现。具体而言，“价值论”层面的“人本主义”在价值意义上来探讨对人的重视和善待，并强调人是世界本真的最高存在，坚持“人是哲学的出发点和归宿”(张奎良，2004)。因此，信息科技企业若要在技术设计及应用的诸多环节中落实“人本主义”核心价值理念，需要基于技术相关实践的现实，明确人与人之间的关系，明确技术与人类、自然和社会的关系，并在此基础上坚持“以人为中心”，坚持技术的终极追求为改善人类福祉以促进人的全面发展。

2.2 信息科技企业需要遵守的基本伦理价值和中层伦理原则

2.2.1 科技与人的关系：自由全面发展的人

人的自由全面发展是“整个人类社会发展的最高目标”，是“人本身最终极的本质追求”，是“一切实践活动的出发点和归宿”，也是“科学技术伦理的最终指向和价值归属”。(陈彬，2014) 本报告认为，信息科技企业要在技术实践中确保人的自由全面发展，需要遵守“尊重人类尊严”“维护人类自主”和“保护个人权利”三项基本原则。

（1）尊重人类尊严

尊严是人类最基础也是最本质的属性，是人类价值的根本体现。《世界人权宣言》中提到，“每个人，作为社会的一员，有权享受社会保障，并有权享受他的个人尊严和人格的自由发展所必需的经济、社会和文化方面各种权利的实现”。具体而言，人类尊严可包含两层含义，其一为“每一个人都有内在的尊严，这是不可让渡的，对每一个人都平等的”（托马斯·博格，2011），这意味着对人类尊严的尊重是技术发展的底线和原则；其二为“人类的尊严是脆弱的，需要社会的保护”(托马斯·博格，2011)，这说明对人类尊严的维护是所有社会主体（包括技术的责任主体）应尽的道德义务。

（2）维护人类自主

密尔的“个体论”和社会自由的思想被认为是维护人类自主理念的直接来源，而自主性又可包括“思想的自主性”“意志的自主性”以及“行动的自主性”，因此，维护人类自主就是要维护人在思想、意志和行动方面的自主，即确保人类可以自主地进行广泛的智力活动，可以在自己思考的基础上自由地作出决定，可以按照自己选择的计划进行行动。(甘绍平 & 余涌，2008) 总之，维护人类自主原则的核心就是在尊重人的基础上尊重人的自我决定权。

（3）保护个人权利

智能时代信息科技企业与大众联系日益密切，一方面公民让渡自身的基本信息以换取更具针对性的服务，另一方面信息科技企业也具备相应的义务和责任保护公民的合法权利不受剥夺和侵害。从权利的基本类别来看，信息科技企业的技术实践可能会涉及人身权和财产权等传统个人权利之外的维度，而其中以个人信息权为代表的新型权利，需要信息科技企业重点关注。

《中华人民共和国民法典》第一百一十条规定：自然人的个人信息受到法律保护 (中国人大网 , 2020)。学界普遍认为，个人信息权应该归属于人格权的范畴，但其存在特殊性 (周汉华 , 2020; 乔榛 & 蔡荣 , 2021)。因为个人信息属个人信息权的客体，所以应当包含两个层面的人格利益：第一个层面，个人信息权应当保护个人信息所包含的精神性人格利益的内容，即人格尊严、人格独立以及人格自由都需要得到充分的尊重与保护；第二个层面，个人信息具有财产性的人格利益内容，个人信息类似于肖像权具有个人特征的可识别性，具备转化为商业价值的可能性，因此需要特殊保护。另外，不同的法律和伦理规范中对“个人信息”内涵的界定有所不同，如有研究者发现，“除美国将个人信息界定为单项信息或信息集合外，其他国家和地区无一例外地将个人信息界定为单项信息”，且无论是采用列举式还是概括式，“都无法明确呈现所要保护的个人信息”，并因此强调应当将“个人信息”界定为“可识别一个人的单项信息及信息组合”(黄蓝 , 2014)。另外，通过对相关文献的归纳我们可以发现，保护个人信息需要相关主体至少做到如下几点：个人信息收集和处理的知情同意、个人信息收集和处理的知情同意可撤回、个人信息可访问、个人信息可获取、个人信息可更正、个人信息可删除、个人信息的限制处理、个人信息的保密性、个人信息的安全性和不篡改个人信息。

2.2.2 科技与社会的关系：充满活力和谐发展的社会

“科学技术社会化和社会科学技术化的趋势日益明显”，这使得“人类能否合理运用自己的科技智慧，实现合理的科学技术的社会控制，将是决定科学技术是否会有效创造一个充满活力、和谐发展社会的关键”。(陈彬，

2014) 本报告认为，要实现对科学技术的合理控制，需要做到“保障安全”“坚持公平”“落实透明”和“对话协商”四项原则。

（1）保障安全

“安全”一词表示一种确定性、可靠性且不受威胁的状态。历史上，人类一直致力于消除危险和将危险最小化以及增加安全并将安全最大化的历史（阿明·格伦瓦尔德，2017）。与此同时，安全是社会、科学和技术中的一个核心概念，在这些领域中它意味着各种安全期待、安全满足和安全保证。具体而言，在技术领域，安全是一种承诺，是高度技术化下的现代化社会不断努力尝试的目标。

在技术领域，就人类生存的角度而言，安全意味着人类生命始终未处在危险之中，这就意味着技术在任何情况下（现在与未来），都必须对生命体的存在予以保护。就技术自身发展而言，“安全”又可被分为“内部安全”和“外部安全”：“内部安全”意味着责任主体要在技术发展的整个生命周期中对其运行进行测试、验证，确保技术在各个环节中都能正常运行，具有可控性；“外部安全”则主要是指责任主体能够通过各种手段增强系统的安全性以及相关信息的保密性，避免被外部势力攻击或窃取信息 。

（2）坚持公平

对公平的研究在哲学意义上可以追溯到柏拉图和苏格拉底 (孙伟 & 黄培伦 , 2004)，而通过总结学者们的相关论述 (孙伟 & 黄培伦 , 2004; 孟天广 , 2012; 徐梦秋 , 2001) 可以发现，公平可包含程序公平、机会公平、互动公平和结果公平四个层次。“程序公平”聚焦于分配过程，“强调所有人在机会和结果获取的过程或制度上被公平对待” (孟天广 , 2012)；“机会公平”强调“机会在不同人群中的公平分配” (孟天广 , 2012)，具体则是指人们对机会以及相应条件的拥有应该是平等的 (徐梦秋 , 2001)；“互动公平”主要指“分配结果反馈执行时的人际互动方式对公平感的影响” (孙伟 & 黄培伦 , 2004)；“结果公平”则追求实质公平，“要求收入和财产等有价资源在社会成员之间相对均等分配” (孟天广 , 2012)。

（3）落实透明

许多研究者认为，“透明”理念根植于康德对人的尊严和责任的相关论述中 (Craft & Heim, 2009; Plaisance, 2007)。康德将行动的完整性和人的尊严的完整性联系起来，强调“说真话”的重要性，并为作为一种伦理主张的“说真话”提供了关键的哲学基础，而透明度的概念中本身包含着限制欺骗和错误信息的内容，这与康德的“责任观”紧密相连。(Plaisance, 2007)20 世纪中期开始，伴随着政治、经济、环保和媒体等领域的相关运动，“透明”逐渐演变成了一种全球化的文化思潮 (Schudson, 2015)。具体而言，透明度包括信息的可访问性和可理解性 (Mittelstadt, Allo, Taddeo, Wachter, & Floridi, 2016)，而其又可以被进一步划分为三个层次即 “理念透明”“信息透明”和“程序透明”(陈昌凤 & 张梦 , 2020)。

（4）对话协商

对话伦理 (Discourse Ethics) 源自康德义务论伦理学的传统，而后经过阿佩尔的改造以及哈贝马斯的发展最终得以成熟 (胡军良 , 2010; 胡百精 & 李由君 , 2015)。哈贝马斯在阿佩尔思想的基础上提出了对话伦理的两个基本原则，第一是“被普遍遵守的有效规范必须能够满足每个人的利益 , 其引起的后果与副作用能够被所有相关者接受”，第二是“某条规范只有在得到全部实际对话的参与者的认可 , 才可以被宣布为是普遍有效的”。(邱戈 , 2011) 本报告认为，信息科技企业在技术相关实践中需要遵循对话协商的原则，即既要培育对话的程序又要构建对话的实质 (胡百精 & 李由君 , 2015)。而培育对话的程序意味着信息科技企业需要构建各主体对话的程序和渠道，确保各主体能够平等地参与对话并完全理解对话的内容；构建对话的实质则意味着在对话的过程中，强调各主体的依存关系，坚持价值多元并存，协商的共识能够在最大程度上满足各方的利益诉求并达到平等互惠，同时又能维护公共利益并增益公共之善 (胡百精 & 李由君 , 2015)。

2.2.3 科技与自然的关系：协调平衡的自然生态

“自然是人类赖以生存和发展的物质基础”，“科学技术的伦理旨归之一就是要在人与自然的协调发展中发挥重要作用，实现协调平衡的自然生态”。(陈彬, 2014) 本报告认为要实现协调平衡的自然生态，信息科技企业需要坚持真实性原则和可持续发展原则。

（1）保证真实性

保证真实植根于对人类尊严和自主性的尊重，希望得到真实的信息是人的基本诉求(比尔·科瓦齐 & 汤姆·罗森斯蒂尔, 2011),唯有获取真实的信息，人们才可以更加自主地作出符合自身价值理念的选择。科学技术的真实性原则应当包含两个层面的真实：第一个层面，信息科学技术的发展需要理性的指引，以维护人类主观层面即认识论意义上的真实（再现真实）为要；第二个层面，信息科学技术应当为人类发现、理解和掌握自然规律即客观世界层面的真实（本真真实）而服务，提供物质基础与技术支持。（杨保军，2005）

（2）可持续发展

可持续发展的内涵可被概括为“既满足当代人的需要，又不对后代人满足其需要的能力构成危害”（联合国世界环境与发展委员会，1918），其核心要义是“正确处理人与人、人与自然之间的关系”(吴冠岑，刘友兆 & 付光辉, 2007)。可持续发展具有空间和时间两个维度，空间维度上强调全球性的可持续发展，而时间维度上则强调当代人和后代人的可持续发展（覃永毅 & 韦日平，2006）。

技术与可持续发展存在矛盾关系：一方面，可持续发展离不开技术的支撑；另一方面，技术的进步在某种程度上又导致了发展的不可持续倾向。有鉴于此，我们不仅需要从科学和技术的内部去寻找解决技术困境的办法，对技术可能带来的危险和不可逆转的灾难性后果有所估计，还需要借助外部力量对技术加以规制和引导，从而促进技术发展与自然生态发展的协调同步，并最终在全球范围内实现当代人和后代人的可持续发展。

3. 信息科技企业遭遇的伦理争议及解决措施

3.1 “信息茧房”相关争议及解决措施

近年来，个性化信息推荐算法的普及，使得人们对“信息茧房”“回音室”等效应的担忧和讨论与日俱增。人们担心个性化推荐算法会让用户频繁接触同质化信息，从而减少了接触信息的多样性，并进一步形成对世界的片面化认知，甚至引发群体极化，减少了理性公共讨论的可能性。而上述后果从根本上危及了用户的自主性，包括用户对信息的自主选择、对世界的自主认知和对相应事件的自主行动。

为避免类似争议，很多主体采取了相关的应对措施，具体内容如表 1 所示。

表 1：各主体应对“信息茧房”相关争议的解决措施[1]

主体名称	应对争议的措施
《纽约时报》（The New York Times）	《纽约时报》不断改进推荐算法以更好地推断用户兴趣的完整性和多样性，从而更精准地推送给用户相应的新闻。《纽约时报》最早的推荐系统，是基于每篇文章的主题、作者、相关关键词标签等，结合用户的 30 天阅读历史记录来推荐内容。由于此方法存在局限，于是他们测试了协同过滤算法，基于读者历史阅读内容的相似性来推荐。但是，这种方法不能推荐新发布的文章。于是，2015 年《纽约时报》将其算法优化为“协作主题建模”，这种算法解决了前两种算法未能解决的问题。2018 年《纽约时报》又推出了“您的每周版”（Your Weekly Edition），使用编辑策展和算法推荐的混合方法推送新闻时事简讯。(Spangher，2015)
《华尔街日报》（The Wall Street Journal）	《华尔街日报》于 2016 年创设了一个“红推送，蓝推送”（Red Feed，Blue Feed），将 Facebook 上自由倾向和保守倾向的信息并列呈现给用户，以此提醒用户其偏向性，帮助用户平衡、多元化其新闻消费。

[1] 其他信息来源：“澎湃新闻”“华龙网－重庆晚报”

《卫报》(The Guardian)	《卫报》在2016年新设专栏“戳破你的泡泡”（Burst Your Bubble），每周选取5篇值得一读的保守派文章，拓宽读者视野。尽管《卫报》读者大多数偏左派，他们还是开设了推右派文章的专栏，该栏目每篇文章都附有文章来源、荐读原因和内文选摘三个部分。(人民日报中央厨房，2017)
脸书 Facebook	因制造“过滤气泡”而备受争议的Facebook在2017年1月采取了若干措施，从个人主题列表中删除了个性化内容。对2013年实施的相关文章功能进行改进，使该功能由从前用户阅读及分享文章后继续发布相似新闻报道到根据同一主题的不同角度发布文章。另外还加强了审核流程，被展示的文章的消息来源均有着良好的声誉。(cnBeta，2017)
Buzzfeed	Buzzfeed在新闻板块引入了名为“泡泡之外”（Outside Your Bubble）的新功能，这一功能以模块形式出现在一些广泛分享的新闻文章的底部，并将发表在Twitter、Facebook、Reddit等平台上的观点呈现出来，试图让用户了解自身社交媒体空间之外发生的事情及看法。(全媒派，2017)
百度	百度推出“信息分发2.0”模式，通过人工智能驱动“搜索+推荐”双引擎结合的方式，旨在让信息推送变得更加精准、全面。
腾讯	腾讯新闻推出名为“头牌观点”的首款内容社区小程序，通过去中心化的组织结构，消除因信息差产生的认知障碍，允许用户百家争鸣发表不同的见解。(向超，2019)
《金融时报》(Financial Times)	《金融时报》构建“知识构建者”系统，该系统针对新闻报道有两个评分标准：一是该新闻报道在多大程度上代表了《金融时报》的整体报道；二是如果该新闻涉及本报既有的新闻观点和主题，它的得分会更高。这些标准一方面可以将同一个主题的多种报道推荐给读者，增加用户接触信息的多元化；另一方面如果一篇报道包含了用户之前阅读过的大量内容，那么该文章的评分就会较低，因此该系统可以让用户接触更多新颖性新闻。《金融时报》集团产品经理詹姆斯·韦布(James Webb)认为，“知识构建者”系统可以打破“过滤气泡”，引导用户讨论之前从未涉及的报道主题。(Southern，2019)

今日头条	“今日头条”推出了搜索功能，不再单纯依赖算法，开始以“算法 + 热点 + 关注 + 搜索”等功能为主要方式建立通用信息平台。上述举措将最大程度避免单一的算法推荐带来的视野窄化，可高效率帮助用户找到同类信息，借助当下环境与热点、用户性格、时间节点等因素，最大程度上还原用户在自然状态下的信息多样化需求，尽可能实现信息价值最大化。(李静，2019)

为避免个性化推荐算法造成的信息类别单一、知识窄化、降低信息多样性以及剥夺用户自主性等现象，相关主体采取了一定的措施且主要集中在信息生产、分发和选择三个维度。

在信息生产层面，信息科技企业需要优化新闻信息源的可靠性、多元性。许多主体从信息生产的源头把握议题设置，注重新闻议程选择的多样性，突出新闻源的优质化与可靠性，以扩充群众认知、增益群体知识、促进人类福祉为重要考量，而非一味满足大众口味，过度推荐雷同爆品，以钝化大众敏感性和积极性。

在信息分发层面，信息科技企业一是要提供多样化、多类别新闻，减少相似新闻推荐频率，扩充新闻内容推荐的广度与深度；二是要提供话题热点广场，便于大众对重要事件、时事热点的及时知情；三是要提供同一事实的多元观点，避免同质化信息繁多、单一观点过度堆砌的现象。

在信息选择层面，信息科技企业一是要提供部分信息选择权，使得用户具有自我选择 / 减少推荐等操作，加大用户选择自主权；二是要弱化推荐，提供去中心化、非推荐的网络社区，如腾讯“头牌观点”则以去中心化结构为关键，使所有社区内信息都能被平等、完整地展现与查阅。

3.2 个人信息保护相关争议及解决措施

近些年来，企业被质疑违背个人信息保护法律和伦理规范的案例屡见不鲜。2018 年， 7 个欧洲消费者组织向各自国家的监管机构提出诉讼，指控谷歌滥用用户定位工具，收集的数据不仅包括他们的位置，还包括他们的政治倾向或性取向。2019 年，亚马逊 Ring 摄像头用户的登录信息遭到泄露。

为消除或避免类似的争议，很多主体采取了相关的应对措施，具体内容如表 2 所示。

表 2：各主体应对“个人信息保护”相关争议的解决措施 [1]

主体名称	应对争议的措施
谷歌（Google）	2018 年，谷歌表示位置记录在默认情况下是关闭的，用户可以随时编辑、删除或暂停使用位置记录。谷歌称，一直在努力改善控制，会密切关注相关争议，以观察是否需要改进。
	2019 年，谷歌浏览器提出“隐私沙盒”（Privacy Sandbox）方案，试图实现在保障用户隐私的前提下，让广告可以精准定位到需要人群。
亚马逊（Amazon）	2019 年，亚马逊调查后向公众说明，没有证据表明有人未经授权入侵或破坏了 Ring 的系统或网络，并主动通知受影响客户修改密码和启用双因素身份验证以对自己的账号进行保护。
国际商业机器公司(IBM)	2019年发布大型主机IBMz15,通过业界首创的“数据隐私护照”（Data Privacy Passports）与即时恢复功能，为企业构建一个面向混合云环境的关键基础设施平台。
英特尔(Intel)	2018 年推出数据隐私保护加密平台 HE-Transformer，允许对加密数据进行计算。当应用于机器学习时，它能够让数据所有者获得有价值信息的同时又不暴露基础数据。

保护个人信息已成为业界共识，企业在对相关争议的应对上也普遍呈现出积极主动的态度，而应对方式包括在发现问题后的自主整改，以及在出现问题前的自主自律两种形式。

当面对与个人信息保护相关的争议时，信息科技企业呈现出及时调查、及时公开、责任到人的特点。在发现问题后，这些企业通常能第一时间展开调查、做出整顿，并对公众关心的问题进行回应。虽然相关措施并非每次都能准确解决问题，但也能展现出企业管理者负责任的态度以及企业对于用户信息保护的重视。此外，在行业保护模式的激励下，各国的独角兽

[1] 其他信息来源：“澎湃新闻”“华龙网－重庆晚报”

企业也在自主、自发地更新各自的数据隐私保护政策，并能够将眼光投射到整个企业的相关领域，保证企业技术的不断提升。

3.3 网络安全相关争议及解决措施

网络安全是一个综合性概念，不仅包含网络设施、信息和人员不受威胁的安全状态，也涉及其他层面诸如政治社会安全、经济金融安全、意识形态和文化安全等。(宋文龙，2017)

网络的技术功能特点是催生网络道德与社会伦理冲突的重要原因，如果网络的安全性不高，存在漏洞和后门，那么这些缺陷可能与网络技术快捷、便利和虚拟的特点结合，从而带来严重的伦理问题，如数据泄露、信息污染、信息盗用、网络欺诈、非法交易和威胁国家安全等，并造成巨大的经济损失。事实上，一些企业已遭遇了类似的争议并采取了相应的解决措施，具体内容如表 3 所示。

表 3：与网络安全有关的争议及解决措施 [1]

主体名称	争议描述	应对争议的措施
TalkTalk	2015 年，TalkTalk 电信集团公司服务器受持续网络攻击，黑客窃取了该公司客户的大量身份信息和财务数据，受影响用户达上万人，造成公司共 7700 万英镑的损失 (BBC News，2018)。	不断与外界保持诚实的交流，交代信息泄露的规模；积极配合都市警局的计算机犯罪小组的调查。

[1] 其他信息来源：相关新闻报道

Telefónica	2018年，西班牙电信公司（Telefónica）被曝出存在安全漏洞，从而导致数百万用户的完整个人数据可能遭到窃取 (Robinson，2018)。	立即对该漏洞进行了修复，向有关当局进行报告。
Comcast	2018年，电信巨头Comcast路由器Xfinity被发现存在2个重大安全漏洞，暴露了超过2650万名用户的家庭住址和社会安全号码。(Nguyen，2018)	提供"按Gig共享数据"选项，允许以千兆字节 (gb) 购买数据。
谷歌（Google）	2018年，谷歌Google+服务存在安全漏洞，使得第三方开发者可以直接访问用户个人资料数据，从而导致50万用户信息的泄露。(Wong & Solon，2018)	1）紧急措施：及时封停Google+，仔细审核与Google+相关的所有第三方API； 2）界定共享权限：对共享的数据进行细粒度控制，启动更详细的Google帐户权限，并显示在各个对话框中； 3）界定访问权限：针对消费者Gmail API的用户数据政策进行更新，以限制可能获得访问消费者Gmail数据权限的应用； 4）限制数据流通权限：限制应用程序在Android设备上接收通话记录和短信权限，不再通过Android Contacts API提供联系人交互数据。

脸书（Facebook）	2018年，英国政治咨询公司剑桥分析（Cambridge Analytica）未经用户授权，抓取了超过8700万名Facebook用户及其好友信息。	扎克伯格承认对Facebook数据泄露事件负有责任，并承诺将对开发者们采取更严格的数据访问限制。之后，Facebook与美国联邦贸易委员会（FTC）达成和解，支付高达50亿美元的罚款，并增加隐私措施，通过成立专门的隐私委员会、提供季度报告等方式来加强用户信息保护。具体隐私保护措施可包含以下6项： 1）风险筛查：审查在Facebook平台和App中出现过大量数据访问情况的应用； 2）风险预警：通过App提醒那些数据有可能被滥用的用户； 3) 设置访问权限：如果用户超过三个月没有使用App，自动关闭App访问用户数据的权限； 4) 设置查看权限：更改Facebook登录数据，让App只能查看用户的姓名、个人照片和电子邮件地址，更多数据在通过进一步审核后才会显示； 5) 用户指引：帮助用户管理在Facebook上使用的应用程序以及这些应用可以访问的信息； 6) 预警激励：提高赏金计划金额，若有开发者发现数据被滥用情况，及时上报就会获得奖励。
Zoom	2020年，Zoom因存在隐私安全漏洞，使得至少15000名用户视频记录被公开在网上，所有人都可以点击观看。	向用户公开致歉，并且承诺采取更多措施改进这一问题，包括90天内不再上线新功能，撰写相关透明度报告，邀请独立专家进行安全审查，删除与Facebook的共享代码等。

当因系统安全漏洞而遭遇网络安全争议时，信息科技企业应当学习Facebook的补救措施与应对策略，在赔付罚金的同时切实从平台的风险、理念及权限全方位多角度封堵缺口，并不断更新平台数据保护技术，部署物理安全措施，定时披露安全技术与措施的运用，以挽回用户的信任。对比而言，电信企业Comcast、TalkTalk、Telef ó nica等企业的应对措施较为单薄，仅修补技术防火墙不足以防范下次黑客入侵，而唯有建立一套完整、合理的应对机制，并且重视舆情反馈，才是长远之计。

3.4 算法偏见相关争议及解决措施

随着智能技术在人们日常生活中的全面嵌入，已有越来越多的实例证明，作为人工智能核心的算法并非想象般的客观公正，许多信息科技企业也因此面临“算法偏见”相关的质疑与指控。具体而言，“算法偏见”(Algorithmic Bias) 指在算法的整个生命周期中产生的不合理不公正的判断，而这种判断可能贯穿于“算法设计”“算法实现”“数据收集”“数据处理”以及“结果呈现”五个阶段，并对某些个人或群体造成伤害。

目前，国内外的很多科技企业已遭遇过“算法偏见”方面的质疑并采取了相应的解决措施，具体内容如表 5 所示。

表 4. “算法偏见”可能出现的阶段及原因

阶段	原因
算法设计	一方面源于社会制度、实践和文化等方面的看法，如个人偏见和社会偏见，可以伴随着设计师的决策，在个人或机构有意识（如通过迎合偏见以获取利益）或无意识的情况下进入算法的整个生命周期中 (Jaume-Palas í & Spielkamp, 2017)，并随着算法的自动化决策被逐步固化。如算法设计师带有“偏见”的决策，可能导致算法自动化决策所依据的标准包括定义和数据化的方式以及相应的权重设计存在“偏见”(Diakopoulos, 2016)。 另一方面，设计算法所依据的知识原理的局限性也可能引发算法自动化决策的“偏见”。如算法分类“以确定性的方式在不同对象之间建立联系，阻碍替代性探索，明确地缩小了社会可接受的关于应该做什么问题的答案” (Ananny, 2016)，而许多算法的“关联”决策依赖于在数据集中归纳知识和相关性，不仅可能建立“伪相关性”，也很难建立因果关系，且即使发现强相关性或因果知识，这种知识也可能只涉及群体层面而非针对个人行为，以致对个人的行动指导意义有限 (Mittelstadt et al., 2016)。
算法实现	程序员根据算法写作代码时也可能出现偏差或失误从而导致“算法偏见”。
数据收集	数据的不完整、不准确、非真实以及不具代表性等质量问题 (Bozdag, 2013; Žliobaitė, 2017) 以及用户与算法系统互动产生的“偏见性”数据，都可能在输入端向算法注入“偏见”。

数据处理	一方面，算法的自动化决策功能即“排序”“分类”“关联”和“筛选”(Diakopoulos，2016) 都可能因设计阶段的社会偏见、人类偏见和知识局限等因素而最终产生“机器偏见”（Machine Bias）。另一方面，己方专业从业人员或他方算法使用者的干预和调整可能导致“偏见”，如一些平台会操纵算法提高自身产品或者利益相关方产品的排名 (Bozdag，2013)。再者，若算法遭遇攻击，则可能出现算法模型的准确率降低或算法模型被操控等问题从而引发“偏见”。
结果呈现	结果呈现的方式和位置可能直接影响到用户对信息的信任、关注与使用 (Bozdag，2013)，而若用户对算法自动化决策的功能及结果的理解有偏差，就可能导致偏见。

表 5：与“算法偏见”相关的争议及应对措施[1]

主体名称	时间	争议内容	应对措施
亚马逊 (Amazon)	2014 年 – 2017 年	性别歧视：其用于筛选招聘简历的算法系统会给包含“女性”相关词汇的简历低分，甚至直接给来自于两所女校的学生降级 (Dastin，2018)。	亚马逊称，不会直接按照算法给出的“最佳人选”来聘请员工，算法结果仅作招聘参考。2017 年，该招聘系统已被关闭。
微软 (Microsoft)	2016 年	性别歧视、种族歧视：人工智能聊天机器人 Tay 经过和网友的交互，上线仅一天便出现反犹、色情等言论。	微软向公众道歉，并谴责部分用户“滥用评论功能，致使 Tay 作出不合适的回应”，最后，Tay 被迫下线 (Hunt，2016)。
	2018 年	性别歧视、种族歧视：女性和深色人种的人脸识别正确率均显著低于男性和浅色人种，最大差距可达 20.8%(Buolamwini & Gebru，2018)。	修正和拓展了用于训练 FaceAPI 的数据集，调整了肤色、性别和年龄等要素在数据集中占的比例并改进了分类器，该工具识别面部颜色较深的男性和女性的错误率会降低20倍。

[1] 其他信息来源：各主体官网以及相关新闻报道

谷歌(Google)	2015 年	种族歧视：谷歌的图像识别算法（Google Photos）将黑色人种的照片标记为“大猩猩”。	谷歌立即道歉并称程序员正在以最高优先级解决该问题，但因修复结果不尽如人意，最终谷歌选择暂时将大猩猩和其他灵长类动物的标签从词库中删除。目前，这类标签仍被屏蔽。
	2017 年 – 2018 年	政治偏见：自 2017 年起，时任总统特朗普和共和党人不断指责谷歌和其他美国科技平台利用搜索结果和新闻来压制保守派的声音。	谷歌 CEO 否认该指控，并强调谷歌的搜索算法不支持任何特定的意识形态，只反映出最相关的结果。
谷歌(Google)	2018 年	/	与人工智能会议 NeurIPS 合作举办包容图片竞赛（Inclusive Images Competition），希望汇聚参赛者的意见，提高图片识别软件的文化包容性，减少用存在文化偏见的图片库训练出来的电脑视觉系统的偏见 (Doshi，2018)
苹果(Apple)	2019 年	性别歧视：联合国教科文组织发布报告称，苹果 Siri 等语音助手存在用女性化的语音来迎合言论攻击或“随时随地调情”的女性歧视问题 (UNESCO，2019)。	苹果对 Siri 的回应策略做出调整，明确指出要对“女性主义”等敏感争议话题保持中立，并提供开发人员 3 种回应方式，包括不参与讨论、转移话题及告知 (Hern，2019)。
脸书(Facebook)	2018 年	/	开发 Fairness Flow 工具，检测算法因人类的种族、性别和年龄等因素做出的不公平判断，并自动预警以提醒开发者。

推特(Twitter)	2020年	种族歧视：多名用户发现，在有不同人种的照片中，Twitter的自动图像裁剪算法会在选择预览推文呈现的缩略图区域时，更加突出肤色更浅的人像区域。	推特回应称，在算法正式使用前的测试中并没有发现种族或性别歧视的证据，但会展开更多调查并公开算法源代码，欢迎用户查看算法并提出意见。
国际商业机器公司(IBM)	2018年	/	开发AI Fairness 360开源工具包，主要用于检查在信用评分、预测医疗支出以及面部图像性别分类应用场景中的数据集和机器学习模型中的偏见。(Varshney，2018)

总结各类涉及“算法偏见”的争议事件我们可以发现：算法所涉及的“文字识别”“图像识别”“语音识别”和“内容检索”等技术领域常涉及种族、性别和年龄等人类属性方面的偏见和歧视以及消费、就业和犯罪风险检测等应用场景方面的偏见和歧视。

值得肯定的是，大多数的信息科技企业都已认识到了算法程序潜在的偏见与歧视问题，并对技术报之以谨慎的态度，通过反复的技术迭代和检验，尽可能规避“偏见进、偏见出”（BIBO，Bias In-Bias Out）的隐患。

数据收集阶段产生的算法偏见问题相对容易得到纠正，行业内的独角兽企业基本都能够有意识地提升数据集质量，尤其优先考虑有色人种、女性等群体数据在数据集中的占比情况。而算法设计阶段和自动化决策阶段产生的偏见则较难处理。首先，算法工程师自身难以完全做到公正，其设计出的算法难以避免地会带有个人偏见和当下时代的社会偏见。因此，大多数的算法纠偏都是后置的，它们有赖于技术应用过程中的公众监督和算法纠偏工具的监测，即便算法工程师对此保持高度的警惕和处理优先级，但不公正带来的伤害已然发生并难以逆转。更令人遗憾的是，面对算法“黑箱”，即便是算法的设计者有时也难以发现问题的根源从而束手无策。

3.5 透明度相关争议及解决措施

信息科技企业对“透明度”原则的侵犯主要涉及“信息透明”“理念透明”和“程序透明”三个方面。

第一，侵犯“信息透明”。在技术应用过程中，信息科技企业会收集或生产海量的数据信息，如个人基本信息、算法自动化决策的原理信息以及各类主体的互动信息等。数据存储在哪里、谁可以访问数据、如何确保数据安全等基本问题与诸多社会主体的利益密切相关，若信息科技企业对此讳莫如深，数据主体个人信息的保障以及公众监督便无从谈起。当然，从保护商业机密和增强“可理解性”的角度来看，信息科技企业不能也无需公开全部的数据或算法，但其至少应分析出基本风险，涵盖用户关心的问题，兼顾精确度、简化度、伸缩性、可读性及易于理解性。

第二，侵犯“理念透明”。对于信息科技企业来说，信息的公开应当是有法可依、有理可循的。信息科技企业有必要对其公开或不公开某项信息所依据的法律规范和伦理价值进行说明。

第三，侵犯“程序透明”。实践中算法的不透明之所以产生，主要原因有三：一是在算法技术开展的过程中，缺乏适当记录；二是有关机构对于适当披露不够坚持；三是贸易保密声明或其他机密特权（Brauneis & Goodman, 2018）。因此，信息科技企业落实技术系统“透明度”的相关操作程序也应该保持透明。

为应对“透明度”相关的争议，很多信息科技企业也采取了相应的解决措施，具体内容如表 6 所示。

近年来，微软、谷歌和 IBM 等诸多信息科技企业都发布了人工智能应用准则，其中均提及了透明度原则，这可视作是科技公司立场的声明和自律的起点。从国内外的实践来看，透明度报告的定期发布，在某些信息科技企业中已成为一种制度。从报告内容上看，不同信息科技企业透明度报告的披露程度不一，但其核心内容很大一部分都是各国政府或企业的核查或移除请求，而较少涉及具体的算法代码。相比于公开源代码，部分国外的大型信息科技企业选择开发可互动的可视化界面，让即使是不会编码的普通用户也能够通过调整参数等简单操作，大致了解算法模型的原理，从而参与到算法的监督中来。

表 6：与“透明度”相关的争议与应对举措 [1]

主体名称	时间	争议内容	应对举措
谷歌(Google)	2010 年至今	/	开行业之先，发布可交互的透明度报告，以便公众了解政府政策以及企业行为对用户隐私、安全以及在线信息获取的影响。
	2018 年	/	开发 What-If 工具，让非程序员也可以通过交互式可视界面检查和调试机器学习系统，以评估算法的公平性(Wiggers，2018a)。
	2020 年	/	发布 Model Card Toolkit 工具集，支持 ML 开发人员编译信息，并帮助创建对不同受众有用的接口，旨在为开发人员、监管人员和下游用户提供透明化的 AI 模型。
微软(Microsoft)	2013 年	40 余个组织签署公开信，呼吁微软发布关于 Skype 监视行为的透明度报告。	发布其有史以来的第一份透明度报告，即《2012 年执法请求报告》(2012 Law Enforcement Requests Report)，包含通信平台 Skype 的详细信息和数据，解释了其处理全球刑事执法数据请求的方法 (Galperin，2013)。
微软(Microsoft)	2015 年至今	/	推出透明度中心 (Transparency Hub)，内容涵盖内容删除请求报告（Content Removal Requests Reports），执法请求报告（Law Enforcement Requests Reports）和美国国家安全命令报告（the U.S. National Security Orders Reports），每半年发布一次 (Frank，2015)。

[1] 其他信息来源：各主体官网以及相关新闻报道

苹果(Apple)	2013 年至今	/	定期发布透明度报告，公开内容主要包括政府对客户数据的要求。
脸书(Facebook)	2013 年至今	/	定期发布透明度报告，内容主要包括三部分：对政策标准的响应、政府的数据请求和知识产权保护，以及对Facebook 产品遭限制访问等互联网生态的实时监测。
国际商业机器公司(IBM)	2018 年	/	发布人工智能开放平台 AI OpenScale。该平台是数据、多重云和安全分析的整合器，可向用户解释 AI 应用程序如何做出决策、如何提供审计追踪，并确保 AI 模型的公平性(Wiggers，2018b)。
阿里巴巴	2017 年	/	“阿里妈妈”算法团队首次公开自研点击通过率（CTR）预估核心算法 MLR。该算法在阿里集团多个场景被大规模应用(Kun，Zhu，Li，Kai，& Zhe，2017)。
百度	2020 年	/	上线《百度搜索算法规范详解》，依照页面内容质量、用户需求满足、用户体验友好、搜索公正及用户安全等要素将算法分为四个层面，解述每一个算法关键打击的违反规定难题。
字节跳动	2020 年	特朗普政府频繁指控 TikTok 算法不透明，且会收集美国用户数据，并以“信息安全威胁”为由屡次打压TikTok。	宣布在美国成立透明和问责中心（Transparency and Accountability Center）实体办公室，允许访客了解TikTok 数据存储和内容审核做法，部分访客甚至可以查看其推荐算法的源代码。
字节跳动	2018 年	/	发布《今日头条算法原理》，公开了其推荐系统的概览信息以及内容分析、用户标签、评估分析和内容安全等方面的原理信息。

IBM	2018年	/	推出人工智能开放平台AI OpenScale，使公司能够在整个AI生命周期中透明地管理AI，也方便用户了解AI应用程序如何使用用户数据、如何做出决策、如何提供审计追踪，确保AI模型的公平性。

本报告认为，算法原理的透明化比程序代码的直接透明更具意义。算法代码复杂难懂并动态变化，对于普通公众来说，其提供的可理解且“有意义”的信息并不多，公布后无助于消除社会的担忧，副作用却很明显，如可能涉及信息科技企业的核心商业机密，损害企业知识产权，被别有用心的人利用而危害社会和企业安全等。

3.6 真实性相关争议及解决措施

信息科技企业对“真实性”原则的侵犯主要表现在其为用户构建的信息世界与客观世界存在偏差，这主要包括信息科技企业可能生产虚假信息，或者未能采取有效措施遏制虚假信息在其平台上的传播，从而导致谣言泛滥，信息真伪难辨。

表7: 与“真实性”相关的争议与应对举措[1]

主体名称	争议内容	应对措施
谷歌(Google)	2016年美国大选期间，谷歌因其搜索栏的“自动填充”功能，被指控可能会掩盖民主党候选人的丑闻而误导选民。	1)调整算法排序机制，降低低质量内容的搜索排名。“误导、冒犯的搜寻结果、恶作剧、未经查证的阴谋论”等信息将被降低评分，而来源较权威或网站内容被较多引用的信息可被优先推荐。 2)添加事实核查标签。PolitiFact、Snope等事实核查网站的核查结果，会以“事实”“错误”“模糊”等用语出现在谷歌搜索页面下方，显示消息的正确性与否。 3)新增用户反馈和举报工具。当用户输入搜索内容时，只要点击下方的反馈链接，便可向谷歌反馈该信息是否为正确，或举报为粗俗、仇恨、有害、种族歧视或暴力言论。(方师师，2017)

[1] 其他信息来源：各主体官网以及相关新闻报道

脸书(Facebook)	2016年美国大选期间，Facebook上虚假信息泛滥。批评人士认为这些虚假信息误导选民，并在某种程度上影响了大选结果。	1）改进新闻业务推送算法。调整了包括News Feed在内的多项新闻推送业务的内容算法，以减少误导性或强迫用户点击新闻标题。 2）对争议的内容做标记。ABC、Politifact、FactCheck、Snopes等机构参与的事实核查工具会对虚假信息增加“有争议”标识。 3）增加用户反馈流程，优化举报机制。某些内容下方设有调查栏目，试图采用多个指标来判断内容的真实性和传播特征之间的关系。 4）借助AI实时监控。使用人工智能技术对社群平台上的内容进行监控，以消除假新闻。(方师师，2017) 5）推出新闻素养项目，教给人们如何识别假新闻，并通过各种信息让人们了解Facebook如何打击假新闻。 6）招募研究人员来探索该平台上的虚假信息数量和影响，为研究人员提供资金，并让其可以使用“隐私受到保护的数据集”。
微信	微信内谣言泛滥，加之其封闭式传播环境，辟谣难度大。	1）加强与第三方权威机构的合作。设立微信辟谣中心，陆续引进第三方权威机构进行辟谣。 2）开发查询工具。发布“微信辟谣助手”小程序，用户可以通过小程序主动搜索谣言，而阅读或分享过的文章，一旦被鉴定为谣言，将收到提醒。 3）开展用户教育。借助“微信安全中心”“谣言过滤器”“腾讯安全观”等官方公众号，平均每月定期展示和分析朋友圈十大热度谣言，提高用户对谣言的辨识能力。
今日头条	2017年，“人民网”连发三篇评论点名批评以“今日头条”为代表的智能新闻客户端的首页推荐中出现色情低俗内容、虚假的健康信息以及夸大其词的广告等不良内容。	1）借助AI拦截谣言和精准辟谣。自建GUARD反谣言系统，可实现最快60秒拦截谣言，并可将辟谣信息精准推送给看过该谣言文章的用户； 2）加强与第三方专业机构或个人合作。推出“健康真相官”，由专家团队对健康领域的谣言进行澄清； 3）鼓励用户参与。推出“谣零零计划”，奖励优质辟谣文章。(杨佳妮 & 马梦婕，2020)

“技术公司”的标签和“技术中立”的口号，早已不再是信息科技企业面对虚假信息却不作为的挡箭牌，治理虚假信息早已成为了各个信息科技企业的应有之责。目前，从国外的谷歌、Facebook，到国内的微信、今日头条，均持有积极负责的态度，并出台了一系列针对谣言、假新闻的治理手段，如在算法的基础上增加人工审核环节，加强与第三方权威机构的合作，鼓励用户参与到辟谣中来以及开发AI辟谣工具等。值得肯定的是，上述举措能够有效控制虚假信息的传播范围并减少对用户的误导等负面影响，从而有益于平台生态良性发展，在一定程度上捍卫了真实性原则。

不过，上述信息科技企业或平台对于虚假信息的处理方案多是偏向于事后对于不良信息的阻断，如在信息发布后企业或平台方会开展对虚假信息的筛查、标示、删除及辟谣，而事前阻断的策略相对不足。此外，在2020年初，Twitter曾因为系统错误，将所有与新冠有关的信息都错误标记成了虚假信息，反而造成了民众对于疫情的更多困惑。这也提醒各信息科技企业，在治理虚假信息时，还需要防止过度审查、矫枉过正，并向用户公开治理条例。

3.7 可持续发展相关争议及解决措施

自20世纪中期以来，科学技术的迅猛发展带来了社会的重大变革，也造成了对生态环境和自然资源的严重破坏，人类因此开始有意识地反思生态环境问题。作为技术开发者和设备供应商，保护环境、保障技术造福于人类和自然环境、在生产建设中推动可持续发展是全球信息科技企业需要承担的企业责任。

诸多信息科技企业曾面临与“可持续发展”相关的争议并采取了一定的应对策略。如5G基站电磁辐射在欧洲受到长期关注，国外民众对基站辐射存在担忧，希望看到5G安全证据。2017年9月发起的《5G Appeal》呼吁欧盟在全面调查5G对人类健康和环境的潜在危害之前，禁止将5G推广用于电信。为此，华为在微博和Twitter账号上发布与电磁辐射相关的内容，利用社交媒体进行科普，而华为驻欧盟机构首席代表刘康曾就5G的辐射问题接受采访。而苹果公司为更好地承担环境保护的责任，每年都会发布《环境责任报告》披露不同分部和重点数据中心的具体环境绩效指标，也会在公司官网上公开大部分产品的《电子产品环境报告》，包括单个产品碳排放、原料构成和环保措施等信息。

总之，科技企业在面临与“可持续发展”相关的争议时，通常会有以下两点应对措施：第一，利用社交媒体向民众普及与新技术有关的科学知识，逐步提升公众对技术的信任度，推动民众科学素养的提升；第二，积极参与推动企业环境责任的落实，主动公开环境责任相关的信息。

表 8：各主体应对“可持续发展”相关的争议而采取的举措[1]

<table>
<tr><th>主体名称</th><th>时间</th><th>具体措施</th></tr>
<tr><td rowspan="3">华为
(HUAWEI)</td><td rowspan="2">2019 年</td><td>根据责任商业联盟（RBA）行为准则和全球电信企业社会责任联盟（JAC）指引等行业标准，制定了供应商可持续发展协议，要求供应商签署。对所有 111 家拟引入供应商进行了可持续发展审核，其中有两家因为审核不合格而被拒绝。</td></tr>
<tr><td>与雨林保护组织 Rainforest Connection（RFCx）展开一系列密切合作，开发包括采集设备、存储服务、智能分析的创新平台，从而有效监测和防止雨林盗伐，保护蜘蛛、猴等濒危动物。</td></tr>
<tr><td>/</td><td>建立可持续发展委员会（CSD 委员会），指导公司 EHS 管理体系的建设、运作与改进，负责 EHS 重大问题的处理。</td></tr>
<tr><td>苹果
(Apple)</td><td>2018 年</td><td>数据中心、零售店以及位于库比蒂诺的 Apple Park 总部均使用 100%可再生能源 (cnBeta，2019)。</td></tr>
<tr><td>联想
(Lenovo)</td><td>2019 年</td><td>98% 的采购来自于不到 100 个大型供应商，这些供应商十分关注 ESG 管理，且 90% 的供应商发布了可持续发展公开报告。</td></tr>
</table>

[1] 其他信息来源：各主体官网以及相关新闻报道

谷歌 (Google)	2020 年	希望在 2022 年之前为其所有最终组装工厂实现 UL 2799 零废物填埋认证，以确保其制造过程中的绝大部分废物得到回收，承诺在 2025 年前所有产品中回收或者可再生塑料的比重要超过 50%，并尽可能地优先考虑使用再生材料（cnBeta，2020）。
三星 (Samsung)	/	建立内部环保管理体系，该体系遵循 PDCA（计划 > 执行 > 检查 > 实施）循环，这一内部监控协议会检查环境安全管理体系的成果，并持续从顶层进行改进。

为更好地践行“可持续发展”原则，信息科技企业应学习苹果公司的举措，主动披露相关信息，包括公开企业排放数据和产品原料信息等，注重发布多维度白皮书；其次，信息科技企业应从根本上的供应链管理做起，主动承担环境责任，通过对供应商的规范实现产品生产流程的环境友好；再者，当民众对新技术存有质疑时，信息科技企业不应仅在社交媒体发布客观性科普文章，因为这无助于从源头与根本上解决民众的疑虑，而应扩大科普范围，在线上应以多维度、多视角进行科普传播，在线下则应积极联合通信运营商，面向社区用户举办展览、答题等科普活动，帮助居民了解科学新知识。

4. 信息科技企业应遵守的责任伦理原则与行动规范

科学技术进步在改变人类生存条件的同时，对自然、社会、人的身体和精神的影响不断加深，并由此催生了新的伦理与价值难题。为了推动科技围绕着 “人本主义”理念而发展，作为走在技术研发与应用最前端的信息科技企业，有必要建立评估新技术的原则和标准，反思新技术发展的目的与结果，并据此引导科技向善发展。

本章以第二章提出的“人本主义”理念和九个伦理原则为基础，回应第三章提出的具体现实问题，从科技与自然、科技与社会、科技与人这三个关系出发，思考科技发展应遵循的伦理原则，并依此为信息科技企业提出可操作性的建议。

4.1 科技与人的关系：自由全面发展的人

人以及一般而言每一个理性存在者，都作为目的而实存，其存在自身就具有一种绝对的价值。（康德，2013）技术的研发和使用，必须要以人为中心，而这主要体现在对人类尊严的尊重，对人类自主的维护以及对个人权利的保护。

4.1.1 落实尊重人类尊严原则

在任何时候，所有人都应当被当作道德主体并得到应有的尊重，人们在发明、设计和使用技术的整个过程中都不能把人当作手段或者工具，否则就损害了人之为人的根本，侵犯了人的尊严。

（1）制度措施：将尊重人的尊严作为企业行为底线

技术的研发和使用，必须要以人为中心，已经成为了很多企业和行业的共识。2019 年，中国人工智能产业发展联盟国家发展改革委创新和高技术发展司指导下，对国内外人工智能伦理、法律、战略等方面的问题进行了跟踪和分析，研究起草了《人工智能行业自律公约（征求意见稿）》，将“以人为本”写入了总则的第一条，明确指出：“人工智能发展应维护人类自由和尊严等基本权利，遵循以人为中心的原则，防止人工智能削弱和取代人类地位，确保人机协同的经济社会背景下人类的自主性和能动性”（中国人工智能产业发展联盟，2019）。

信息科技企业要落实“尊重人类尊严”的原则，在制度层面则至少需要做到以下两点：

首先，信息科技企业应树立“尊重人类尊严”的价值追求。信息科技企业可以制定相关的伦理准则，并设置伦理委员会，将“尊重人类尊严”作为其价值追求与行为底线。

其次，在技术的整个生命周期包括技术与产品的研发和应用等诸多环节中，信息科技企业应开展严格的伦理把关，在理念方面要确保技术应为人类服务，符合人类的价值观和整体利益，在实践层面则要确保相关的技术实践不能侵犯或剥夺与人的尊严紧密相关的诸如生命权、人格权、健康权、自由权、平等权、参与权、劳动权、福利权和受教育权等人类基本的权利，不能对人造成控制和伤害，不能削弱或取代人类的地位。

在“尊重人类尊严”方面，一些科技企业采取了相关的措施，如微软启动将AI运用于人道主义的行动（AI for Humanitarian Action），自2018年以来，其通过物资与技术捐赠，对9个国家/地区开展了29个AI人道主义项目，包括绘制弱势群体地图，监测侵犯人权行为，确立法律援助优先级以及优化儿童面部手术建模等。再如字节跳动开展“头条寻人”、“山货上头条”、“信息无障碍”、“感光计划”和“声量计划”等公益项目，以算法信息助力社会弱势及有需要的群体，为算法与公益结合以实现公益事业的智能化拓展作出了示范。

（2）技术措施：数据把关与程序升级

一方面，专业从业人员需要对技术使用的数据进行严格把关，确保其与“尊重人类尊严”原则不相冲突。另一方面，可将“尊重人类尊严”的理念操作化并嵌入技术设计的过程中，确保“尊重人类尊严”能够贯穿在技术的整个生命周期中。

4.1.2 落实维护人类自主原则

在产品使用过程中，技术对人类自主性的挑战已经越来越为用户所感知，一些技术被认为会对人类的决策能力和理解能力造成影响。而当下诸多与算法有关的讨论如“信息茧房”就是此种忧虑的表现。随着大数据、深度学习相关技术的快速发展，忽视人类自主性的人工智能开始频繁挑战人类社会的伦理道德，“算法失控”、“算法统治”成为了技术悲观主义者的基本论调。越来越多的人开始担心，算法的广泛应用，会剥夺用户广泛接触信息以及自主选择信息的权利，减少用户接收信息的多样性，从而在本质上削弱了用户的自主性。

在此背景下，重新审视人工智能与人类的自主性并非是要确立人类与技术的主奴关系，而是在充分尊重技术生产力的前提下，保证人类在智能时代下的主动权，让人类在科技生活中拥有更多自我认知、自我选择、自我控制和自我决定的能力和空间。而把人类从算法的控制中解放出来，是所有信息科技企业面对技术伦理挑战时必须解决的问题。

（1）制度措施：为人的自主性预留空间

保证人在人工智能的整个生命周期中的自主性，即确保在人工智能设计、运用等诸多环节中，人类能拥有自我认知、自我选择、自我控制和自我决定的能力和空间，信息科技企业在制度层面至少需要做到以下两点。

第一，在制度设计层面要树立“维护人类自主”的价值理念。企业在制定内部伦理规范及其他规定时，需要确保技术开发与产品研发都能落实“维护人类自主”的原则，并通过员工培训，培育和强化技术开发人员和产品设计人员的伦理自觉。

第二，设立相关奖惩制度，为不当行为的纠偏预留空间。信息科技企业要将用户的需求置于设计目标中，保证专业人士有后期干预和调整技术运作的机会，能够及时响应用户的需求并为用户提供反馈的渠道。

（2）技术措施：维护用户与自主性相关的权利

大数据与深度学习的支持，使得人工智能已经展现出了与某些人类相似的能力，如自我归纳、自我学习和自我决策的能力。然而，人工智能是由人类设定的，且其决策能力完全依赖于数据和算法，所以在技术设计时，我们依然可以为人类自主预留有效的空间。

就信息生产与分发而言，一方面，应该保证用户对技术产品的使用目的、产品功能、系统性风险等信息有足够的知情权；另一方面，应通过去中心化的组织结构、对个性化推送的内容进行人工干预等方式，避免单一的内容推荐算法可能给用户带来的视野窄化问题，消除因信息差产生的认知障碍。

就用户选择信息的角度而言，在弱化个性化推荐对用户影响的同时，进一步通过技术手段为用户提供选择信息、删除信息的渠道，拓宽用户的选择范围，为用户的自主性提供空间。

部分信息科技企业已采取了相关的措施，以确保用户自主性的实现。如2017年，Facebook对于“趋势”板块的话题选取和排序进行了模型更改，删除了早先被质疑存在偏见的人工摘要，剔除了个性化元素，改变了对于主题优先顺序的评判标准。

4.1.3 落实保护个人权利原则

在可预见的未来，个人权利的外延有可能会随着科学技术的不断发展而变化。与之对应的，作为义务主体的信息科技企业也应当及时调整自身的姿态，在发展技术的过程中应当从既有的权利体系出发，充分考虑未来发展过程中有可能会牵涉到用户其他维度的个人权利，并及时对自身的行为做出调整和制度性约束。具体而言，信息科技企业应当从以下方向落实对用户个人权利的保护。

（1）依照现有制度规范，切实保护公民的基本权利不受侵害

信息科技企业应当维护公民的人格权、平等权和名誉权等固有权利不受侵害，保证公民作为人的基本诉求得到满足。信息科技企业在观念上要树立以人为本的理念，在发展中着重凸显人的价值，用制度规范自身的行为，规避偏见、歧视等有损平等的问题的发生，切实保护用户的人格不受侵犯。在发生纠纷时，信息科技企业应给予公民申辩的渠道，及时纠偏和停止对用户权益的伤害。此外，信息科技企业应当维护公民的著作权、版权和知识产权等权利，保护公民的合法权益不被侵害，且保障其享有从中获取收益的机会。由于当前媒体充裕、作品创作传播的无边界化等因素，导致现阶段的版权制度和著作权制度受到严重冲击。因此，信息科技企业应当充分尊重用户生产内容的原创性，采用特定的技术手段来保护用户创作的作品不被非法复制或传播。

（2）以科技伦理引导实践，与时俱进地保护公民的个人信息

在智能传播时代，首先，信息科技企业应当维护公民信息权及其延伸权利，包含肖像权和声音权等；其次，信息科技企业需确保用户在信息流通所有环节中的信息权利，如个人信息收集和处理的知情同意以及个人信息的限制处理等；再者，信息科技企业需确立以场景化为基础的数据保护模式，推行一种基于移动终端和流通场景的“场景化公正”（Contextual

Integrity），根据用户在不同情境下使用、分享等行为中的风险来制定行之有效的保护规则，使数据的使用和披露在其合理预期之内(陈兵 & 马贤茹，2021)；最后，信息科技企业应当积极寻求活动合作，建立用户数据保护与分享的多元共治体系，通过用户、企业、政府等不同主体之间的通力协作形成较为完善的数据保护模式(汪庆华，2020)。

很多信息科技企业已采取了相关的保护个人权利的措施，如苹果公司在2020年更新了操作系统iOS 14.5，强制要求第三方App获得请求追踪用户许可权限后，才可以获得广告客户标识符（IDFA），并进行个性化广告投送。谷歌在2018年声明，将不会通过Google Cloud提供“通用型”的人脸识别API，除非相关“挑战”得到明确“认定与解决”。而IBM在2020年也明确表示，其不会继续提供、开发、研究面部识别或者分析软件。

4.2 科技与社会的关系：充满活力和谐发展的社会

科学技术的研究和应用必须合乎社会道德规范。科学技术的发展过程要受社会的合理选择、调节和制约。而为实现此类目的，信息科技企业至少需要落实保障安全、坚持公平、实现透明和对话协商四项伦理原则。

4.2.1 落实保障安全原则

信息科技企业在科技研发、生产与使用的过程中，有必要遵守安全性原则。而为了确保技术系统的内部安全和外部安全，信息科技企业应当受到技术和管理层面的保护，借由技术和制度保障的方式确保系统的稳定运作，防止自身遭遇恶意攻击从而导致系统的破坏或数据的泄露。具体而言，信息科技企业需特别关注系统安全和数据安全两个维度。

（1）关注系统安全

系统安全（System Safety）即系统在其生命周期内的安全程度。科技本体的基础设施、应用、网络和核心技术等构成系统的要件，均为系统安全关切的范畴。关注系统安全的目的在于降低隐患和风险对科技系统的影响，从而保证系统稳定、良好地运行。为确保科学技术的安全性，应当从系统内部和系统外部两个视角对科学技术进行审视。

第一，在系统内部，需要建立完善的风险防控机制与评估体系，实现对预期风险的可控、可预测；需要明确科学系统内部各模块之间的边界，在确保系统流畅运作之余提升各个要件的安全性，将原有的风险通过分包的方式进行化约；建立完善的风险响应机制，在面临挑战时能够迅速采取必要措施，以防止负面影响的扩散。

第二，在系统外部，科学技术的主体应当充分重视、预估外部的风险，避免政治、经济、文化等因素对科学技术的过度干预，保持科学技术本身的独立性，避免因结构性因素产生系统性的偏向，进而形成新的技术霸权或巩固原有的技术偏向；其次，科学技术的持续发展应当符合人类社会的长远利益，对其可预见的风险与负面影响进行提前干预，采用审慎的态度面对新技术的更迭。

（2）关注数据安全

数据安全（Data Safety）指向科学技术发展过程中对用户数据使用的合规性和可控性。合规性即信息科技企业采用数据的规范性。信息采集主体应当以尊重用户的知情权和选择权等个人信息权为前提，在用户知悉并授权的前提之下，依照用户协定或开发者协议的有关内容，依法依规地获取必要的信息；可控性要求用户信息的使用者和处理方通过技术层面和制度层面的手段充分保障用户数据的安全。具体而言，实现数据层面的安全，信息科技企业理应做到以下举措。

第一，确保数据访问和控制层面的安全。信息科技企业要建立完善的访问权限认证体系，对用户访问行为进行及时的监控与反馈。在发现有主体未经许可访问系统或用户的敏感数据时，信息科技企业应当及时警告、阻断和追踪。同时，信息科技企业也需要对数据流量和访问进行系统控制，并采取实时监测制度，充分关注网络具体的运行状态，按照规定留存网络运营日志，以便后续审查。

第二，确保数据存储层面的安全。信息科技企业应当积极建立信息分级分类的系统管理制度，对数据存储介质进行加密，必要时进行备份与容灾。

第三，确保数据内容层面的安全。积极引入多种类别的信息加密、脱敏、去标签化等安全技术措施，对数据进行二次处理；采取多维度审计技术，对用户、数据对象、字段、敏感内容进行核查；

第四，确保数据管理与运输层面的安全。制定及时、有效的应急预案以便在信息意外泄漏或系统遭受外部攻击时及时止损，防止负面影响的持续扩大；数据传递、交易的过程中应当要求数据提供方说明数据来源，核验交易双方的身份并留存交易记录；具备合法合规的运营资质，在搜集数据之前数据收集的主体需先获得经营许可或依法备案；落实数据安全保护责任，制定完善的数据管理制度和操作流程，明确责任主体和负责人员。

很多企业已采取了相关措施以保证系统和数据的安全。如苹果公司在2020年更新了操作系统，采用数据最小化原则获取用户私人数据，尽可能在本地处理用户信息，同时增强对数据的保护，提升用户数据的管控和透明度。微软公司在2020年与Terranova合作，共同启动“Gone Phishing Tournament”计划，双方将利用诈骗者的真实邮件样本为企业提供数据驱动的见解，以便他们加强各自的网络安全计划。2021年，Snapchat推出“数字扫盲”（Digital Literacy）计划，在其策划的“发现”内容板块中开辟了一个名为“安全快照”（Safety Snapshot）的新频道，旨在提升用户对于数据隐私和安全等方面的意识。

4.2.2 落实坚持公平原则

确保信息公平传播、消除公众偏见是公共领域交往理性的前提。包括科技工作者、科研机构和科技企业在内的科技主体都应该致力于知识的公平生产、传播和使用（甘绍平 & 余涌，2008），而为应对、解决或避免算法偏见和歧视，信息科技企业有必要从制度层面和技术层面，对数据和算法造成的和可能造成的偏见进行纠正与防范。

（1）制度措施：在公司内部设置公平评估机制

算法的设计、目的和数据使用等方面都是设计者和开发者的主观选择，而算法决策中一次小的失误或者歧视，还会在后续的决策中得到增强，形成连锁效应。因此，有必要从制度层面对算法的设计者与开发者进行约束，规避一切可避免的人为非公平现象。具体而言，信息科技企业可从以下两个角度着手。

第一，建立包含公平原则的科技评估体系。信息科技企业可以参照政府、高校设立的科技评估体系，通过在企业内部设置公平评估机制，或将公平原则纳入科技评估体系，实现公平原则的可操作化，为科学技术的开发、利用、升级和调整等行为提供客观、统一、具有可操作性的标准，预防科技成果可能给社会带来的负面影响。

第二，设置关乎公平公正的严谨、严格的奖惩机制。信息科技企业可以通过细化自身研发部门和产品部门在科技开发领域的“禁区”，明确保护孩童、老年人、残障人士或其他少数群体等弱势群体的利益的规范，为事后追责提供制度基础。

（2）技术措施：提升数据可靠性，加强算法纠偏

算法造成的偏见与歧视和算法技术本身的缺陷以及数据的质量问题紧密相关。因此，信息科技企业在对算法进行研发和应用时，需要在“数据”、“技术”和“产品”三个方面保证“公平性”的实现，包括提高数据可靠性，对算法本身进行纠偏以及关注个体与群体的差异。

首先，要保证数据的真实性、准确性、完整性和可代表性，从而为后续的算法自动化决策与人工决策做好准备。

其次，要不断实现技术的更新换代，及时弥补技术漏洞，通过构建纠偏工具、提升数据质量（如增强数据的完整性和多样性等）以及实现算法迭代等方式来进行算法在技术维度上的治理。

最后，产品的设计要公平地对待每一个人，每一个群体，并能基于对特殊群体（如残疾人、青少年等）不便因素的考量，提供一些特殊的设置，保证所有用户都可以有效地使用技术产品。

4.2.3 落实透明原则

技术尤其是算法低透明度的现状，给人类造成了很大程度上的不安全感，而这直接导致了用户对于信息公开和透明度的呼声越来越高。因此，有必要通过确认信息与技术的可访问性，确保信息与技术的可追溯性，增强科学技术的可解释性，打破技术壁垒，跨越信息鸿沟，真正做到理念、程序和信息的透明。

（1）确认信息与技术的可访问性

实现可访问性，也就是说算法相关信息需要具备公开性以及易获取性，这是算法透明的基础。技术的开发和产品的设计要保证对技术监管方、利益相关方以及社会公众的公开透明，以保障算法信息与其受众之间的渠道畅通，消除算法知识的鸿沟。因而，为实现信息与技术的可访问性，为落实“算法透明度”，信息科技企业需要做到对算法自动化决策相关信息的公开，具体内容如表 9 所示。

表 9：信息科技企业落实“算法透明度”需要公开的内容 [1]

概念维度	信息维度	具体内容
算法所利用数据的公开	数据（数据本身的披露需加以文字描述，要转化为有意义、能够真实描述系统当下完整状态的可理解的语义信息）	1）信息质量 2）准确性 3）不确定性（如误差幅度） 4）及时性 5）完整性 6）抽样方法 7）变量的定义 8）出处（来源，公共或私人） 9）机器学习中使用的训练数据量 10）数据收集的假设 11）数据的元数据 12）数据是如何被转换、审查、清洗或编辑的（人工或自动）

[1] 内容来源：（陈昌凤 & 张梦，2020）

算法的内部结构及自动化决策原理	模型	1）输入变量和特征 2）优化的目标变量 3）特征权重 4）模型的名称或类型（线性或非线性） 5）使用的软件建模工具（嵌入了不同的假设或限制） 6）源代码或伪代码 7）持续的人类影响和更新 8）明确的嵌入规则（例如阈值）
	推断	1）存在和推论的类型 2）基准精度 3）错误分析（包括补救标准，错误来源是人、数据还是算法） 4）置信度值（分类器）或其他不确定性信息的描述
	界面	1）可视化的展现形式 2）算法透明度报告 3）图标注明内容展示的背后是否有算法运作 4）可以单击进入的整合算法信息，以核查数据、模型和推论（交互性） 5）算法开 / 关的输出效果对比（交互性） 6）输入和权重的调整（交互性）
使用算法的主体、与之相关的其他主体以及各主体所处的社会环境等方面的信息	社会层面	与算法有关的法律条文、伦理规范或其他社会理念等
	组织层面（包括使用算法的组织以及其他有利益关系的组织）	组织理念、组织关系、技术目标等
	个人层面（专业从业人员如设计者、参与者、监管者等及用户）	个人参与算法设计和运作的内容以及与之相关的权利和责任

算法与其他主体和要素之间的互动以及这些互动对算法本身的形塑	“外部路径”对“内部路径”的作用方式和效果	外部主体通过何种方式参与了算法的设计又在哪些方面影响了算法的自动化决策；
	“内部路径”对“外部路径”的作用方式和效果	算法的自动化决策机制在何种程度上作用于其与其他主体的互动及结果。
	“外部路径”对“内部路径”的重塑作用方式和效果	在算法自动化决策的过程中，外部因素和外部主体如何作用于算法，又引发了算法自身及其自动化决策效果的哪些转变。（如算法在整个生命周期内的更新迭代以及相关的原因和产生的效果等）

（2）增强科学技术的可解释性

可解释性聚焦在披露的算法内容层面，要求算法信息不止是被披露，而应当被受众理解。实现“可解释性”即在对公众公开的内容中，清楚说明“为什么算法会做出这样的决策”。除涉及国家机密、企业的商业秘密和专利产权的信息之外，信息科技企业有责任在不伤及多方利益的基础上，打破技术壁垒，以用户能够理解的语言和方式进行信息的公开，具体措施可至少包含以下两点：

第一，借助可视化、互动化等技术方法向公众说明算法的运行逻辑。不同算法依据其难易程度、用户分类、与用户核心利益的相关性等会产生不同程度的解释需要，信息科技企业可借助多种技术手段，向不同理解力和专业知识水平的对象提供可理解的技术解读，让公众了解算法的技术原理、功能与局限。

第二，通过线上与线下的科普活动，向公众说明算法的运行逻辑。算法透明的需求指向不仅是公众的知情权，也包含着公民对于科学知识学习的需要。根据实际情况和社会需求，信息科技企业可开展相应的科普活动，在与公众的互动之中回应社会的核心关切。

（3）确保信息与技术的可追溯性

可追溯性是对算法透明机制的一种补充，要求明确算法的主体责任，强化算法的责任体系。实现“可追溯性”，即能够回溯、定位、重现和监督算法所作的决策，以便明确与算法决策相关的责任主体，强化算法的责任体系。虽然可追溯性未必能够解释算法决策的原因，但是它能够说明决策是如何产生的，并对算法监管提供有效的帮助。具体而言，信息科技企业要确保信息与技术的可追溯性至少需要做到以下两点：

第一，在企业内部建立明确、严格的责任规范。确保信息与技术的可追溯性，首先需要在算法的操作过程中确保操作的准确和记录的规范，并在此基础上建立起一套完善的追责机制，明确各个主体在算法生产、实践、调试中的把关人责任。

第二，加强责任监督，重视事后追责。确保信息与技术的可追溯性，需要重视内部自律与外部监督的协调统一，算法的监督者需要加强与算法工程师、公众、学者和政府等多个主体的互动、协调和合作。

4.2.4 落实对话协商原则

人工智能的发展与数据流动、数字经济和网络安全等密切相关，且人工智能的研发应用具有跨国界、国际分工等特征。就当前而言，人工智能伦理治理的实现，更多需要依靠行业和技术的力量，需要在伦理与治理方面加强国际协作和协调。技术和商业模式快速迭代，法律天然的滞后性使得国家机关在面临一些问题时难以及时应对，此时，充分发挥协商伦理的精神，调动各利益相关的主体共同参与技术治理就显得尤为重要。

对话协商是通过对话、商谈与交往实现参与者普遍认可的方式，强调在自由、民主、公平、公正的过程中实现共同利益与个体利益的一致性（许奕锋，2016），这就要求对话协商的实现需要以一定的程序设置为辅助。因此，为更好地实现对话协商的效果，信息科技企业可采取以下方式，如在企业内部建立协商制度，有针对性地构建内部伦理准则以及在企业外部打造行业联盟并共同约定行业伦理标准等。

（1）内部协商制度：建立伦理委员会，完善企业内部的伦理准则

许多信息科技企业已尝试在企业内部建立伦理委员会。通过设立伦理委员会，信息科技企业可以对企业内部与信息科技相关的伦理政策制定、

责任承担与奖惩分配、风险评估与管理等工作进行安排和指导，具体而言，相关措施可至少包含以下三项。

第一，组织建构。在企业内部设立伦理委员会作为伦理风险管理的领导机构，组织企业的人工智能研发部门、产品部门、法务部门等部门负责人作为企业代表，聘请国内外伦理方面的学者、第三方机构成员作为学界专家，系统地从企业发展的角度对伦理问题作出分析和安排。

第二，制度制定。针对企业自身的技术发展水平和目标，制定相关伦理规定，开发基于实践的伦理学框架，并接受公众监督。

第三，员工教育。通过科技伦理教育，增进科研人员在伦理上的自觉，使其对技术发展应用的潜在影响及应具有的防范进行反思和预警性思考。

许多信息科技企业在上述领域已采取了相应的举措。如微软在2019年成立人工智能伦理道德委员会（Aether Committee），该委员会由工程师、科研人员和法律专家组成，负责对微软内部与人工智能道德相关的事宜进行探讨和评估，以确保微软每一个技术产品、每一项服务的研发过程中，都有人工智能道德审查。2019年，Facebook与慕尼黑工业大学共同组建了人工智能伦理的研究中心（TUM Institute for Ethics in Artificial Intelligence），旨在推动新技术伦理研究领域的发展，探索影响人工智能技术使用及其影响的基本问题。而在2020年，IBM与圣母大学（Notre Dame）联合组建技术与伦理实验室（Tech Ethics Lab），以解决人工智能等先进技术产生的伦理问题。

（2）外部协商制度：打造行业联盟，约定行业伦理标准

当前，互联网和信息产业成为全球化产业，越来越多的技术需求来自跨国公司，因此，在全球范围内加强合作，建立相关产业联盟，成为了技术和信息科技企业良性发展的重要保障。为此，信息科技企业应通过行业内大企业牵头形成联盟力量，全新开放地互相分享技术能力与丰富合作经验，在国内外形成联合发展的集聚力量。具体而言，为实现此目标，信息科技企业至少需要做到以下两点。

首先，应该联合中国的信息科技企业，形成具有中国特色的行业联盟。

各国的政策与法律环境各不相同，中国企业应该团结起来，共同打造适应中国特色社会主义制度的信息科技企业发展与解决方案，促进智能计算的人才培养并加强智能计算的开发者生态建设，从而使智能计算能够更好地服务行业联盟。

其次，应该推动国内和全球范围内的行业组织确立包含用户数据保护、人工智能准则等方面的行业标准。中国的政府和企业目前已经采取了积极的行动来提升自身的行业标准（如国际电信联盟（ITU）、国际标准化组织（ISO）等组织机构制定的评价标准）和国际影响力。我们应该保持这个势头，并进一步扩展中国企业在国际行业联盟中的影响力，为未来中国企业在国际上发展科技以及应对各类风险赢得先机。

事实上，诸多行业协会和企业联合组织已经制定了规范技术发展的相关原则，如电气和电子工程师协会（IEEE）启动全球自治与智能系统伦理计划（the IEEE Global Initiative on Ethics of Autonomous and Intelligent Systems），并于2016年发布世界首个人工智能道德准则设计草案（Ethically Aligned Design），针对人类的普遍价值观、数据代理和技术可靠性展开研究，以期达成在道德上实现智能技术治理的共识。2017年，DeepMind、Facebook等行业龙头企业的负责人在“Beneficial AI”会议上共同发布了二十三条阿西洛马人工智能原则（Asilomar AI Principles），到目前为止，已经有多达1273名人工智能研究人员和其他2541人签署支持这些原则。

4.3 科技与自然的关系：协调平衡的自然生态

科学技术与自然界和人类社会相互依存、相互制约。现代的科技理性思维要求人类应当运用生态价值与强调整体的理念来引领技术的发展，在互动共生、动态平衡的生态系统中把握人、技术与自然之间的关系。因此，技术的研发、设计、运营和使用应当以人类为中心，在整体上增进人类整体福祉，同时也要有利于更加合理地认识自然、开发自然、利用自然和保护自然。为此，信息科技企业至少需要落实保证真实和可持续发展原则。

4.3.1 落实保证真实原则

为落实保证真实原则，本报告认为，信息科技企业至少需要从以下两个维度来推进技术的研发和应用。

（1）本质真实：解决实际问题，维护社会良性的运作

信息科学技术并非一种单纯外在于人类知识与能力的结果，而是基于人类实践和自然资源的活动。因此，发展信息科学技术要摆脱工具理性主导的思维，转向强调人与自然辩证统一的理念（陈彬，2014）。包括信息科学技术在内的科学实践应当一并接受伦理之维的约束，从而避免因思维偏向而引发的问题。信息科学技术应当可被作为维系人类社会与自然世界的纽带，助力维持自然生态系统与人类社会的健康运作。具体而言，科学技术发展要助力"本质真实"的实现至少应当符合以下两种预期：

第一，科学技术的发展要能够有效促进人类社会的良性运作，具备解决不同阶段现实问题的可能性与实际效用，因此科学技术的发展路径应当基于客观实际的需求而制定，兼备现实可能性与善治的诉求；

第二，信息科技企业有责任向公众完整地、无偏倚地呈现客观世界的真实图景，不因种族、经济背景、政治立场和教育水平等结构因素的干预而转移，能够赋予不同行动主体同等的认知权利、实践权利与知情权。

（2）再现真实：对繁杂的信息去伪存真，对虚假信息进行纠偏

学者李普曼（Walter Lippmann，2016）曾用"拟态环境"（Pseudo-environment）来形容大众通过传播媒介理解现实的境况。随着信息科学技术的持续发展，虚拟现实、算法等技术对社会信息环境的深度嵌入，技术进一步改变了大众的认知方式与传播环境。因此，为实现"再现真实"，信息科技企业至少需要做到以下三点。

第一，信息科技企业应当致力帮助真实信息的传递，以消解现实世界中的不确定性。随着机器深度学习以及算法的演进，诸如假新闻（Fake News）、深度伪造（Deepfake）等借由人工智能实现的虚假信息，正在不断侵蚀着公众的真实认知（陈昌凤 & 霍婕，2018）。信息科技企业作为技术的实际掌控者，有责任为公众塑造一个真实的感知场域，如可借由生成对

抗网络、标记与过滤等技术手段，遏制虚假信息的散播(陈昌凤 & 徐芳依，2020)。

第二，信息科技企业应当有助于真实主体的接入，以实现有效的沟通。当前网络空间存在大量的水军以及机器人，这些非人为要素的介入导致网络空间中的公共领域被进一步压缩(师文 & 陈昌凤，2020)。加之ICT资源分布的差异性，不同主体对于技术的接触程度与使用水平的不均衡，使得部分群体或处于数字鸿沟弱势方的意见难以被公众感知(孟育耀，2020)。信息科技企业在持续发展的过程中应当积极创造机会层面的平等，即通过降低使用门槛、简化操作流程等方式让更多群体有同等的机会接触技术，并创造真实的对话机会；同时加大力度治理虚假网络主体，建构真实的社会网络环境。

第三，信息科技企业要传递真诚的情感，促成认知层面的共识。信息科技企业在构筑网络空间以及具体应用的架构时，应当避免个性化推荐算法等技术窄化用户的认知范围，真正造成“信息茧房”效应，甚至是群体极化，并致力于构筑一个开放、平等、崇尚理性与至善的对话空间作为技术的落脚点，避免传递仇恨、歧视与偏见等消极内容。

4.3.2 落实可持续发展原则

人类与自然的关系应当建立在和谐统一的基础之上，人类需要充分承担保护自然的责任，并对自身行为进行道德层面的规范与约束，以克服“人类中心主义”的思想。具体而言，信息科技企业在实践中应当做到“树立可持续发展理念，合理规划发展路径”，“秉持平等尊重理念，维护其他主体的权利”以及“制定有效的补救补偿机制”（陈彬，2014）。

(1)树立可持续发展理念，合理规划发展路径

“可持续发展”理念的核心要义之一是明确利用资源的合理限度，这个限度与自然资源的承载、再生与永续能力密切相关。实现可持续发展的前提是对资源进行平衡、负责任的利用，避免不必要的资源消耗。具体而言，信息科技企业可以通过以下四个方面落实可持续发展理念。

第一，合理规划。科学技术发展主体在进行具体实践之前，应当进行可行性分析与风险评估，细化不同阶段的发展路径，对现有资源的利用程度进行统筹规划，避免资源浪费。

第二，过程监管。在实践过程中，进行全程把控，及时调整，注意资源的回收与再利用，提升资源利用效率。

第三，协调互助。信息科技企业需要综合考虑自身的发展路径与战略定位，对不同利益主体进行综合分析，充分发挥利益相关方参与的作用，积极与利益相关方开展有效的双向沟通，统筹协调各环节以实现资源的最优配置。

第四，技术善用。积极将技术运用至有利于环境发展的领域之中，推动可持续发展理念的传递。

（2）秉持平等尊重理念，维护其他主体的权利

平等尊重理念本质上是权利与义务的延伸，人类在享受发展带来的红利之后，也应当有义务维护其他主体平等发展的权利。具体而言，信息科技企业应当肩负以下三项责任。

第一，尊重不同主体的自主权。在实际的行动中，信息科技企业应当充分尊重其他主体的主观意愿，不能剥夺和违背其他客体的主观意愿并代替其做出有利于自身的决定。

第二，尊重不同主体的平等权。信息科技企业不能以牺牲其他群体的利益为代价来实现自身的诉求，尤其是对弱势群体、少数族裔和残障人士等特殊群体要做到一视同仁，不能因价值层面的偏向而有失公允。

第三，尊重不同主体的参与权。不同的主体均享有权利直接或间接地参与和自身有关的决策的制定，信息科技企业可建立行之有效的听证制度，使得有关各方都有机会表达自身的观点，使各方的利益诉求都能得到合理的关照。

（3）制定有效的补救补偿机制

有效补偿补救原则即对科学技术发展的过程进行风险管控，在产生负面

问题（如资源浪费、环境污染）时，责任主体应具备高度的责任意识，及时控制或消除有害物的产生，同时对已造成的损失进行补救。

第一，明确责任主体，完善风险防控体系。信息科技企业应当充分考虑区域环境容量、生态环境承载能力和环境风险承受水平等，合理布局发展模式，降低结构性风险，建立健全环境风险管理体系，严格执行环境质量标准。除规定一般的赔偿主体外，还应明确历史遗留环境污染责任主体的追溯以及共同环境污染致害中各主体的责任认定等问题。

第二，建立应急机制，及时控制或消除负面影响。信息科技企业的赔偿范围不仅应包括现有的人身、财产及应急监测费用，还应将污染修复、生态服务期间的损失以及损害评估的费用纳入其中，真正落实企业的社会责任，维护行业的可持续发展。

参考文献

阿明·格伦瓦尔德．技术伦理学手册 [M]. 吴宁译．北京：社会科学文献出版社，2017.

比尔·科瓦齐，汤姆·罗森斯蒂尔，新闻的十大基本原则：新闻从业者须知和公众的期待 [M]. 刘海龙 & 连晓东译．北京：北京大学出版社．2011.

陈彬．科技伦理问题研究 一种论域划界的多维审视 [M]. 北京：中国社会科学出版社．2014.

陈兵，马贤茹．互联网时代用户数据保护理路探讨 [J]. 东北大学学报（社会科学版），2021, 23(01): 96–104.

陈昌凤，霍婕．权力迁移与人本精神：算法式新闻分发的技术伦理 [J]. 新闻与写作，2018, (01): 63–66.

陈昌凤，徐芳依．智能时代的“深度伪造”信息及其治理方式 [J]. 新闻与写作，2020,（04): 66–71.

陈昌凤，张梦．智能时代的媒介伦理：算法透明度的可行性及其路径分析 [J].

新闻与写作，2020，(08): 75－83.
陈洁敏，汤庸，李建国．个性化推荐算法研究 [J]. 华南师范大学学报(自然科学版), 2014, 46(05): 8−15.
杜宝贵．论技术责任的主体 [J]. 科学学研究 ,2002(02):123−126.
方师师．另一种探索：以技术之力反击假新闻 [J]. 青年记者，2017, (18): 20−21.
甘绍平，余涌．应用伦理学教程 [M] 北京：中国社会科学出，2008.
胡百精，李由君．互联网与对话伦理 [J]. 当代传播，2015,(05): 6－11.
胡军良．哈贝马斯对阿佩尔对话伦理思想的继承与超越 [J]. 云南社会科学 ,2010, (01): 97－102.
黄健中．比较伦理学 [M]. 济南：山东人民出版社 ,1998.
黄蓝．个人信息保护的国际比较与启示 [J]. 情报科学，2014,32(01): 143－149.
康德．道德形而上学的奠基：注释本 [M]. 李秋零译注．北京：中国人民大学出版社，2013.
李静．今日头条 CEO 朱文佳：推荐＋搜索双引擎是未来趋势 [N/OL]. 中国经营报，2019. http://finance.sina.com.cn/roll/2019−11−23/doc−iihnzahi2753316.shtml.
李敏．技术风险背景下责任伦理的社会建构研究 [D]. 河南师范大学 ,2012.
联合国世界环境与发展委员会．我们共同的未来 [R]. 中国环保局外事办公室译．北京：世界知识出版社，1989.
孟育耀．人工智能驱动下的新闻信息生产与传播——基于人文价值与技术发展的反思 [J]. 传媒，2020, (23): 75−77.
孟天广．转型期中国公众的分配公平感：结果公平与机会公平 [J]. 社会，2012,32(06): 108－134.
钱永祥．动情的理性：政治哲学作为道德实践 [M]. 南京：南京大学出版社，2014.

乔榛，蔡荣.《民法典》视域下的个人信息保护 [J]. 2021, 15(01): 38−45.

邱戈.从对话伦理想象传播的德性——哈贝马斯、阿佩尔和巴赫金对话思想的比较与思考 [J]. 浙江大学学报（人文社会科学版）,2011, 41(01): 63 - 71.

全媒派.围观良心外媒的"戳泡运动"[Z/OL].2017. https://news.qq.com/original/dujiabianyi/paopao.html.

人民日报中央厨房.戳破你的"泡泡"，何时拥有真正属于你的媒体 [Z/OL].2017. http://www.xinhuanet.com/zgjx/2017−03/21/c_136144801.htm.

师文，陈昌凤.议题凸显与关联构建:Twitter 社交机器人对新冠疫情讨论的建构 [J]. 现代传播（中国传媒大学学报）, 2020, 42(10): 50−57.

宋文龙.欧盟网络安全治理研究 [D/OL]. 外交学院，2017. https://kns.cnki.net/KCMS/detail/detail.aspx?dbname=CDFDLAST2017&filename=1017813461.nh.

孙伟，黄培伦.公平理论研究评述 [J]. 科技管理研究，2004,(04): 102 - 104.

覃永毅，韦日平.可持续发展的技术责任主体探析 [J]. 广西大学学报（哲学社会科学版）,2006(04):31−34.

唐爱军.现代政治的道德困境及其出路——论马克斯·韦伯的"责任伦理"思想 [J]. 人文杂志 ,2017(05):49−53.

田改伟.科技发展与精神文明建设 [J]. 石河子大学学报（哲学社会科学版）,2002(04):11−15.

托马斯·博格.阐明尊严：发展一种最低限度的全球正义观念（李石译）[J]. 马克思主义与现实，2011,19 - 22

王再进，傅晓岚.循证决策体系下英国科技评估的发展及经验借鉴 [J]. 中国科技论坛，2020,1(9): 176−88.

王锐生.现代企业的社会责任标准——社会哲学视野下的"SA8000"[J]. 哲学动态 ,2004(04):3−7.

汪庆华.算法透明的多重维度和算法问责 [J]. 比较法研究，2020, (06): 163−173.

沃尔特·李普曼 . 舆论 [M]. 常江译 . 北京 : 北京大学出版社 , 2016.

吴冠岑 , 刘友兆 , 付光辉 . 可持续发展理念下的资源型城市转型评价体系 [J]. 资源开发与市场 , 2007,(01): 28 – 31.

相喜伟 , 王秋菊 . 网络舆论传播中群体极化的成因与对策 [J]. 新闻界 , 2009,(05): 94−95.

向超 . 内容小程序如何突破信息茧房——以“头牌观点”为例 [J]. 传播力研究 , 2019.

徐梦秋 . 公平的类别与公平中的比例 [J]. 中国社会科学 , 2001,(01): 35−43+205.

许奕锋 . 协商民主伦理、边界与发展逻辑 [J]. 求索 ,2016,(03):32−36.

燕道成 . 传媒责任伦理研究 [D]. 中南大学 ,2010.

杨保军 . 新闻真实的特点分析 [J]. 山东视听 ,2005, (03):4−8.

杨佳妮 , 马梦婕 . 智能新闻客户端今日头条的谣言治理策略研究 [J]. 新闻知识 , 2020, (07): 47−50.

杨立新 . 个人信息 : 法益抑或民事权利——对《民法总则》第 111 条规定的“个人信息”之解读 [J]. 法学论坛 , 2018, 33(01): 34−45.

俞可平 . 论人的尊严 : 一种政治学的分析 [J]. 北大政治学评论 ,2018,(01):3−24+307.

张蓝姗 , 黄高原 . 算法推荐给媒介公共领域带来的挑战 [J]. 当代传播 ,2019,(03):31−33.

张楠 . 当代技术发展中的责任伦理研究 [D]. 大连理工大学 ,2006.

赵敦华 . 西方人本主义的传统与马克思的“以人为本”思想 [J]. 北京大学学报 (哲学社会科学版), 2004,06, 28 – 32.

张奎良 . “以人为本”的哲学意义 [J]. 哲学研究 , 2004,05, 11 – 16.

张琳 . 技术责任论初探 [D]. 大连理工大学 ,2009.

张逸雯 , 江丽杰 , 胡镜清 . 国际科技评估体系与实践研究综述 [J]. 世界科学技术 – 中医药现代化 ,2018,20(07):1076−1082.

中国人大网．中华人民共和国民法典 [EB/OL]. 2020. http://www.npc.gov.cn/npc/c30834/202006/75ba6483b8344591abd07917e1d25cc8.shtml

中国人工智能产业发展联盟．人工智能行业自律公约（征求意见稿）[EB/OL]. 2019.http://aiiaorg.cn/uploadfile/2019/0808/20190808053719487.pdf

周汉华．个人信息保护的法律定位 [J]. 法商论坛，2020, 37(03): 44–56.

Ananny M. Toward An Ethics Of Algorithms: Convening, Observation, Probability, And Timeliness[J]. Science, Technology, & Human Values, 2016, 41(1): 93 - 117.

BBC News. Talktalk Hack Attack: Friends Jailed For Cyber–Crimes[Z/OL],2018. Https://Www.Bbc.Com/News/Uk–England–Stoke–Staffordshire–46264327.

Bozdag E. Bias In Algorithmic Filtering And Personalization[J]. Ethics And Information Technology, 2013, 15(3): 209 - 227.

Brauneis R., Goodman E. Algorithmic Transparency For The Smart City [J]. Yale Journal Of Law & Technology, 2018, 20.

Buolamwini J., Gebru T. Gender Shades: Intersectional Accuracy Disparities In Commercial Gender Classification [J]. Proceedings Of Machine Learning Research, 2018, 8177–91.

Cnbeta. Facebook 升级“趋势话题”功能：增加标题 消除个性化元素 [Z/OL].2017.Https://Www.Cnbeta.Com/Articles/Soft/580317.Htm

CnBeta. 苹果的可持续发展目标不断增长 并鼓励其他公司效仿 [Z/OL]. 2019.https://www.cnbeta.com/articles/tech/903517.htm.

CnBeta. 谷歌制定可持续新目标：2025 年产品包装完全无塑料可 100% 回收 [Z/OL]. 2020.https://www.cnbeta.com/articles/tech/1045659.htm.

Craft S, Heim K. Transparency In Journalism: Meanings, Merits, And Risks[J]. The Handbook Of Mass Media Ethics,2009, 217 - 228.

Dastin J. Amazon Scraps Secret Ai Recruiting Tool That Showed Bias Against

Women. [Z/OL]. Reuters, 2018.Https://Www.Reuters.Com/Article/Us-Amazon-Com-Jobs-Automation-Insight-Iduskcn1mk08g.

Diakopoulos N. Accountability In Algorithmic Decision Making[J]. Communications Of The Acm, 2016, 59(2): 56 - 62.

Doshi T. Introducing The Inclusive Images Competition [Z/OL]. 2018, Https://Ai.Googleblog.Com/2018/09/Introducing-Inclusive-Images-Competition.Html.

Frank J. New Transparency Hub Debuts With Latest Reports [Z/OL]. 2015.Https://Blogs.Microsoft.Com/On-The-Issues/2015/10/14/New-Transparency-Hub-Debuts-With-Latest-Reports/.

Galperin E. It's Time For Transparency Reports To Become The New Normal [Z/OL]. 2013.Https://Www.Eff.Org/Deeplinks/2013/01/Its-Time-Transparency-Reports-Become-New-Normal.

Hern A. Apple Made Siri Deflect Questions On Feminism, Leaked Papers Reveal [Z/OL]. The Guardian,2019. Https://Www.Theguardian.Com/Technology/2019/Sep/06/Apple-Rewrote-Siri-To-Deflect-Questions-About-Feminism.

Hunt E. Tay, Microsoft's Ai Chatbot, Gets A Crash Course In Racism From Twitter [Z/OL]. The Guardian,2016. Https://Www.Theguardian.Com/Technology/2016/Mar/24/Tay-Microsofts-Ai-Chatbot-Gets-A-Crash-Course-In-Racism-From-Twitter.

Wiggers K. IBM Launches Ai Openscale And Multicloud Manager To Simplify Ai And Cloud Deployment [Z/OL]. 2018.Https://Venturebeat.Com/2018/10/15/Ibm-Launches-Ai-Openscale-And-Multi-Cloud-Manager-To-Simplify-Ai-And-Cloud-Deployment/.

Jaume-Palas í L, Spielkamp M. Ethics And Algorithmic Processes For Decision Making And Decision Support[J]. 2017: 19.

Kun G., Zhu X., Li H., Et Al. Learning Piece-Wise Linear Models From Large Scale Data For Ad Click Prediction [J/OL] .2017, Https://Arxiv.Org/Pdf/1704.05194.Pdf.

Mittelstadt B D, Allo P, Taddeo M, Et Al. The Ethics Of Algorithms: Mapping The Debate[J]. Big Data & Society, 2016, 3(2): 2053951716679679.

Nguyen N. Security Flaws On Comcast' S Login Page Exposed Customers' Personal Information[N/OL]. 2018. Https://Www.Buzzfeednews.Com/Article/Nicolenguyen/A-Comcast-Security-Flaw-Exposed-Millions-Of-Customers.

Plaisance P L. Transparency: An Assessment Of The Kantian Roots Of A Key Element In Media Ethics Practice[J]. Journal Of Mass Media Ethics,2007, 22(2 - 3): 187 - 207.

Schudson M. The Rise Of The Right To Know: Politics And The Culture Of Transparency, 1945-1975[M]. Harvard University Press.2015.

Southern L. 用一个可视化游戏机制促进订阅？看英国《金融时报》这次怎么玩 [N/OL]. The Financial Times, 2019. Https://Mp.Weixin.Qq.Com/S/6wgvkuvbppnlotbk_Fbw2g.

Spangher, A. 2015. Building The Next New York Times Recommendation Engine[Z/OL].2015. Http://Open.Blogs.Nytimes.Com/2015/08/11/Building-The-Next-New-York-Times-Recommendation-Engine/.

Unesco. I'd Blush If I Could [Z/OL]. 2019. https://En.Unesco.Org/Id-Blush-If-I-Could.

Varshney K. R. Introducing Ai Fairness 360 [Z/OL]. 2018.Ibm Research Blog, Https://Www.Ibm.Com/Blogs/Research/2018/09/Ai-Fairness-360/, 2018.

Wiggers K. Google' S What-If Tool For Tensorboard Helps Users Visualize Ai Bias [Z/OL]. 2018.Https://Venturebeat.Com/2018/09/11/Googles-What-If-Tool-For-Tensorboard-Lets-Users-Visualize-Ai-Bias/.

Wong J. C., Solon O. Google To Shut Down Google+ After Failing To

Disclose User Data Leak[N/OL]. 2018.The Guardian. Https://Www.Theguardian.Com/Technology/2018/Oct/08/Google-Plus-Security-Breach-Wall-Street-Journal.

Žliobaitė I. Measuring Discrimination In Algorithmic Decision Making[J]. Data Mining And Knowledge Discovery, 2017, 31(4): 1060 - 1089.